AF546327

Camille Juzeau,
Morgane Rébulard & Colin Caradec

Phänomene unserer Welt

Erstaunliches Wissen
visuell auf den Punkt gebracht

Vorbemerkung

Obwohl ich selbst ein Mann der Wissenschaft bin, habe ich durch dieses Buch, das Sie vermutlich ebenso verschlingen werden wie ich, viele Begriffe und Zusammenhänge entdeckt, die mir völlig neu waren – zumindest zum Teil. Diese positive Überraschung hat in mir zwei Regungen geweckt, die selten parallel auftreten: große Begeisterung, weil ich einfach jede Gelegenheit zum Lernen und vor allem zum Verstehen liebe, und ein Gefühl der Demut, weil nun noch klarer wird, wie viel noch zu entdecken ist.

Wie um alles in der Welt haben die Autoren ein solches Kunststück vollbracht? Durch eine Arbeit, die man sich nur als kolossal vorstellen kann. Zudem hatten sie die ausgezeichnete Idee, anschauliche Bildtafeln mit prägnanten Texten zu kombinieren, die – geschickt angeordnet und hervorragend gestaltet – ein breites Themenspektrum vom Konkreten hin zum Abstrakten abdecken. Die pädagogische Wirkung ist spektakulär und zeigt, dass unser Verständnis von den Dingen nicht nur in Worte gefasst werden muss: Um zu denken und zu verstehen, braucht es neben Texten auch Illustrationen, Diagramme und Zeichnungen. Letztere veranschaulichen Erstere, und umgekehrt.

Also: Erst schauen, dann lesen. Oder erst lesen, dann schauen. In beiden Fällen ist intellektuelles Vergnügen garantiert.

Étienne Klein,
Physiker und Wissenschaftsphilosoph

Einleitung

Rhizome haben keinen Mittelpunkt. Sie sind vielgestaltige, unterirdische Sprosse ohne Anfang und Ende, sie breiten sich ohne Hierarchie in alle Richtungen aus. *Phänomene* greift dieses Prinzip auf, denn der Bau eines Schneckenhauses ist genauso faszinierend wie die Entstehung eines Sterns.

Dieses Buch stützt sich auf die aktuelle Forschung und soll dabei helfen, ein Verständnis für die Zukunft zu entwickeln. Die Themen und ihre gestalterische Aufbereitung verfolgen im Hinblick auf unser Wissen und unser Lernen über die Dinge, die uns umgeben einen gleichermaßen poetischen wie visuellen Ansatz. Jede Seite dieses Buches öffnet ein Fenster in eine Welt, die sich dem Auge entzieht, weil sie viel zu klein, viel zu groß oder viel zu komplex ist.

Unser Ziel ist es, einige dieser Geheimnisse durch Bilder zu enthüllen. *Phänomene* wurde von sechs – und mehr – Händen verfasst und gibt dem Wort *Grafik*, dessen griechischer Ursprung *graphô* sowohl Schreiben als auch Zeichnen bedeutet, seinen vollen Wortsinn zurück.

Wie die Konturen von Wellen, Wolken oder Licht verschieben sich die Grenzen dieser Phänomene durch das Buch und nehmen Sie mit auf einen Spaziergang von der Erde bis zum Himmel, vorbei an Atomen, Bits und Plankton.

Camille, Morgane und Colin

Nr. 1

Tierische Fußabdrücke

FUSSABDRÜCKE VON SÄUGETIEREN

Pfoten	Igel	Biber	Eichhörnchen
	Wühlmaus	Kaninchen	
Ballen	Otter	Wildkatze	Fuchs
	Bär	Ginsterkatze	Nerz
Hufe	Hirsch	Mufflon	Gämse
	Wildschwein	Kuh	Pferd

FUSSABDRÜCKE VON VÖGELN

Schwimmhäute	Kormoran	Ente	Flamingo
	Pinguin	Papageientaucher	Semi-Schwimmhäute: Seeschwalbe
Lappen	Haubentaucher	Blesshuhn	
Ohne Schwimmhäute	Taube	Falke	Amsel
	Storch	Auerhahn	Reiher
	Kuckuck	Stelzenläufer	Mauersegler

GANGARTEN VON SÄUGETIEREN

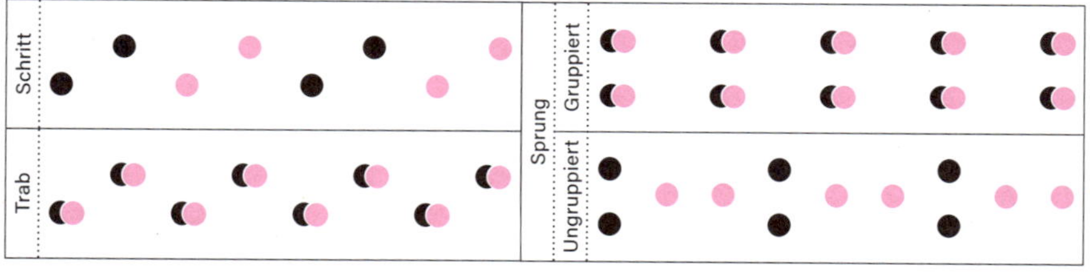

Vorderbeine
Hinterbeine

DIE MEISTEN WILDTIERE verstecken sich vor den Augen des Menschen, sie sind oft nachtaktiv oder halten sich in schwer zugänglichen Gebieten auf. Wenn er sie nicht »sehen« kann, nutzt der Fährtenleser viele Hinweise, um ihre Bewegungen zu bestimmen, z. B. die Temperatur von Kot (→ Bildtafel Nr. 74), Kratzer an Bäumen, beschädigtes Moos, Reste einer Mahlzeit oder **Fußabdrücke** in lockerem Boden. Um diese zu identifizieren, bestimmt er zunächst anhand von Form, Größe und Anzahl der Zehen, ob es sich um einen Vogel oder ein Säugetier handelt. Er kann auch das Alter, das Geschlecht und sogar den Gesundheitszustand eines Tieres bestimmen, indem er seinen **Gang** analysiert. Der Philosoph Baptiste Morizot schreibt in *Pister les créatures fabuleuses*: »Wir durchstreifen den verschneiten Wald, suchen nach Hinweisen, erkunden Pässe und Hänge, die für patrouillierende Wölfe interessant sein könnten, und finden schließlich eine Spur im Schnee: die Abdrücke von Hundeartigen. Die Spur, die wir vor uns haben, ist so groß, dass sie nicht von einem Fuchs stammen kann. Die Pfote eines Hunds ist sehr rund und die Zehen sind nach außen gespreizt. Die Pfote eines Wolfs ist nicht rund, sie gleicht eher einem Diamanten, und die Zehen strecken sich nach vorn. Die Fährtenarbeit ist die Urform polizeilicher Ermittlungsarbeit.« ●

Menschliche Fingerabdrücke

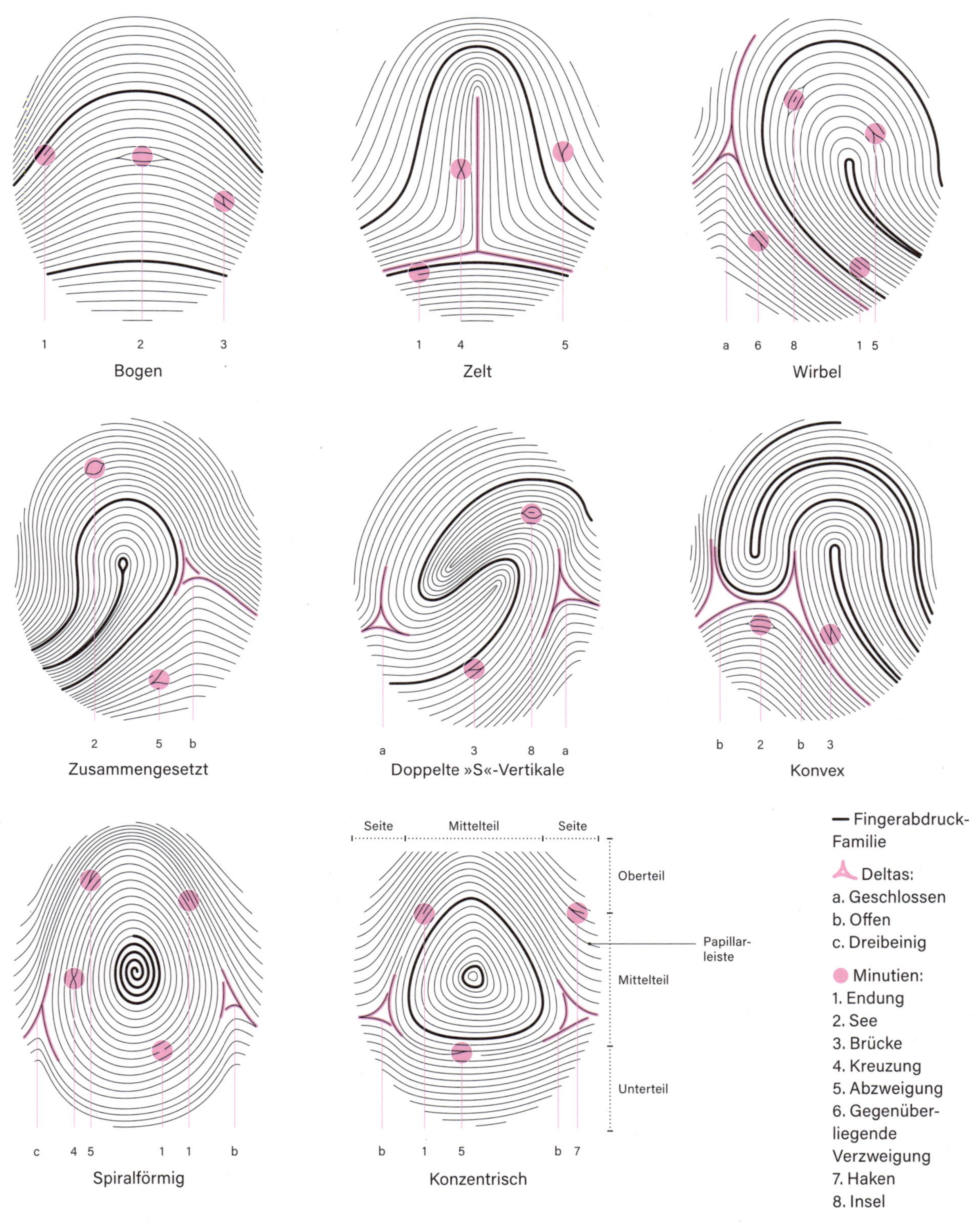

DIE MUSTER EINES FINGERABDRUCKS sind bereits in der 24. Woche eines Fötus durch Faltenbildung der Epidermis festgelegt. Sie sind einzigartige Merkmale des Individuums und ermöglichen seine lebenslange Identifizierung. Trotz Schnitten, Verletzungen und Verbrennungen bilden sich die **Papillarleisten** immer wieder identisch zurück. Der nahezu einzigartige Charakter des Fingerabdrucks macht ihn zu einem leistungsfähigen Instrument der biometrischen Personenidentifikation in der Forensik und der Kriminologie. Ein Fingerabdruck besteht aus vier Teilen: dem **Unterteil**, dem **Oberteil**, den **Seiten** und dem **Mittelteil**. Letzterer ermöglicht es, den Abdruck einer Familie von Fingermustern zuzuordnen: **Bogen**, **Zelt**, **Wirbel**, **Schleife**, **zusammengesetzt**, **vertikal**, **spiralförmig**, **konzentrisch** oder **konvex**. Die erste Lesart besteht darin, zu prüfen, ob zwischen diesen Bereichen eventuell **Deltas** vorhanden sind, die dreibeinig, offen oder geschlossen sein können. Die feinste Analyse ist die der **Minutien**. Diese sind vielfältig, aber die häufigsten sind **Endungen**, **Inseln**, **Kreuzungen**, **Abzweigungen**, **gegenüberliegende Verzweigungen**, **Seen**, **Haken** und **Brücken**. •

Entstehung von Meteoriten

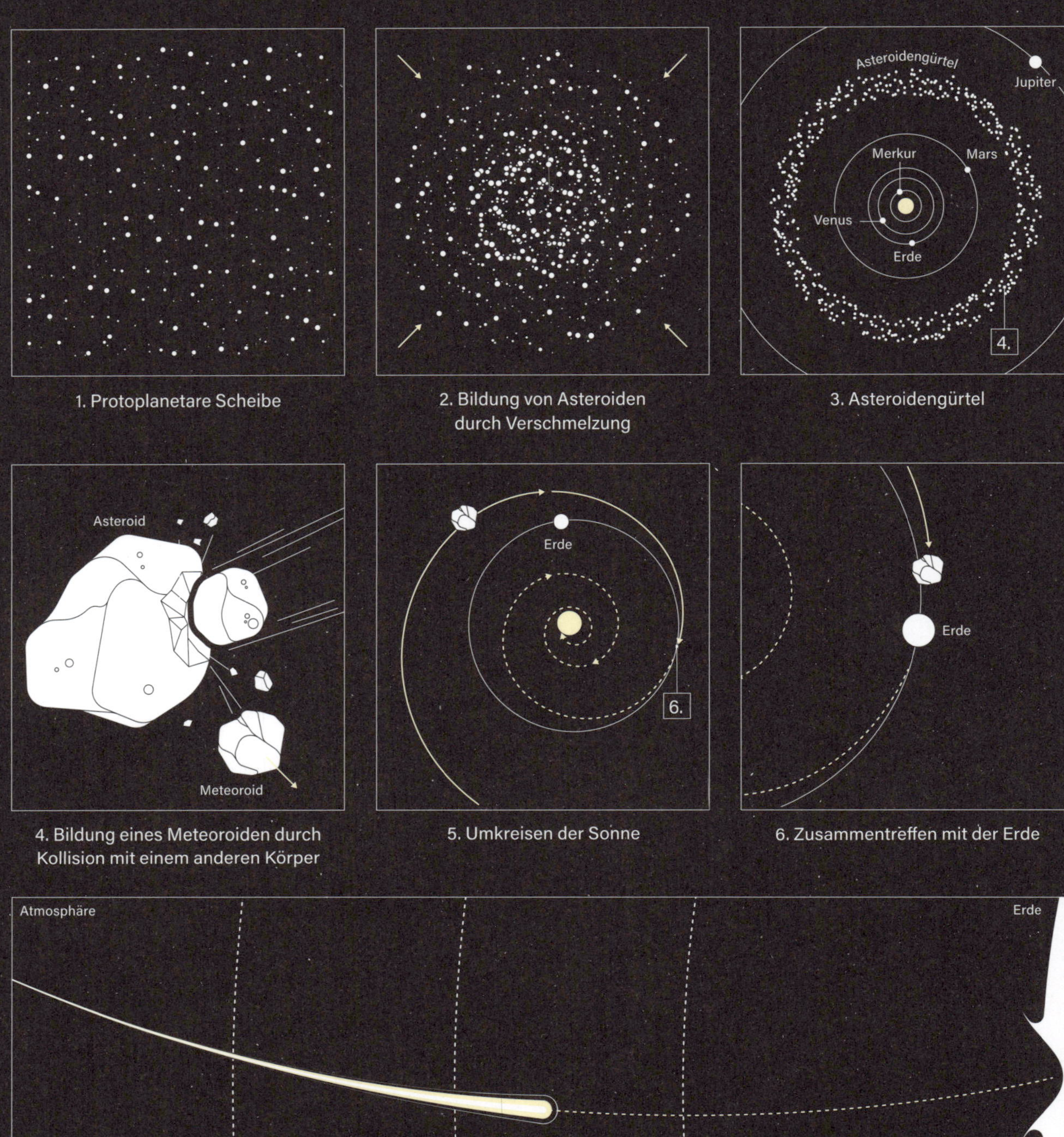

1. Protoplanetare Scheibe

2. Bildung von Asteroiden durch Verschmelzung

3. Asteroidengürtel

4. Bildung eines Meteoroiden durch Kollision mit einem anderen Körper

5. Umkreisen der Sonne

6. Zusammentreffen mit der Erde

7. Eintritt in die Erdatmosphäre

GESTEINE AUS DEM WELTALL werden auf der Erdoberfläche zu Meteoriten. **1.** Die **protoplanetare Scheibe** aus Gas und Staub umkreist den Protostern, den Vorläufer der Sonne und der anderen Körper des Sonnensystems. **2.** Die in der Scheibe gebildeten Chondren – millimetergroße Kügelchen – lagern sich zu **Asteroiden** zusammen. **3.** Die Asteroiden sammeln sich im **Asteroidengürtel** zwischen Mars und Jupiter. Der Asteroidengürtel enthält vermutlich mehrere Millionen Asteroiden, deren Größe vom Staubkorn bis zum Planetoiden reicht. **4.** Bei einer Kollision wird ein **Meteoroid** von einem Asteroiden abgespalten. **5.** Er umkreist die **Sonne** für einige zehn Millionen Jahre. **6.** Wenn sich die **Erde** auf seiner Umlaufbahn befindet, tritt er in die Erdatmosphäre ein. **7.** Das mit dem Einschlag verbundene Leuchtphänomen (Strahlung der heißen, ionisierten Luft) wird als »Feuerkugel« bezeichnet. Wenn der Meteoroid klein ist (kleiner als 1 cm), wird er Sternschnuppe genannt. Mittlere Meteoroiden werden durch die **Atmosphäre** abgebremst und verglühen in etwa 20 km Höhe. Was von ihnen übrig bleibt, stürzt im freien Fall ab. Nur die größten Meteoroiden (mehrere Dutzend Meter groß), die kaum abgebremst werden, können große Krater in die Erdoberfläche schlagen. Die Gesteinsbrocken, die man am Boden findet, nennt man »Meteoriten«. ●

Megawaldbrände

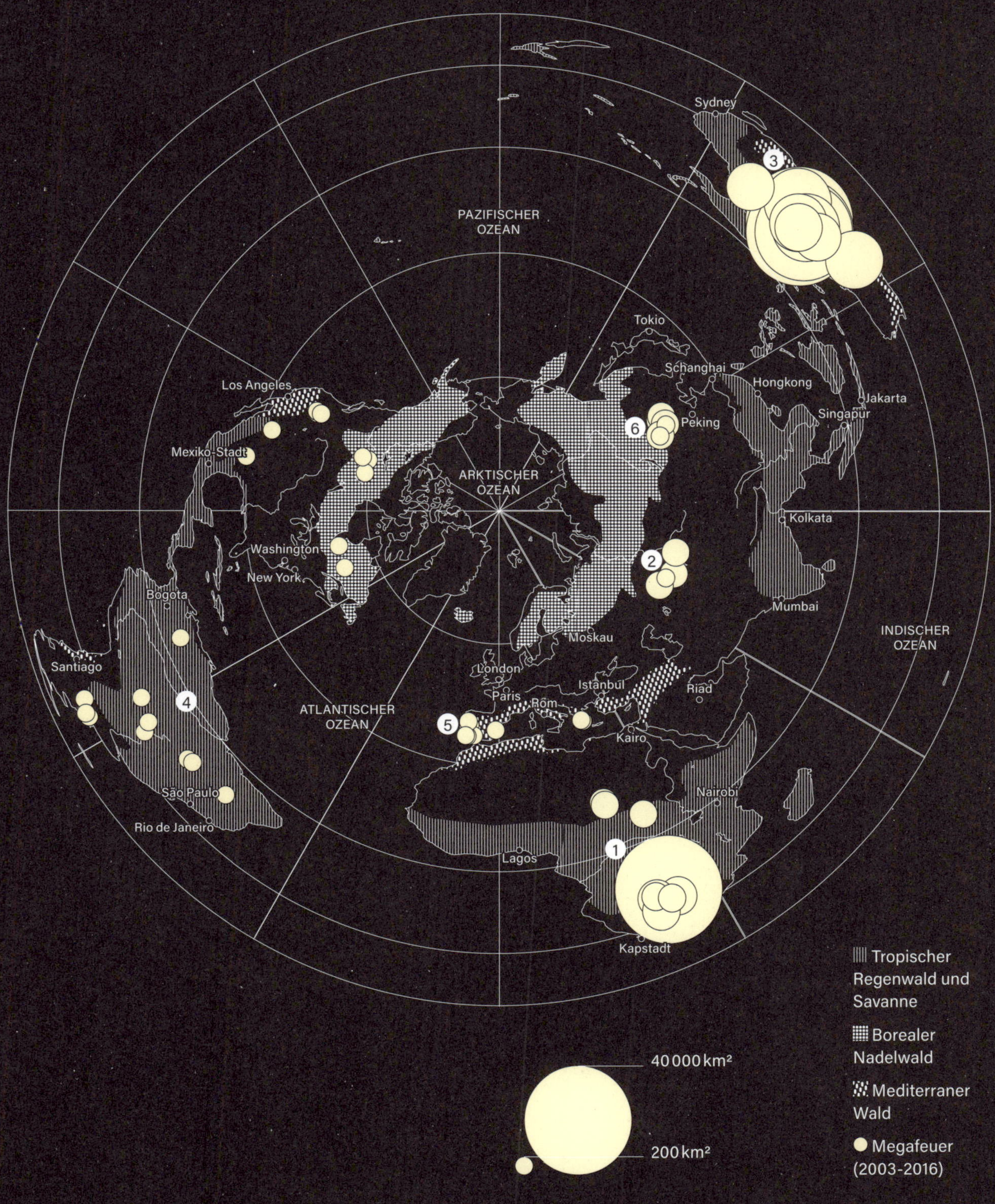

FEUER HAT ES AUF DER ERDE schon immer gegeben: Natürliche Glutnester breiten sich aus und regenerieren die Vegetation im Unterholz. Der Mensch nutzt die Brandrodung zur Urbarmachung von Land seit prähistorischen Zeiten – auch heute noch, allerdings ist sie nur noch eine Randerscheinung. Im Zuge des Klimawandels treten jedoch neue Brände auf, die in ihrer Intensität außergewöhnlich sind und als »Megafeuer« bezeichnet werden. Sie können riesengroß oder klein sein und haben völlig neue Auswirkungen auf Mensch und Wirtschaft. Manche bezeichnen die gegenwärtige Periode bereits als »Pyrozän«, das Zeitalter des Feuers.

1. Afrika (jedes Jahr), verbrannte Fläche: 4,23 Mio. km², CO_2-Emission: 1440 Mt (Megatonnen), Ursache: Brandrodung. **2. Sibirien** (2020), verbrannte Fläche: 92 600 km², CO_2-Emission: 59 Mt, Ursache: extreme Temperaturen. **3. Australien** (2019), verbrannte Fläche: 186 000 km², CO_2-Emission: 715 Mt, Ursache: Dürre, Blitzschlag. **4. Amazonien** (2019), verbrannte Fläche: 9 060 km², CO_2-Emission: 400 Mt, Ursache: Abholzung, Brandrodung. **5. Portugal** (2003), verbrannte Fläche: 4249 km², CO_2-Emission: 7,39 Mt, Ursache: Landflucht. **6. China** (1987), verbrannte Fläche: 13 000 km², CO_2-Emission: 521 Mt, Ursache: Monokultur und Abholzung. ●

Muschelschale und Schneckenhaus

FORM EINER MUSCHEL

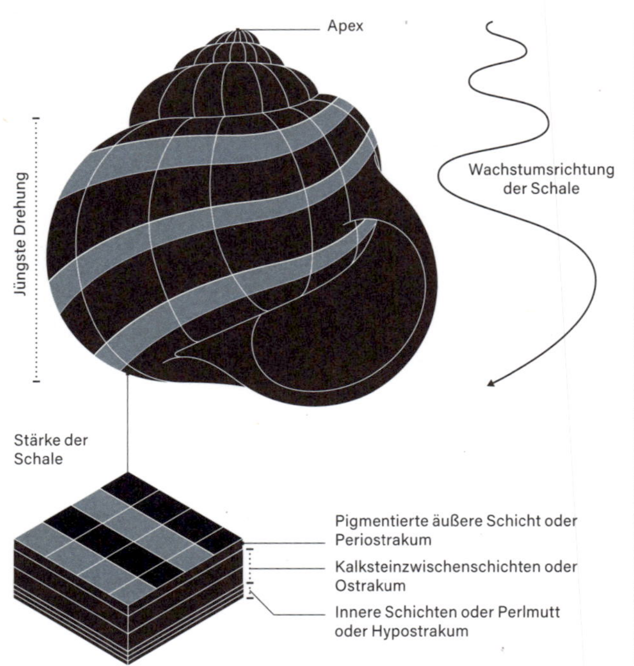

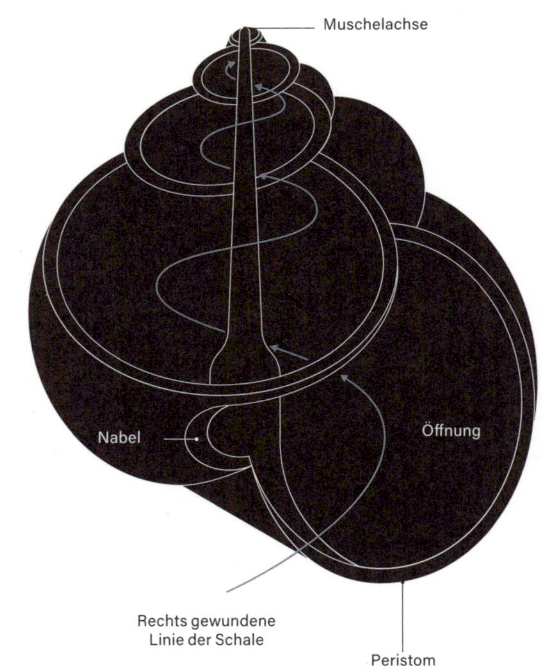

ANATOMIE EINER LUNGENSCHNECKE

»DIE EINFACHE MOLLUSKE rollt ihre Schale nach den Gesetzen einer logarithmischen Spirale kurvenförmig auf. Wie hat die Schnecke diese als Vorbild für ihr Schneckenhaus genommen? Ganz allein, gut isoliert, sehr friedlich und ohne an etwas zu denken«, erklärte der Naturforscher Jean-Henri Fabre in seinen *Souvenirs entomologiques*. Wie er waren viele Wissenschaftler von der Bauweise des Schneckenhauses fasziniert. Es macht 30 % der Masse einer **Schnecke** aus. Das Gehäuse wächst diskontinuierlich, mit Pausen im Winter oder bei Trockenheit, über den Außenrand, der anfangs dünn und zerbrechlich ist und sich im Erwachsenenalter verfestigt.

Die Schnecke selbst wächst kontinuierlich. Sie kann ihre Gehäuseschale reparieren, solange der **Apex** nicht beschädigt ist: Das vom **Mantel** produzierte Kalziumkarbonat dichtet Risse und Brüche ab. Die meisten Schnecken haben ein **rechts gewundenes** Gehäuse. Nur bei wenigen Arten ist das Gehäuse links gewunden. Die im Jahr 2015 geborene Schnecke Jeremy wurde durch einen weltweiten Aufruf berühmt, eine andere links gewundene Schnecke zu finden, die sich mit ihr paaren könnte, da ihre Art überwiegend rechts gewunden ist. Durch das Aufrollen des Gehäuses verdrehen sich die Organe: Das Tier wird asymmetrisch. ●

Bewegliche Unterkünfte

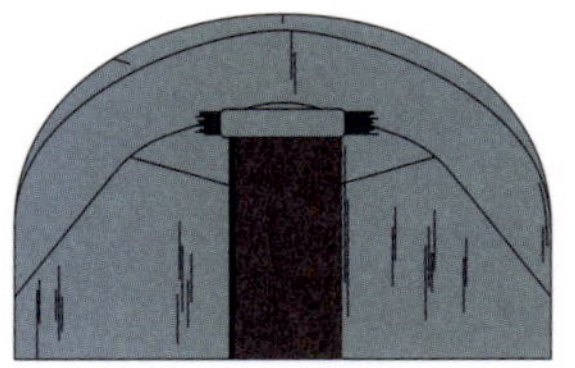
1. Haru Om
Südafrika, prähistorisch

2. Tchelo
Feuerland, prähistorisch

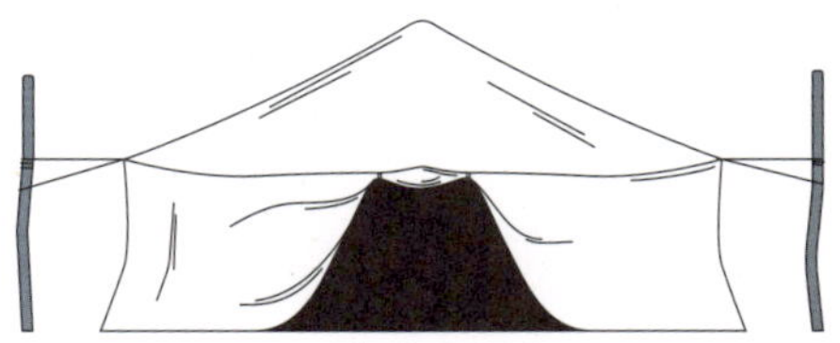
3. Khaima-Zelt
Sahara, 7000 v. Chr.

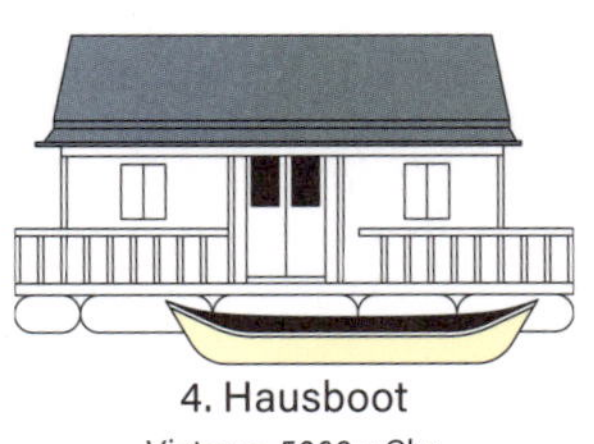
4. Hausboot
Vietnam, 5000 v. Chr.

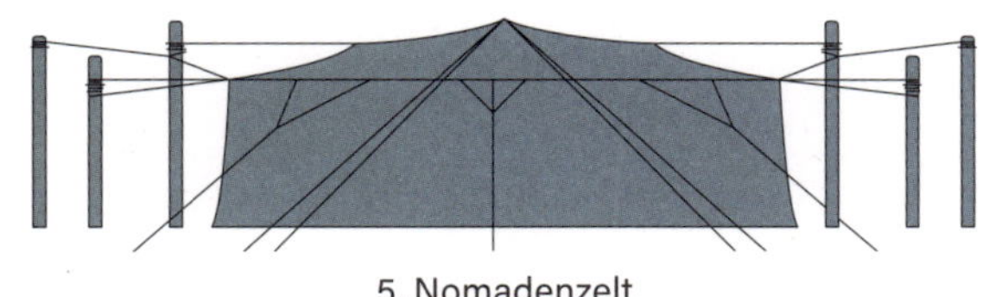
5. Nomadenzelt
Tibet, 3300 v. Chr.

6. Bajau
Indonesien, 12. Jh. v. Chr.

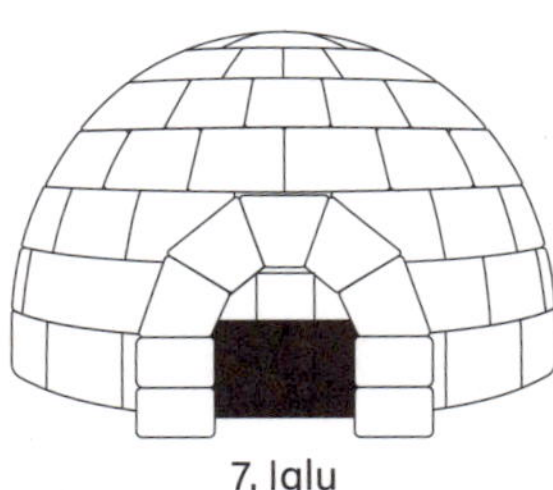
7. Iglu
Kanada, Grönland, 1000 v. Chr.

8. Planwagen
Irland, Mittelalter

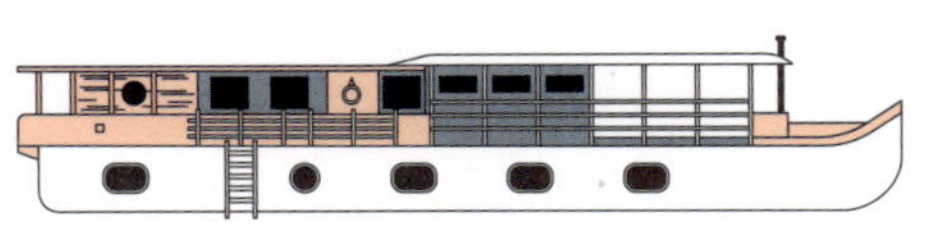
9. Hausboot auf dem Lake Union
USA, Ende des 19. Jahrhunderts

10. Bourlinguette
Frankreich, 1903

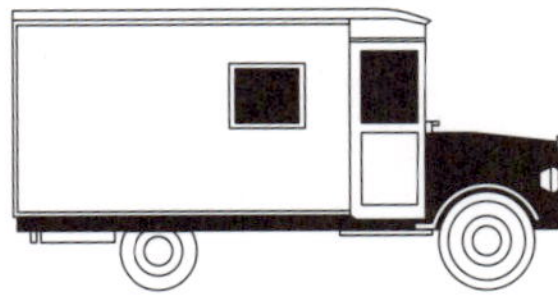
11. Nomad House Car
USA, 1923

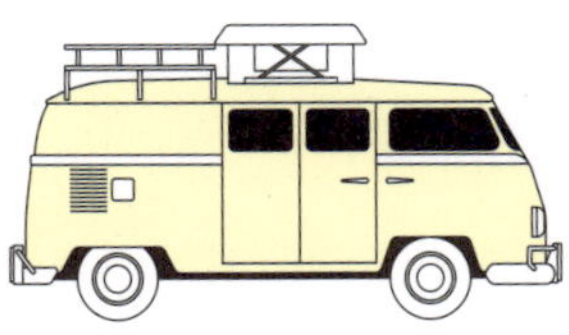
12. Volkswagen Westfalia Camper
Deutschland, 1950

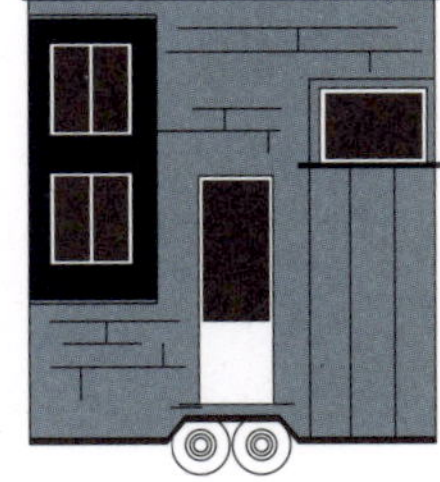
13. Tiny House
USA, Europa, 1999

OBWOHL DER MENSCH SEIT DER JUNGSTEINZEIT sesshaft geworden ist, hat sich in vielen Teilen der Welt die Form des mobilen Wohnens erhalten. Diese Art der Behausung wird auch heute noch von sesshaften Bevölkerungsgruppen auf Reisen, z. B. im Urlaub, genutzt.

Die ersten bekannten mobilen Behausungen waren **Hütten** (**1**, **2**). Sie waren schnell errichtet und bestanden aus Ästen, Erde, Stroh oder Knochen. Das **Zelt** (**3**, **5**) früher aus Tierhäuten gefertigt, ist eine zerlegbare Variante, die noch heute von Nomaden in Tibet oder der Sahara genutzt wird. Die **schwimmenden Häuser** (**4**, **6**, **9**), gibt es in Asien schon sehr lange. Der **Iglu** (**7**), der von Jägern in den Polarregionen genutzt wird, ist eine sehr gut isolierte Unterkunft. Das Reit- oder Zugpferd hat bei den fahrenden Völkern eine große symbolische Bedeutung, die über das Ziehen des **Planwagens** hinausgeht (**8**). Das **rollende Haus** (**10**, **11**, **12**) oder Wohnmobil entstand 1903 in Frankreich. Zusammen mit Deutschland und Italien sind dies die drei Länder, in denen es am populärsten ist. Die von Jay Shafer und Gregory Johnson entwickelten **Tiny Houses** auf Rädern (**13**) wurden 2005 zur Unterbringung der Opfer des Hurrikans Katrina in den USA eingesetzt und gewannen während der Finanzkrise 2007–2008 Marktanteile hinzu. ●

Der erste Baum

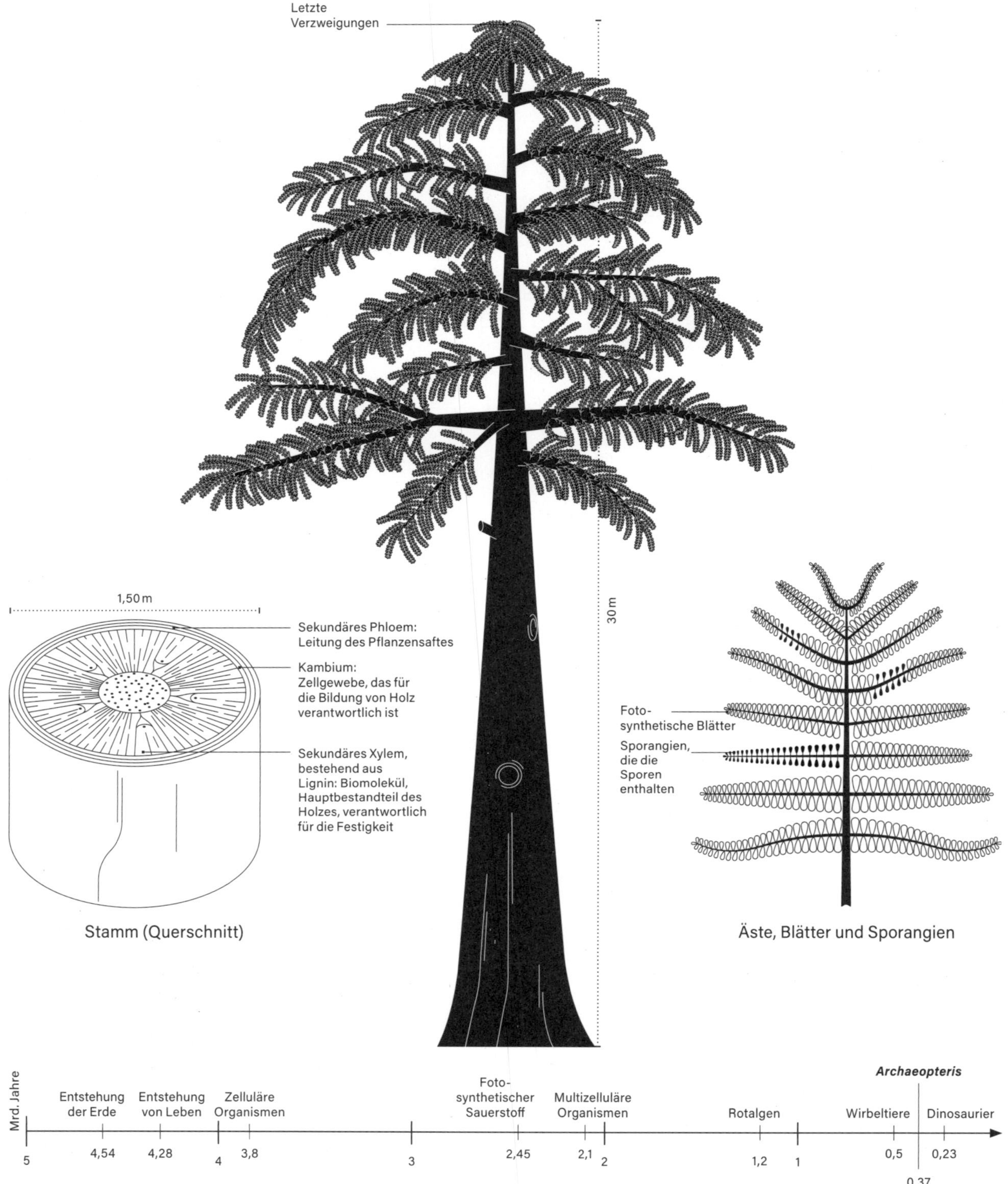

Stamm (Querschnitt)

Äste, Blätter und Sporangien

ARCHAEOPTERIS IST EINE BAUMART, die der Wissenschaft nur durch Fossilien bekannt ist (→ Bildtafel Nr. 100). Der Baum wurde erstmals im 19. Jahrhundert beschrieben, und einige seiner Exemplare – Stümpfe oder große Stämme – werfen Fragen zu seiner Klassifizierung auf. Er gilt als der erste moderne Baum, da er viele morpho-anatomische Analogien zu heutigen Bäumen aufweist. *Archaeopteris* zeichnet sich durch bemerkenswerte evolutionäre Innovationen aus: **Sporen** in zwei verschiedenen Größen, echte **Blätter** und ein bifaziales **Kambium**, das zwei Arten von Gewebe für die Saftleitung und die Holzbildung produziert. Der Baum wächst dreidimensional und optimiert so den Lichteinfall auf seine Blätter und die Fotosyntheseaktivität. Dieser bis zu 40 m hohe Baum, der durch seine farnähnlichen Blätter und Sporen und seinen koniferenähnlichen Stamm fasziniert, breitete sich weltweit aus und dominierte die riesigen Wälder seiner Zeit (Devon, vor knapp 400 Millionen Jahren). Zur gleichen Zeit entwickelten zwei andere Pflanzengruppen baumartige Formen: die Bärlapppflanzen (Lycophyten) mit linealischen, einrippigen Blättern und die mit den Farnen verwandten *Cladoxylopsida*. ●

Geschichte der Yoga-Texte

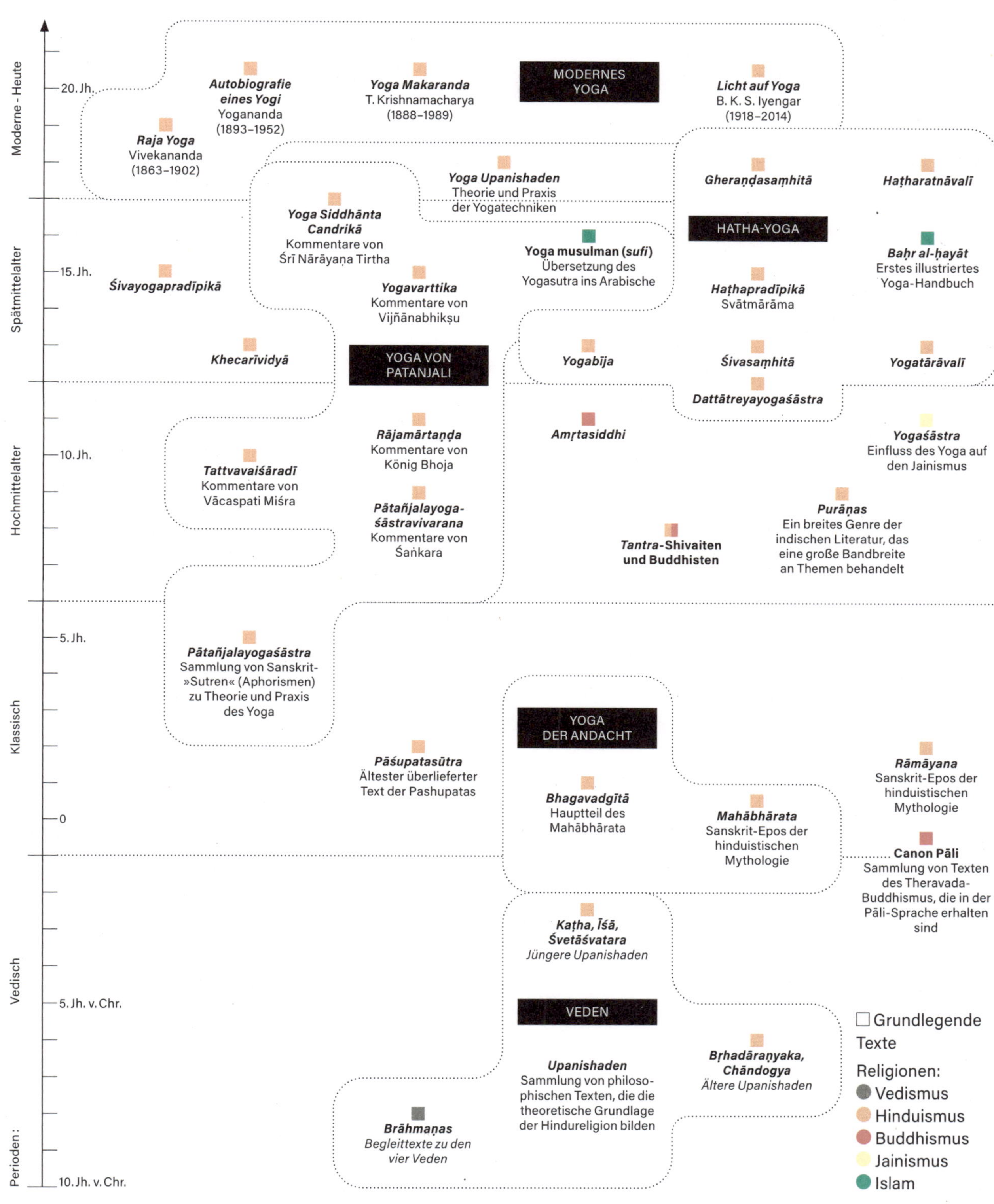

VOM FERNEN ASIEN ÜBER DEN MITTLEREN OSTEN, Afrika, Nord- und Südamerika bis nach Europa ist Yoga heute weltweit bekannt. Der Begriff »Yoga« ist alt und seine Bedeutungen und Verwendungen sind vielfältig. Er taucht erstmals etwa im 5. Jahrhundert v. Chr. in den **vedischen *Upanishaden*** auf und bezeichnet sowohl einen bestimmten geistigen Zustand als auch den Weg oder die Methode, die zu diesem Zustand führen. Später beschreibt die *Bhagavad Gita*, eine der heute von Hindus am meisten verehrten religiösen Schriften, einen Yoga der **Andacht** (Bhakti-Yoga) durch die Vereinigung mit dem Gott. **Patanjalis** Yoga, der in Aphorismen (Sutren) beschrieben wird, schlägt vor, »die Schwankungen des Geistes« durch einen achtstufigen Pfad aufzuhalten, und wurde vielfach kommentiert. Im mittelalterlichen **Haṭha-Yoga**, dem Ergebnis des Zusammentreffens asketischer Traditionen unterschiedlicher Herkunft, wird vorgeschlagen, den Zustand der Meditation durch spezifische energetische Techniken, die Körperhaltungen und Atemkontrolle umfassen, zu erreichen. Aus dem Zusammentreffen dieses Haṭha-Yoga mit europäischen Gymnastikübungen entstand im 19. Jahrhundert das sogenannte **»moderne«** Yoga, das vor allem in westlichen Sprachen überliefert wurde und heute mehr denn je im Zentrum unserer modernen Gesellschaften und ihrer Konsumlogik steht. ●

Natürliche Gifte

NATÜRLICHE GIFTE SIND PFLANZLICHEN, MINERALISCHEN ODER TIERISCHEN URSPRUNGS und kommen überall in der Natur vor. **1. Curare** wird aus einer Liane im Amazonasgebiet gewonnen. **2.** Das Gift eines einzigen **Inlandtaipans** (Australien) kann 125 Menschen töten. **3.** Der **Große Schierling** sieht aus wie Sellerie oder Petersilie, aber sein Geruch nach Mäuseurin warnt uns: Er wurde in der griechischen Antike bei zum Tode Verurteilten eingesetzt. **4.** Drei **Rizinussamen** können für ein Kind tödlich sein, sechs bis acht für einen Erwachsenen. **5.** Im Mittelalter löste Getreide, das mit **Mutterkorn**, einem mikroskopisch kleinen Pilz, verunreinigt war, die »brennende Krankheit« aus (Delirium, Fieber, Schwärzung der Extremitäten und manchmal Tod). **6. Arsen**, das aus bestimmten Erzen gewonnen wird, ist ein farb- und geruchloses Gift, das unter anderem in der Giftaffäre unter Ludwig XIV. verwendet wurde. **7. Cyanid** ist eine Verbindung des von den Nationalsozialisten verwendeten Gases Zyklon B. Es kommt in Kirsch-, Aprikosen- und Apfelkernen vor. **8. Botulinum** ist ein Bakteriengift, das in schlecht gelagerten Lebensmitteln wächst. **9.** 2006 wurde Alexander Litwinenko, ein ehemaliger Offizier des russischen Geheimdiensts KGB, mit **Polonium** vergiftet, einem radioaktiven Element, das aus Uran gewonnen wird. •

Unsterbliche Qualle

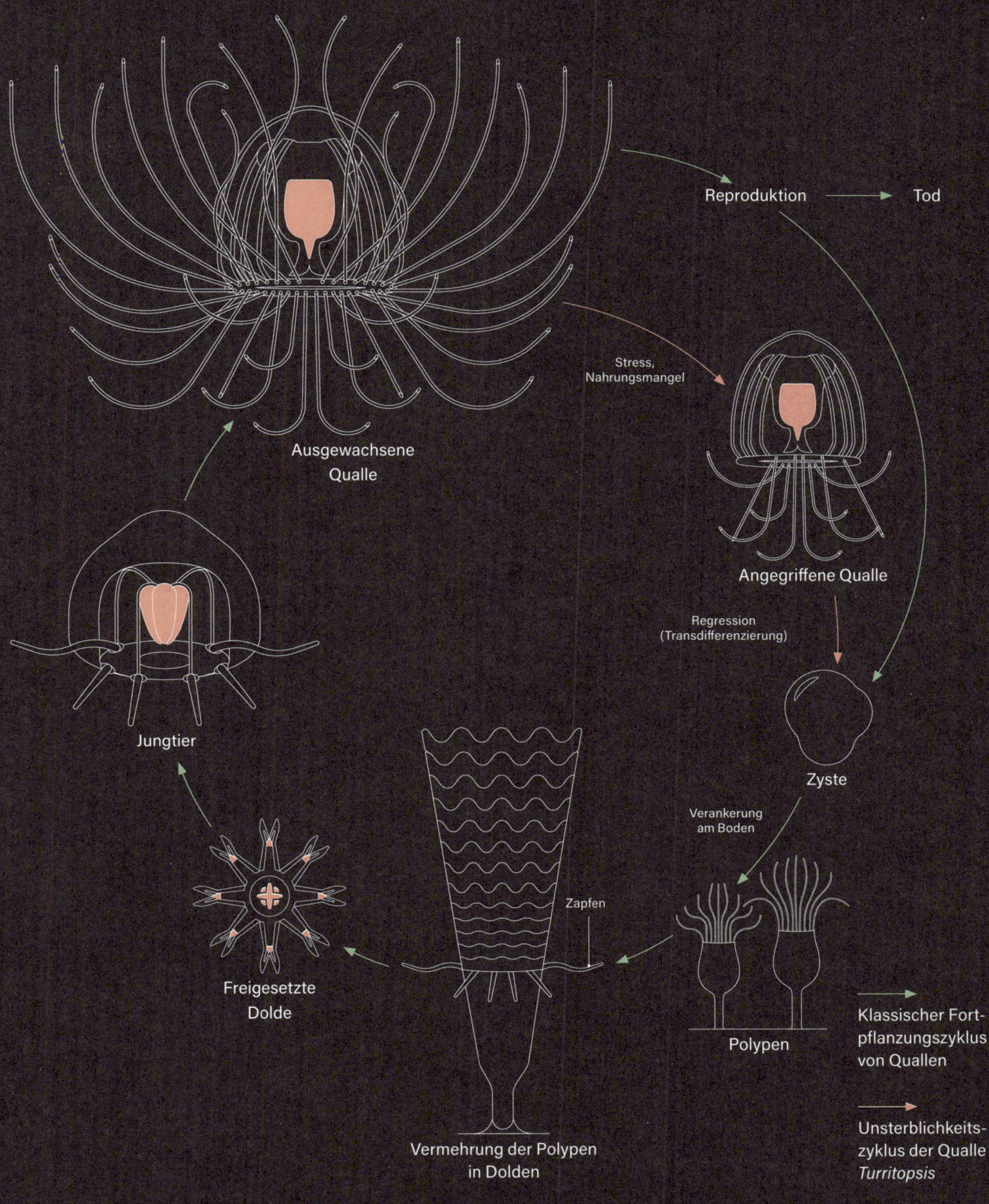

DIE *TURRITOPSIS NUTRICULA*, eine im Jahr 1857 entdeckte Qualle aus der Karibik, besitzt die erstaunliche Fähigkeit, sich zu verjüngen. Die einzige in Gefangenschaft lebende Population dieser Qualle befindet sich in Japan. Seit 15 Jahren arbeitet Shin Kubota, Meeresbiologe an der Universität Kyōto, allein, ohne Finanzierung oder Team, in seinem Büro in Shirahama, wo er etwa 100 Exemplare in Petrischalen in einem kleinen Kühlschrank züchtet. Er füttert die winzigen, nur 4–5 mm großen Quallen mit getrockneten Eiern von Pökelgarnelen, die er mit einer Nadel und unter dem Mikroskop aufschneidet, damit die Jungtiere sie schlucken können. Dann sticht er die Quallen, um ihre Regenerationsfähigkeit zu testen. Zwei Tage später klappen die **verletzten Quallen** ihre Tentakel ein. Am vierten Tag, nach einem Prozess, der **Transdifferenzierung** genannt wird, sehen ihre Organismen, dann in Form von **Zysten**, aus wie »Fleischbällchen«, sagt Kubota. Sieben Tage später beginnen die Tentakel am Boden der Petrischale wieder zu wachsen, und aus den Quallen werden wieder **Jungtiere**. Mit diesen Experimenten will der japanische Forscher das Geheimnis der Unsterblichkeit der Qualle ***Turritopsis nutricula*** lüften, um sie eines Tages auf den Menschen übertragen zu können. ●

Entstehung von Erdöl

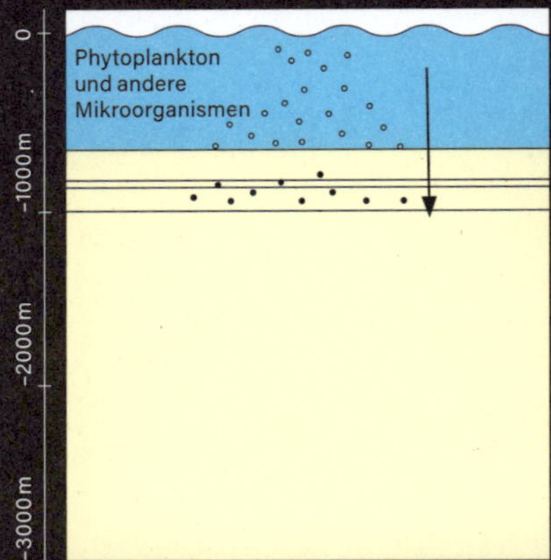

1. Organisches Material reichert sich im Meeresboden an.

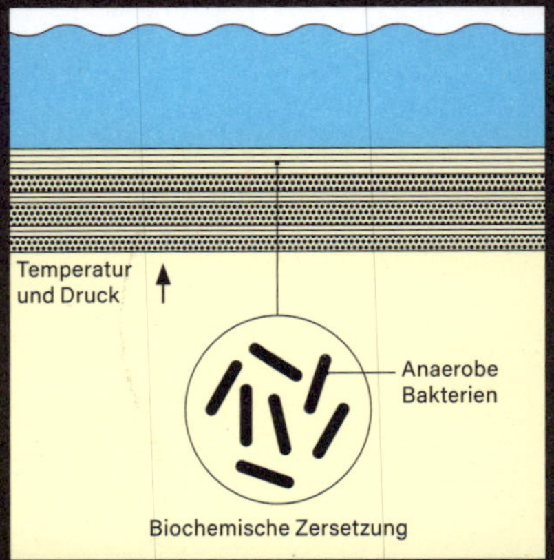

2. Bildung von Kerogen

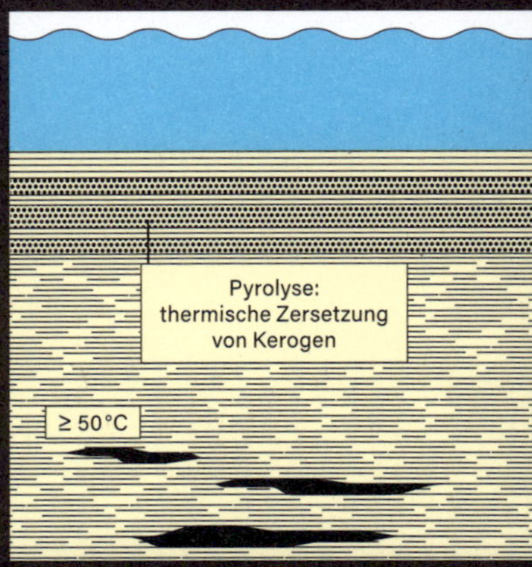

3. Entstehung von Erdöl

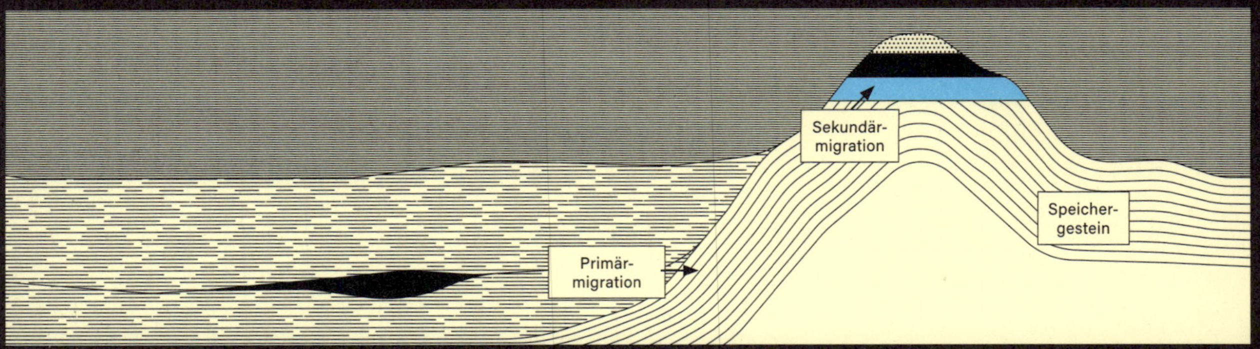

4. Plattentektonik und die Wanderung von Öl an die Oberfläche

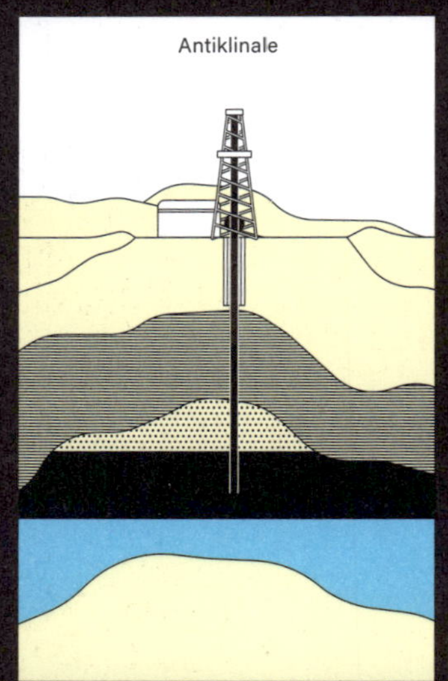

Verwerfung

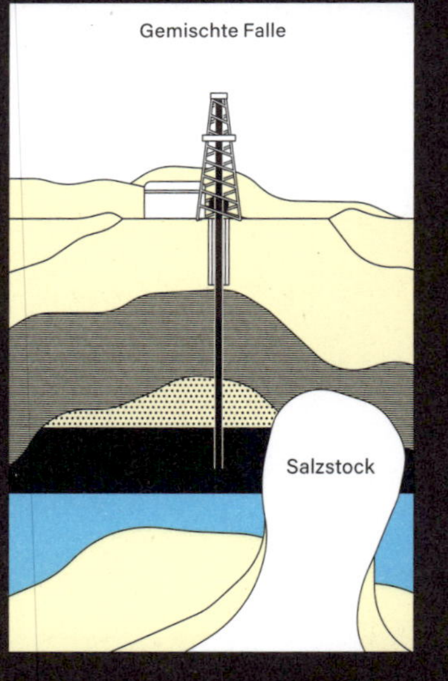

Wasser
Gas
Kerogen
Erdöl
Deckstein (undurchlässig)
Muttergestein

5. Unterschiedliche Ölfallen

SEIT HUNDERTEN VON MILLIONEN JAHREN lagert sich organisches Material – hauptsächlich Reste von Phytoplankton – auf dem Meeresboden ab und sinkt in die Tiefe (**1**). Die Schichten **organischen Materials** häufen sich an und werden zu **Kerogen** (**2**) umgewandelt, aus dem durch Pyrolyse Öl und schließlich Gas entsteht (**3**). Durch die Wirkung der Plattentektonik verlässt das Erdöl das **Muttergestein**, in dem es entstanden ist (**Primärmigration**) und steigt an die Oberfläche auf (**Sekundärmigration**) (**4**). Unterwegs kann es in einer Falle aus porösem und durchlässigem **Speichergestein** gefangen werden: Hier werden Bohrungen durchgeführt (**5**). Dasselbe gilt für Gas.

Die meisten **Antiklinale** genannten Fallen haben die Struktur einer konvexen Gesteinsfalte. Es können aber auch Verwerfungen oder gemischte **Fallen** sein, wenn sie von einem **Salzstock** oder einem fossilen Korallenriff durchzogen sind.

Die Entstehung von Erdöl ist ein sehr langsamer Prozess (Dutzende Millionen Jahre), aber die Fördertechniken werden immer besser. Da Erdöl sowohl mengen- als auch wertmäßig das wichtigste internationale Handelsgut ist, gehen die Reserven zur Neige, und die Entdeckung neuer Ölfelder ist auf den niedrigsten Stand seit ihrem Höhepunkt im Jahr 1980 gesunken. ●

Weltraumschrott

MÜLL AUF DEN HIMMELSKÖRPERN

Ryugu (Asteroid) 15 kg
Tschurjumow-Gerassimenko (Komet) 100 kg
Titan (Satellit) 350 kg
Eros (Asteroid) 487 kg
Mars 9302 kg
Venus 22 628 kg
Mond 170 996 kg

OBJEKTE IN DER ERDUMLAUFBAHN

Geosynchrone Umlaufbahn [36 000 km – 5000 t]
Halbsynchrone Umlaufbahn [22 000 km – 200 t]
Erdnahe Umlaufbahn [200–2000 km – 4000 t]
Transferumlaufbahn [200 km]
ISS und CSS [400 km]
Erde
Point Nemo

Weltraumschrott
Inaktive Satelliten
Aktive Satelliten
Masse des Schrotts

DIE ERDE WIRD VON ETWA 9000 t künstlicher Objekte umkreist, von denen alle drei Tage ein bis zwei Tonnen wieder in die Erdatmosphäre eintreten. Auf der Oberfläche anderer Sterne oder im Weltraum schweben weitere Trümmer – von Astronauten bei Reparaturen verlorene Instrumente, Triebwerke, Raketenoberstufen, inaktive Satelliten – der sogenannte Weltraumschrott. Der Forscher Donald J. Kessler entwarf im Jahr 1978 für die NASA ein Szenario, in dem das Anwachsen des Weltraumschrotts über ein bestimmtes Maß hinaus dazu führen würde, dass die Erforschung des Weltraums und die Aussendung von Satelliten wegen der Kollisionsgefahr zu gefährlich würden. Obwohl der größte Teil des zurückkehrenden Weltraumschrotts in der Atmosphäre verglüht, bleiben 20 % seiner Masse zurück. Die größten Trümmer werden im Rahmen von Deaktivierungsprogrammen in die am weitesten von allen Landmassen entfernte Region des Ozeans gebracht: den **Point Nemo** im Pazifik. Bis ins Jahr 2019 hat dieser Friedhof rund 300 Raumfahrzeuge aufgenommen, darunter die sowjetische Raumstation Mir (120 t). Auf anderen Gestirnen wirft das Zurücklassen von Rovern oder Sonden die Frage auf, ob die Orte, an denen nach Spuren außerirdischen Lebens gesucht wird, nicht inzwischen durch die Erde kontaminiert sind. ●

Versunkene Städte

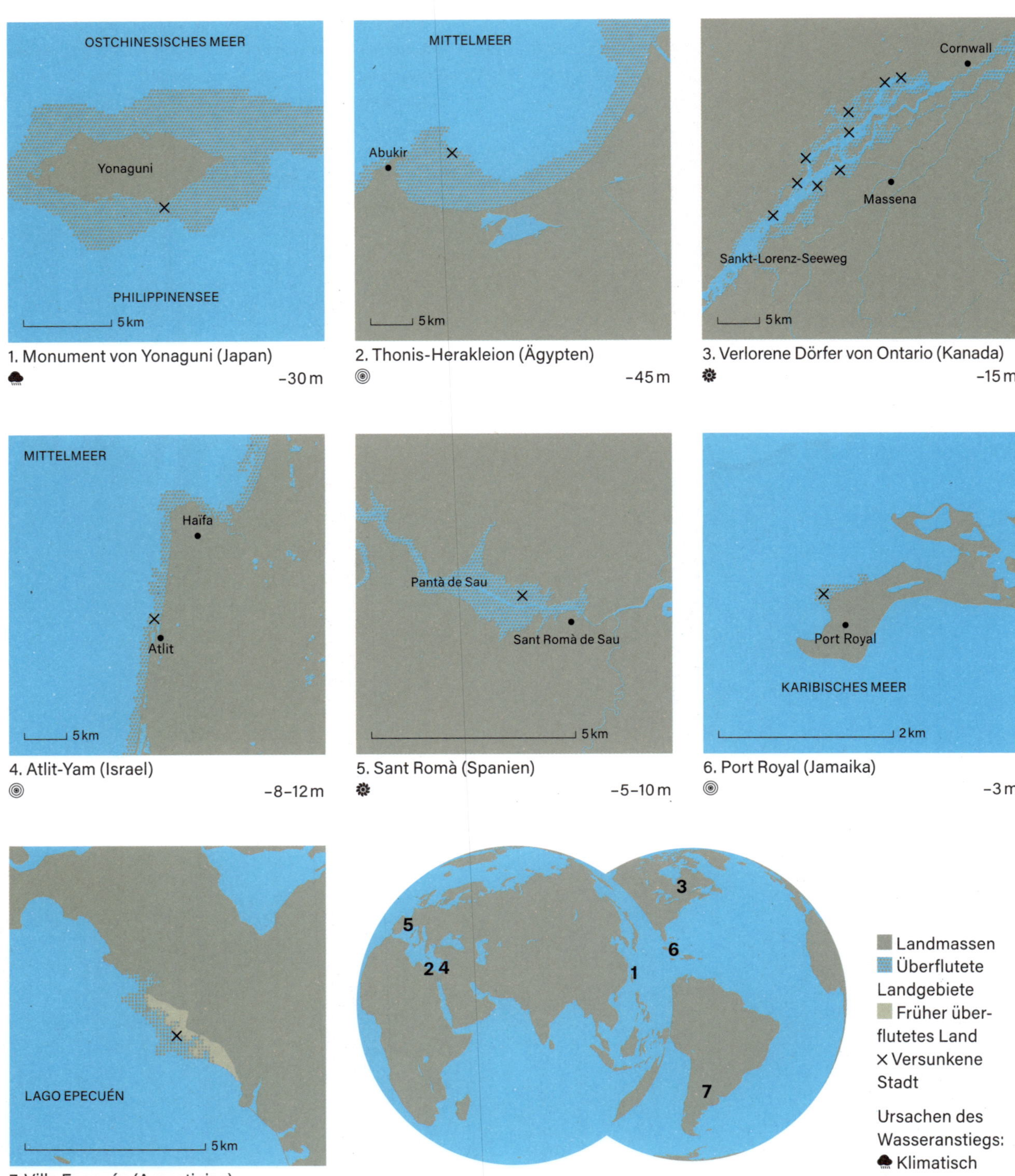

DIE VERSUNKENE STADT ATLANTIS wurde von Platon als ideale Stadt beschrieben, die dem Zorn des Zeus zum Opfer fiel. Tatsächlich haben Archäologen versunkene Städte gefunden. **1.** Das versunkene Monument von **Yonaguni** könnte ein mehr als 2000 Jahre alter Tempel oder eine Grabstätte sein. **2.** 552 Anker, 64 Schiffswracks und die kolossalen Statuen des Nilgotts Hapi zeugen vom Glanz des Handelshafens **Thonis-Herakleion**, bevor die Stadt durch Erdbeben und Vulkaneruptionen zerstört wurde und Ende des 8. Jahrhunderts vollständig versank. **3.** Im Jahr 1958 wurden die **zehn verlorenen Dörfer von Ontario** geflutet. 6500 Einwohner wurden umgesiedelt, um den **Sankt-Lorenz-Seeweg** zu bauen, der den Atlantik mit den Großen Seen zwischen Kanada und den USA verbindet. **4. Atlit-Yam** ist eine neolithische Siedlung, in der Brunnen, menschliche Überreste und ein Sonnenkalender gefunden wurden. **5.** Nur der Glockenturm der **Kirche Sant Romà** ragt aus dem künstlichen See Sau, der 1962 angelegt wurde. **6. Port Royal** war im 17. Jahrhundert Handels- und Hehlerhafen der karibischen Piraten. **7.** Der 1920 gegründete Kurort **Villa Epecuén** zog Aristokraten und Bürger an, bis er 1985 von einer Flut überschwemmt wurde. Seitdem hat sich das Wasser langsam zurückgezogen und eine vom Salz versteinerte Ruinenlandschaft hinterlassen. ●

Todesriten bei Tieren

Nr. 14

TAG DES TODES | RITUALE UM DEN TOD | ENDE DER TRAUERZEIT

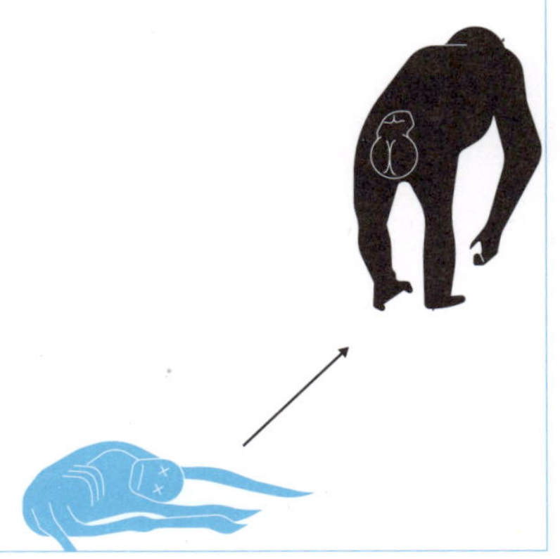

1. Verhalten der Schimpansenmütter beim Tod von Jimato und Veve im Wald von Guinea
Beobachtet vom Team um Dr. Dora Biro, Universität Oxford (GB), im Jahr 2003

2. Verhalten von Krähen in den USA bei einem Todesfall
Beobachtet vom Team um Prof. John Marzluff, University of Washington (USA), im Jahr 2015

3. Tod eines Elefanten im Samburu National Reserve in Kenia
Beobachtet von Dr. Shifra Goldenberg, Smithsonian Institution/San Diego Institute, im Jahr 2019

ZUR ERKENNTNIS DES TODES gehören vier Komponenten: Irreversibilität, Unausweichlichkeit, Nichtfunktionalität (ein totes Lebewesen kommuniziert und handelt nicht mehr) und Kausalität. Der Mensch erwirbt diese Erkenntnisfähigkeit im Alter von vier Jahren, aber wie sieht es bei Tieren aus? Ethologen versuchen diese Frage zu beantworten, indem sie bei verschiedenen Tierarten das Verhalten einer Gruppe bei Todesfällen beobachten. **1. Schimpansenmütter** tragen die Körper ihrer toten Jungen mehrere Tage lang umher und reinigen sie in dieser Zeit. Es gibt keine Aggression oder Ablehnung seitens der anderen Gruppenmitglieder, trotz des Geruchs der verwesenden Körper. Nach etwa 20 Tagen entfernen sich die Weibchen allmählich von den Kadavern. **2.** Eine **Krähe** setzt sich neben die Leiche einer anderen Krähe, beobachtet sie und gibt dann laute, unangenehme Schreie von sich. Diese locken andere Krähen an, die sich um das tote Tier versammeln und in die Schreie einstimmen. Anschließend wird es zurückgelassen und der Ort gemieden. **3. Elefanten** bleiben in der Nähe eines toten Artgenossen und berühren ihn, einige versuchen ihn aufzurichten. Sie kehren immer wieder zu ihm zurück. Einige zeigen ein besonderes Interesse an den Knochen des Kadavers, während sie die Knochen anderer Tierarten ignorieren. ●

Prinzip der Proxemik

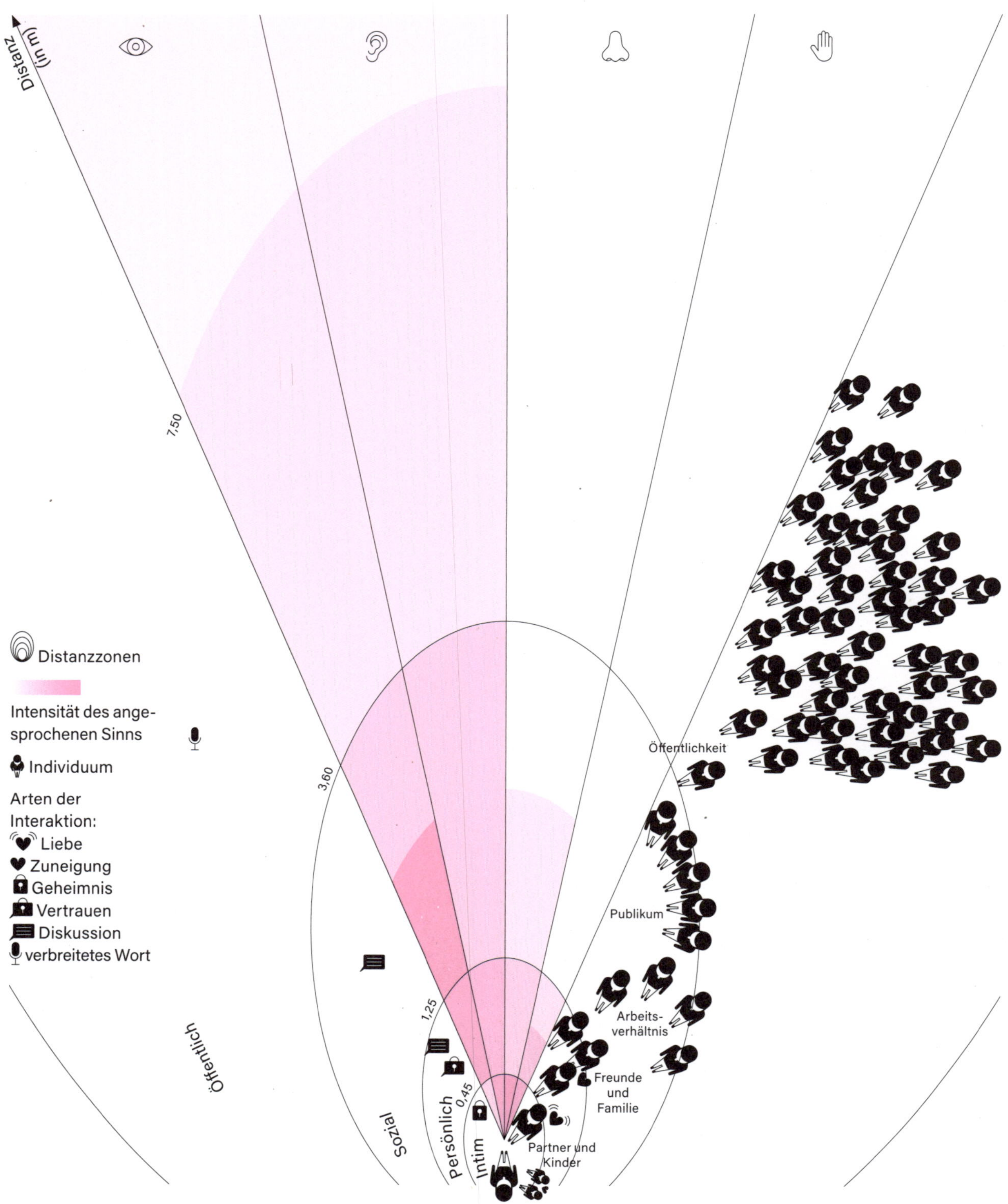

DIE BEZIEHUNG VON INDIVIDUEN ZUM RAUM – tatsächliche oder wahrgenommene physische Distanz, Vorstellungen von Nähe und Ferne – ist das, was der amerikanische Anthropologe Edward T. Hall im Jahr 1963 als »Proxemik« bezeichnete. Seine Experimente haben die Existenz von vier **Distanzen** – oder **Zonen** – beim Menschen aufgezeigt, von der nächsten bis zur entferntesten: die **intime**, die **persönliche**, die **soziale** und die **öffentliche**. Jede dieser Distanzzonen bringt sensorische Unterschiede mit sich. So gehört zum Beispiel der Tastsinn zur intimen und persönlichen Zone und verschwindet in sozialen oder öffentlichen Situationen. Neben der Frage der Distanz werden auch Kommunikationsmarker wie die Richtung des Atems, die Bewegung der Hände oder visuelle Interaktionen in die Proxemik einbezogen. Die Forschung von Edward T. Hall konzentrierte sich auf Menschen der Mittelschicht, die an der Nordostküste der USA lebten, aber die Distanzzonen variieren von Person zu Person und von Kultur zu Kultur, was vergleichende anthropologische Studien zur Proxemik ermöglicht. Für Hall nutzt der Mensch den Raum unbewusst: Es handelt sich um eine »verborgene Dimension«, die jedoch für das Verständnis der menschlichen Bedürfnisse von grundlegender Bedeutung ist. ●

Neuronenbahnen der Empathie

EMOTIONALES GEHIRN

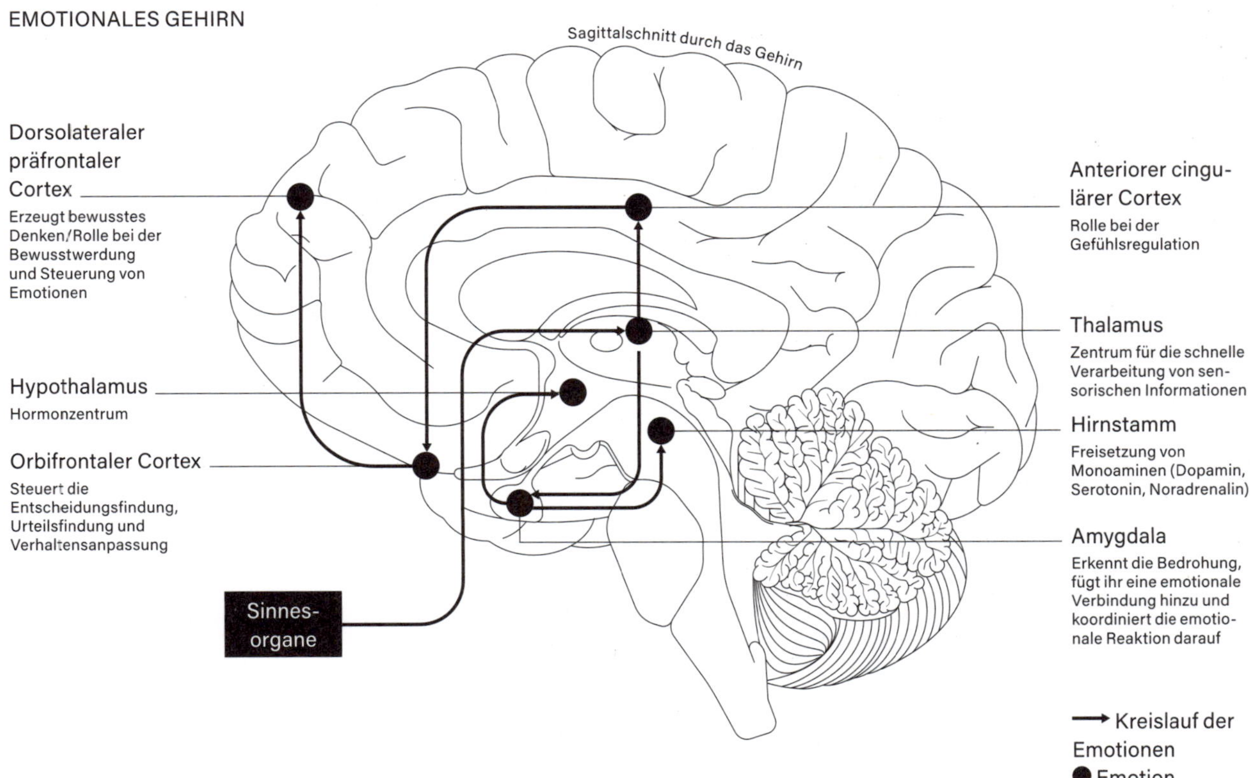

BEREICHE DER EMPATHIE

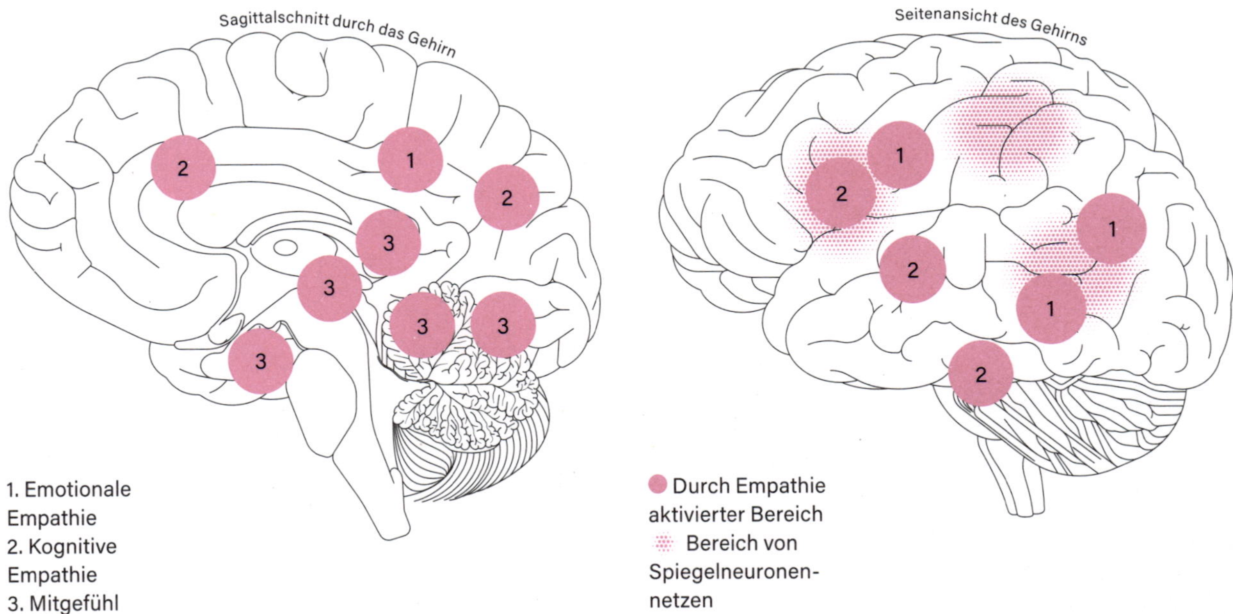

DAS VERSTEHEN UND MITFÜHLEN der Emotionen anderer Menschen wird als »Empathie« bezeichnet. Die neurophysiologische Forschung hat gezeigt, dass die Gehirnareale, die mit Empathie in Verbindung gebracht werden, dieselben sind wie die des kognitiven Gehirns und des emotionalen Gehirns, das Aggression, Schmerz, Angst, Freude und Gedächtnis steuert. Empathie könnte dann als eine spezifische Emotion definiert werden. Die Forscher beschreiben **vier Formen der Empathie**. **Präempathie** oder emotionale Ansteckung beruht auf einer schnellen und automatischen Analyse der Situation und äußert sich in einer motorischen Synchronisation (der andere gähnt, ich gähne). **Emotionale Empathie** ist die Fähigkeit, das Leid, die Freude oder die Gefühle des anderen nachzuempfinden (**1**). **Kognitive Empathie** ist die Fähigkeit, sich die Gesamtheit der mentalen Zustände eines anderen, seine Motivationen und die Gründe für seine Handlungen vorzustellen (**2**). **Mitgefühl** ermöglicht es, für andere zu handeln (**3**).

Spiegelneuronen spielen eine wichtige Rolle bei der motorischen Nachahmung: Es werden die gleichen Neuronen aktiviert, egal, ob wir die Handlung ausführen oder eine andere Person dabei beobachten, wie sie diese Handlung ausführt. •

Gepfiffene Sprachen

KURZE UND MITTLERE DISTANZEN

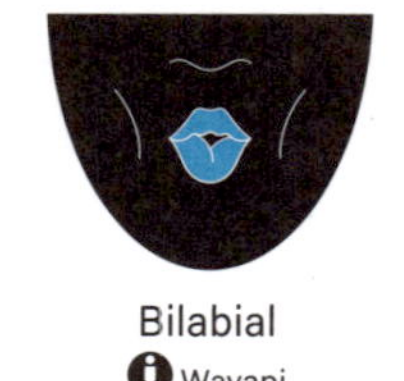

Bilabial
Wayapi
(Brasilien, Französisch-Guyana)

Retroflexe Zunge
Kusköy (Türkei)
Dorf Antia (Insel Euböa, Griechenland),
Insel El Hierro (Kanaren)

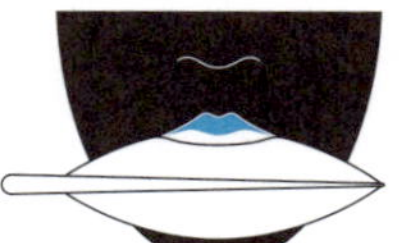

Mit einem Blatt
Akha (Thailand),
Hmong (Myanmar), Yao (Laos),
Lisu (Vietnam), Yi (China)

GROSSE DISTANZ

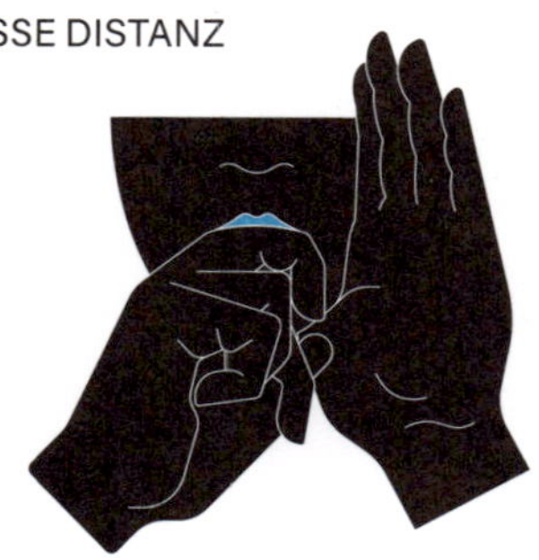

Gekrümmter Finger im Mund
La Gomera
(Kanaren)

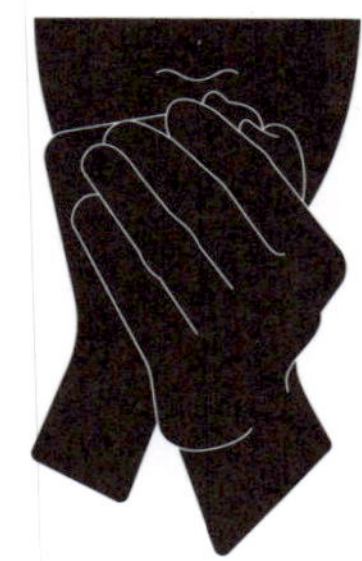

Resonanz in den hohlen Händen
Gavião du Rondônia
(Amazonien)

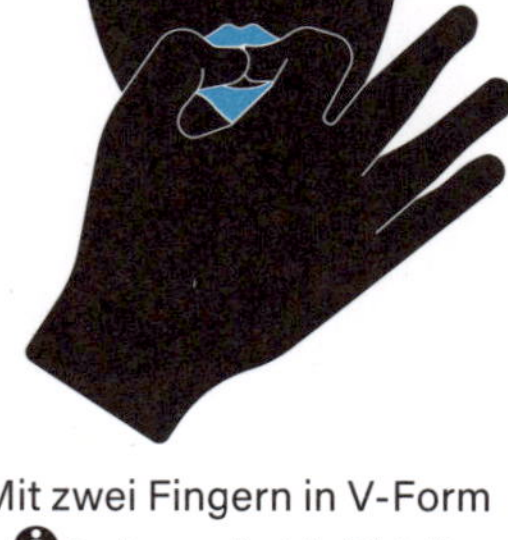

Mit zwei Fingern in V-Form
Region von Kusköy (Türkei),
Wayapi (Amazonien)

Zwischen Mittel- und Zeigefinger
Ari (Äthiopien), Banen (Kamerun),
Gavião (Amazonien)

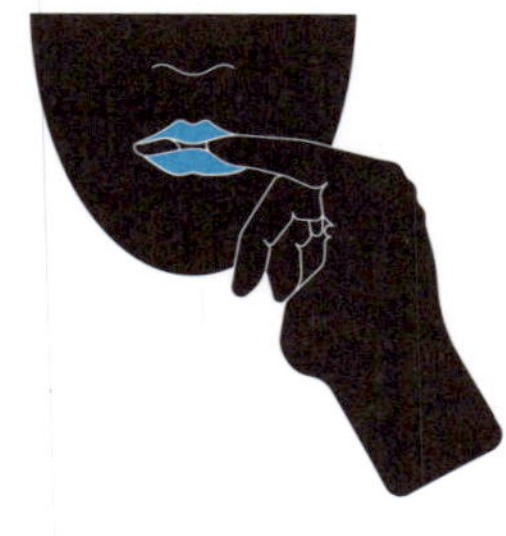

Retroflexe Zunge und
ein Finger auf der Zunge
Tamazight (Marokkanisches Atlasgebirge), Region
von Kusköy (Türkei), Gran Canaria (Kanaren)

Gezogene Unterlippe
Südamerika

GRENZEN DER HÖRBARKEIT VON SPRACHE

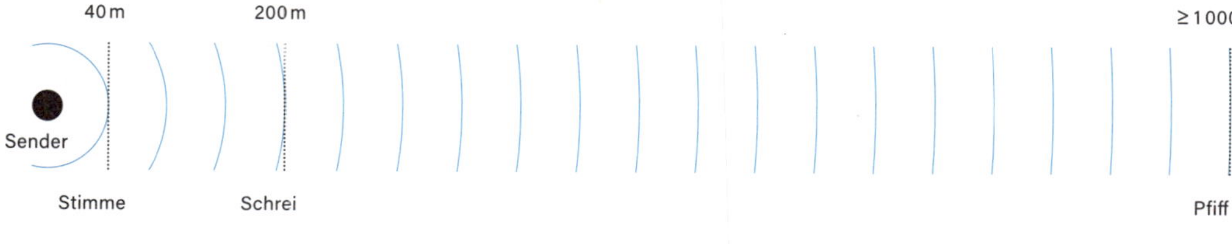

Beispiel
für Volk oder
geografisches
Gebiet

»SIE SPRECHEN WIE DIE FLEDERMÄUSE«, schrieb Herodot in seinen *Historien* über die äthiopischen Höhlenvölker, die sich durch Pfiffe verständigten. Gepfiffene Sprachen werden noch heute von Völkern verwendet, die hauptsächlich in Bergregionen oder in dichten Wäldern leben, und sind eine effektive akustische Methode, um einen kurzen Dialog über große Entfernungen zu führen: Ein **Pfiff** ist lauter als die Stimme und kann bis zu 120 Dezibel erreichen. Es ist das lauteste Geräusch, das ein Mensch mit seinem Körper erzeugen kann. Das verwendete schmalere **Frequenzband** wird mit zunehmender Entfernung weniger beeinträchtigt. Die Pfiffe werden in der lokalen Sprache ausgetauscht und das Spektrum der möglichen Laute ist reichhaltig, komplex und vielfältig genug, um Wortschatz, Grammatik und Syntax zu erhalten. Der französische Linguist und Bioakustiker Julien Meyer hat in einer Feldstudie, die zwischen 2003 und 2015 durchgeführt wurde, verschiedene Techniken aufgelistet: mit den Lippen (für einen leisen Pfiff), mit den Fingern im Mund (für einen lauteren Pfiff), mit einem Blatt oder einem Rohr, das als Flöte dient. Meist werden mehrere Techniken von ein und derselben Person verwendet. •

Windstärken

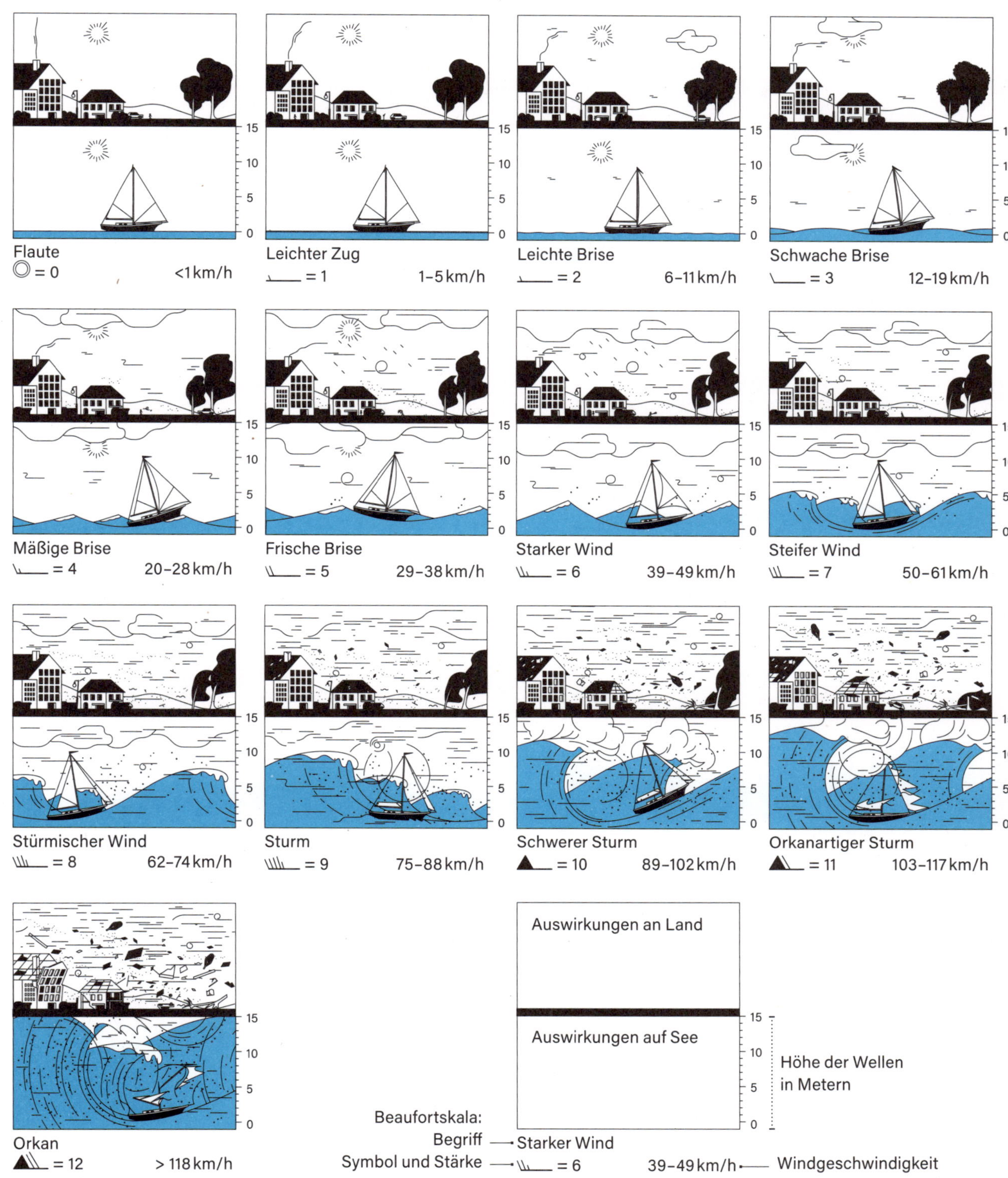

»SIE MUSSTEN [...] das ›Buch des Leuchtturms‹ führen, darin alle Vorfälle eintragen, die sich ereigneten, die Passage von Segel- und Dampfschiffen [...], die Höhe der Gezeiten, die Richtung und Stärke des Windes, den Wechsel des Wetters, die Dauer der Regenfälle, die Häufigkeit von Gewittern, das Steigen und Fallen des Barometers, die Temperatur und andere Phänomene [...].« In Jules Vernes *Der Leuchtturm am Ende der Welt* führen die Leuchtturmwärter Buch für die Navigation, so auch der britische Admiral Francis Beaufort, der im Jahr 1805 eine empirische Skala für die Schwierigkeit der Navigation entwarf. Die Skala beruht auf der Beobachtung des Wellengangs – das Auftreten von Gischtstreifen, Schaumkronen oder Klingen auf der Wasseroberfläche. Die Eigenschaften der Wellen gehen mit dem Wind einher, der sie lokal erzeugt (→ Bildtafel Nr. 96). Die **Beaufortskala** verknüpft also die Bedingungen für die Schifffahrt mit den Eigenschaften von Wellen und Wind. Auch heute noch wird sie zur Beschreibung der Windstärke in Wetterberichten verwendet, obwohl Schiffe oft mit Anemometern zur Messung der **Windgeschwindigkeit** ausgestattet sind und den speziellen Wetterbericht ab einer bestimmten Windstärke an die regionalen Einsatzzentralen für Überwachung und Seerettung senden. ●

Nahrungsnetze

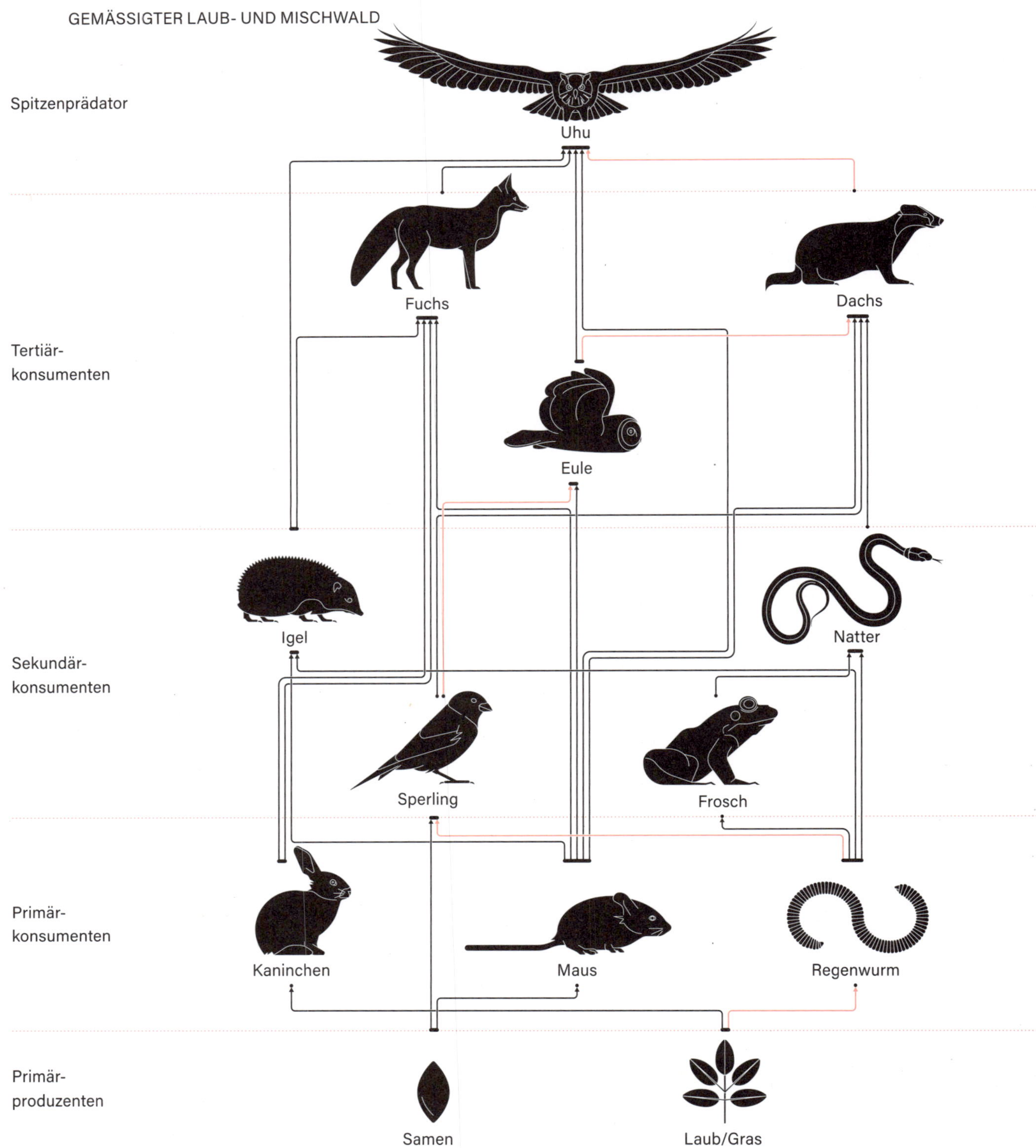

FRESSEN ODER GEFRESSEN WERDEN ... Die Gesamtheit der Nahrungsbeziehungen zwischen Raub- und Beutetieren bilden trophische Netzwerke. Die Wechselwirkungen zwischen den Arten in einem Nahrungsnetz beruhen auf einem labilen Gleichgewicht, das durch die Verfügbarkeit von Licht und Nährstoffen und die Regulierung der Ressourcen durch Raubtiere aufrechterhalten wird. Eine natürliche oder vom Menschen verursachte Veränderung in einem Netzwerk kann sich auf andere trophische **Ebenen** auswirken. In Gewässern kann ein Nährstoffüberschuss am Anfang der Kette zu Anoxie (Sauerstoffmangel) oder sogar zu einer Todeszone führen (→ Bildtafel Nr. 42). Die Beziehungen zwischen den Arten sind in der Regel nahrungsabhängig. Eine **Nahrungskette** ist eine Abfolge, in der jedes Individuum das vorhergehende frisst und vom nachfolgenden gefressen wird. Das unterste Glied, der **Primärproduzent**, ist immer ein autotropher Organismus, also eine Pflanze oder ein Bakterium, das seine eigene organische Substanz aus Boden- oder Wasser-mineralien durch Nutzung von Sonnenenergie oder natürlichen Chemikalien bildet. Der **Spitzenprädator** ist durch seine Größe, eine geringe Populationsdichte und ein großes Territorium gekennzeichnet.

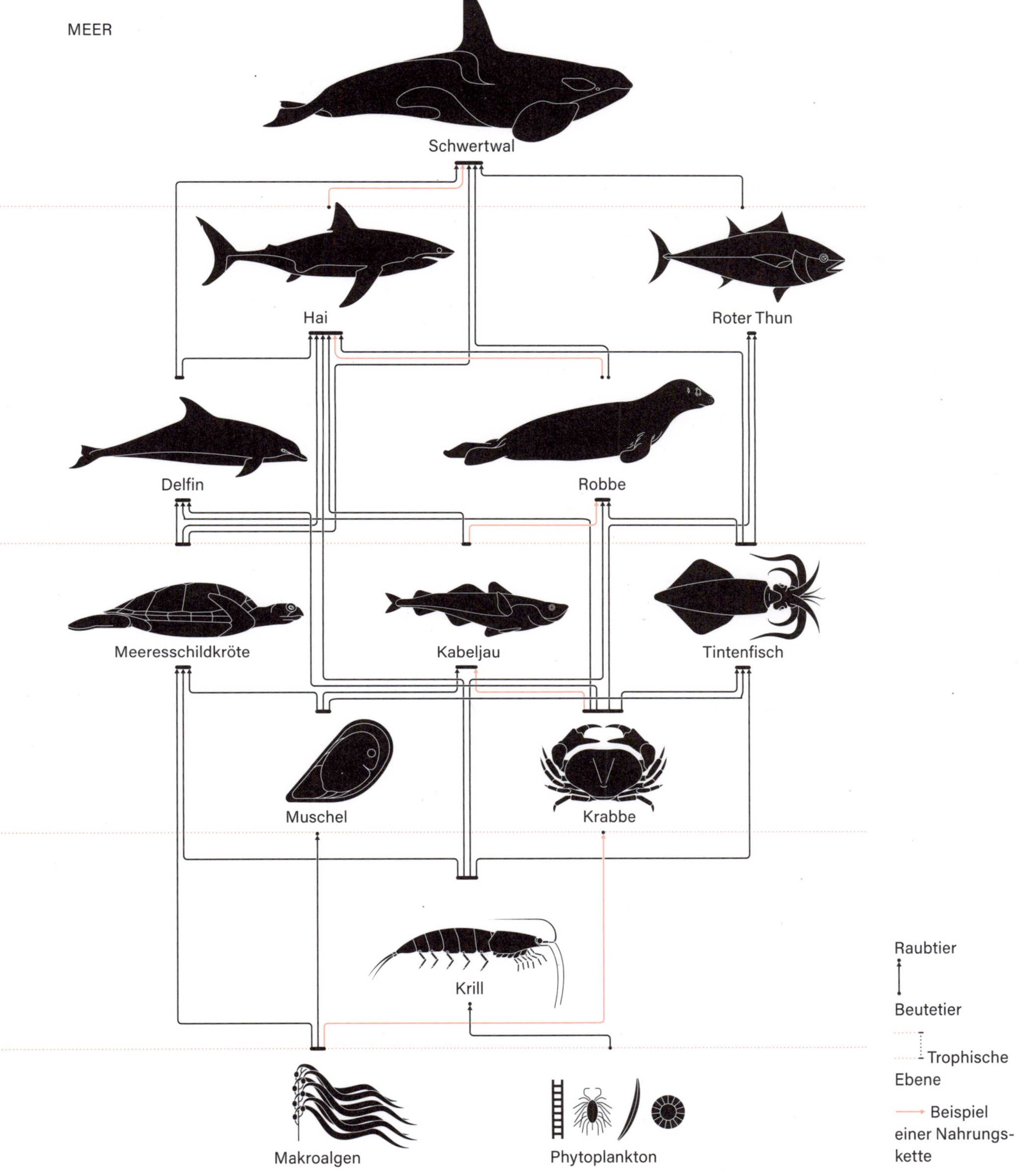

»Wenn Tiere am gleichen Ort leben und sich von den gleichen Stoffen ernähren, kämpfen sie gegeneinander. Wenn die Nahrung knapp ist, bekämpfen sich die Tiere untereinander, auch wenn sie derselben Art angehören. [...] Alle Tiere führen Krieg mit den Fleischfressern, und diese führen Krieg mit allen anderen, weil sie nur von Tieren leben können. [...] Adler und Schlange sind Feinde, weil der Adler Schlangen frisst.«

Aristoteles, *Historia Animalium* (*Geschichte der Tiere,* 343 v. Chr.), VI, 2. ●

Nr. 20

Mensch gegen Maschine beim Go

SPIELPRINZIP

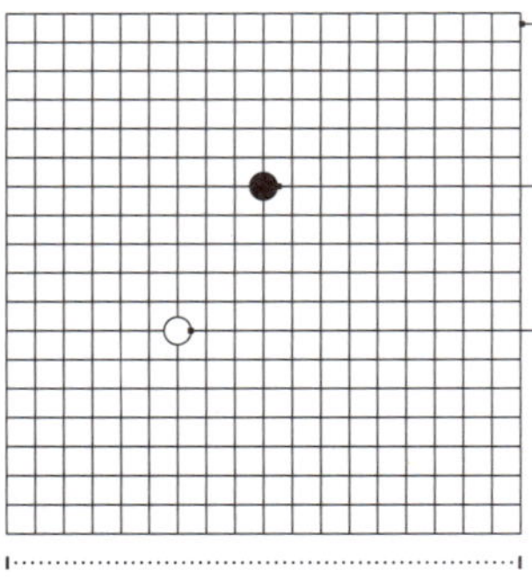

Goban

Schwarze Steine: erster Spieler (spielt immer als Erster)

Weiße Steine: zweiter Spieler

19 × 19 Linien = 361 Schnittpunkte

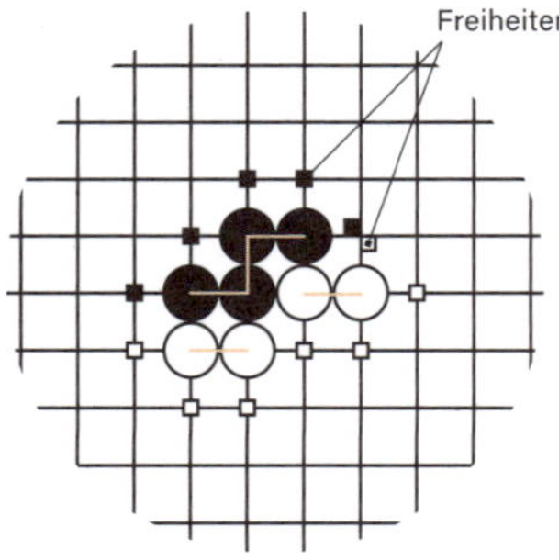

Freiheiten

Steinketten

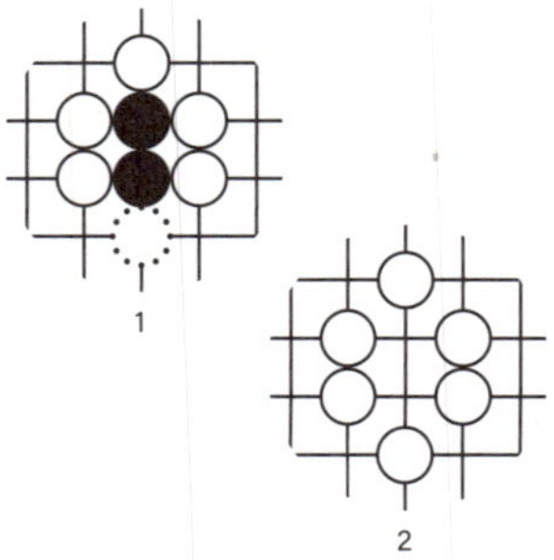

1

2

Eroberung

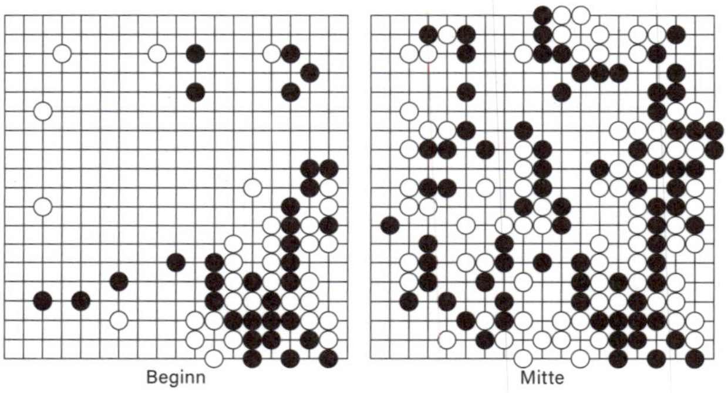

Beginn

Mitte

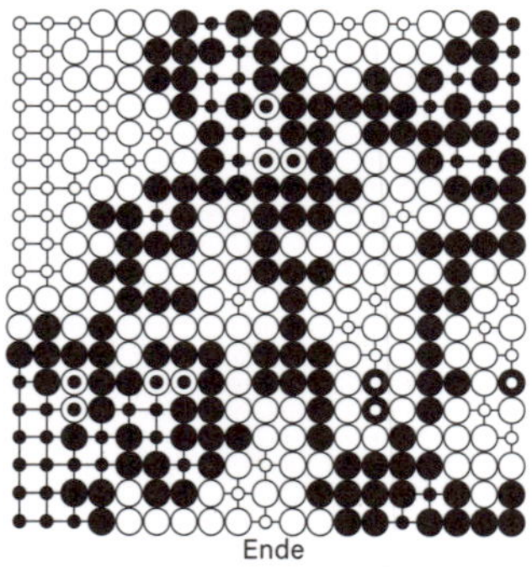

Ende

Berechnung der Punktzahl des Siegers (●): Anzahl der Schnittpunkte in seinem Territorium (•) + Gesamtanzahl der eroberten Steine (◉)

Spielfortschritt

MATCH: LEE SEDOL (MENSCH) GEGEN ALPHAGO (KI)

Partie 1

Lee Sedol ●
AlphaGo ○ (Sieger)
Zug 102

Schwere Invasion des schwarzen Gebiets (◉). Das Risiko besteht darin, dass Schwarz diesen Stein gefangen nehmen und sein Gebiet erhalten kann. Weiß profitiert jedoch von den benachbarten Steinen (◎) und kann diesen Zug riskieren. Weiß wird das schwarze Territorium zumindest teilweise besiegen.

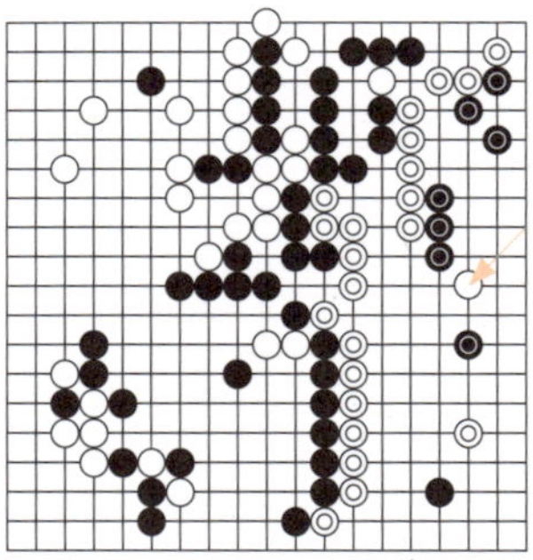

Partie 2

AlphaGo ● (Sieger)
Lee Sedol ○
Zug 37

Dieser Zug (diagonaler Zug in Richtung Mitte) ist ein Manöver, um einen gegnerischen Stein (◎) zum Rand hin einzudämmen und die Mitte zu stärken. Vor AlphaGo war es nicht empfohlen, einen solchen Zug an dieser Stelle zu spielen, da er zu viel Gebiet am Rand (○) bietet. AlphaGo hält jedoch die Mitte für wichtiger, trotz der Schwierigkeit, dort Gebiet zu gewinnen.

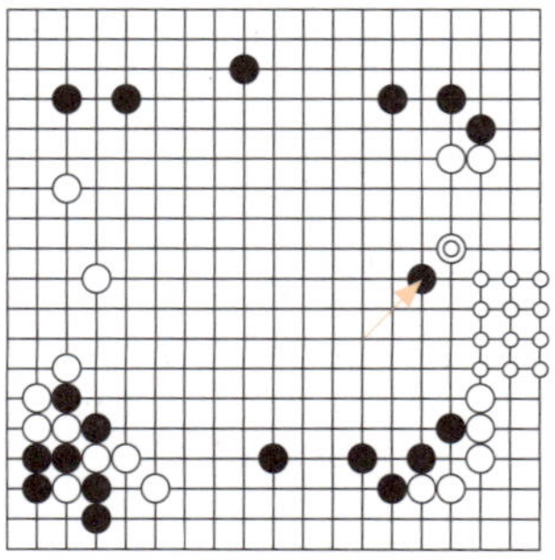

Partie 3

Lee Sedol ●
AlphaGo ○ (Sieger)
Zug 32

Schwarz startet einen heftigen Kampf, um die Gruppe (◎) anzugreifen. Mit seinem letzten Zug (—▶) lässt er seine eigene Gruppe verwundbar zurück (◉). AlphaGo kontert mit 32, was unakademisch ist (das Spielen von (○) wäre aus menschlicher Sicht eine üblichere »Form«). Lee Sedol findet sich in einer defensiven Position wieder, obwohl er ursprünglich der Angreifer war.

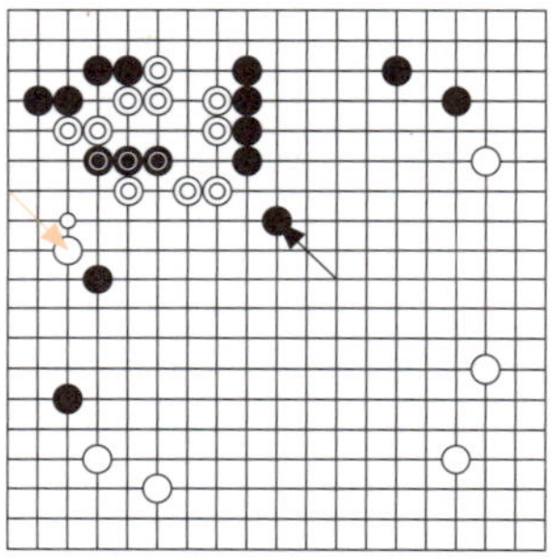

Partie 4

AlphaGo ●
Lee Sedol ○ (Sieger)
Zug 78

Weiß ist in einer schlechten Position, da es weniger sicheres Gebiet als Schwarz hat. Seine einzige Chance besteht darin, die Position der »toten« Steine (◎) auszunutzen, um das schwarze Gebiet zu verkleinern. Lee Sedol nutzt die Situation mit dem spektakulären Zug 78 aus, den AlphaGo relativ leicht kontern kann. Die KI macht jedoch einen Fehler, und von da an verschlechtert sich ihr Spiel schlagartig, bis es fast lächerlich wird.

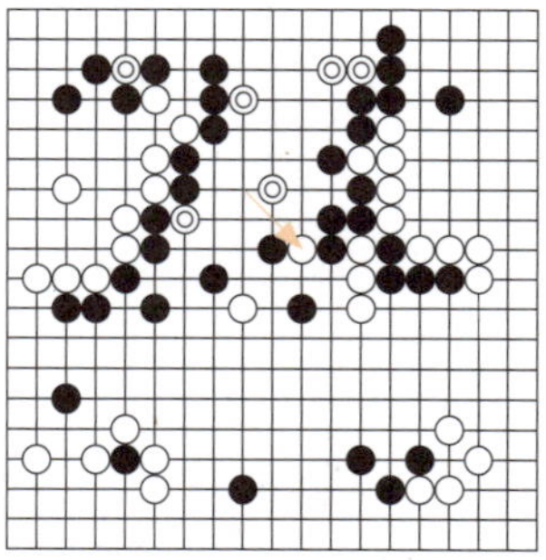

GO IST EINES DER ÄLTESTEN SPIELE und entstand in der östlichen Zhou-Dynastie in China (771–453 v. Chr.). Bei Go spielen zwei Gegner gegeneinander, die abwechselnd **schwarze und weiße Steine** auf die **Schnittpunkte** eines Bretts, des sogenannten **Goban**, setzen. Die gegnerischen **Steinketten** können **gefangen genommen** werden, indem man sie vollständig einkreist. Ziel des Spiels ist es, ein größeres Gebiet einzunehmen als der Gegner. 2016 fand in Seoul das erste Spiel zwischen einem Menschen, dem Südkoreaner **Lee Sedol**, dem besten Spieler der 2000er-Jahre, und der von Google DeepMind entwickelten Künstlichen Intelligenz (KI) **AlphaGo** statt. Die fünf **Partien**, die jeweils etwa vier Stunden dauerten, wurden von 300 Mio. Menschen verfolgt, davon 280 Mio. in China. Der überwältigende Sieg von AlphaGo (4:1) markiert den Fortschritt der KI und hatte eine ähnliche Ausstrahlung wie das Schachspiel zwischen dem Supercomputer Deep Blue und Garri Kasparow im Jahr 1997. Das Match hat sogar die Art und Weise, wie dieses Jahrtausende alte Spiel gespielt wird, radikal verändert. AlphaGos innovative und als »unelegant« geltenden Züge, wie die Bevorzugung der Brettmitte gegenüber den Bretträndern, werden seitdem von professionellen Spielern angewandt, die nun täglich gegen KIs trainieren. ●

Dualsystem

PRINZIP

Kontext		
Logisch	Falsch	Wahr
	Nein	Ja
Nume-risch	0	1
	Ein Bit	Ein Bit

Anzahl der Bits	Kombinationen/Werte
2 Bits	0 0 · 0 1 · 1 0 · 1 1 2^2 (4) mögliche Werte
3 Bits	0 0 0 · 0 0 1 · 0 1 0 · 0 1 1 · 1 0 0 · 1 0 1 · 1 1 0 · 1 1 1 2^3 (8) mögliche Werte
4 Bits	2^4 (16) mögliche Werte
5 Bits	2^5 (32) mögliche Werte
6 Bits	2^6 (64) mögliche Werte
7 Bits	2^7 (128) mögliche Werte
8 Bits	2^8 (256) mögliche Werte

Ein Byte

COMPUTERANWENDUNGEN

B	=	0	1	1	0	0	0	1	0
I	=	0	1	1	0	1	0	0	1
N	=	0	1	1	0	1	1	1	0
A	=	0	1	1	0	0	0	0	1
E	=	0	1	1	0	0	1	0	1
R	=	0	1	1	1	0	0	1	0

Wort 1 Buchstabe = 8 Bits = 2^8 (256) Werte

Ein Bild mit 64 Pixeln =

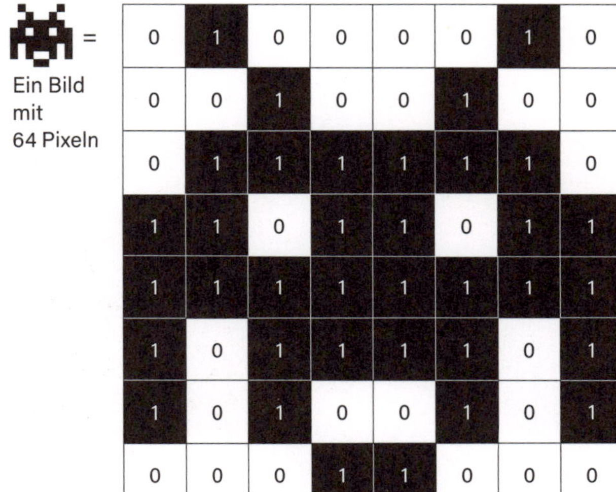

0	1	0	0	0	0	1	0
0	0	1	0	0	1	0	0
0	1	1	1	1	1	1	0
1	1	0	1	1	0	1	1
1	1	1	1	1	1	1	1
1	0	1	1	1	1	0	1
1	0	1	0	0	1	0	1
0	0	0	1	1	0	0	0

Schwarz-Weiß-Bild 1 Pixel = 1 Bit = 2^1 (2) Werte

Ein Pixel =

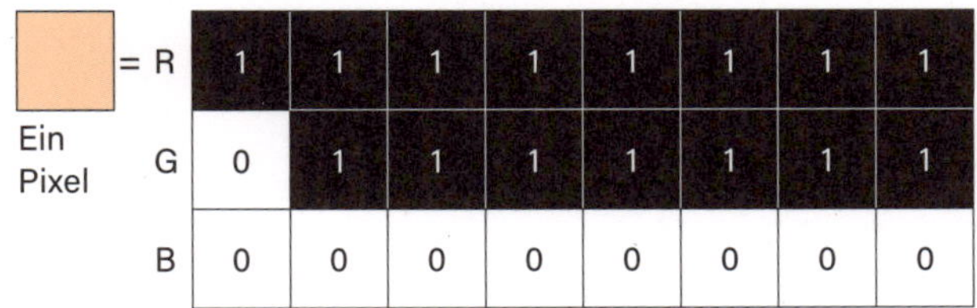

R	1	1	1	1	1	1	1	1
G	0	1	1	1	1	1	1	1
B	0	0	0	0	0	0	0	0

Farbbild (RGB: Rot, Grün, Blau) 1 Pixel = 24 Bits = 2^{24} (16,8 Millionen) Werte

DAS DUALSYSTEM basiert auf einem elementaren Baustein, dem »Binärelement« oder »Bit«, das nur zwei Ziffern kennt: **0** oder **1** (**wahr** oder **falsch**, **ja** oder **nein**). Der deutsche Philosoph und Mathematiker Gottfried Wilhelm Leibniz (1646–1716) beschreibt 1679 in einem unvollendeten Manuskript mit dem Titel *De Progressione Dyadica* eine Rechenmaschine, die mit binären Zahlen rechnet. Einige Jahre später ließ er die Prinzipien der Rechenmaschine beiseite, stellte aber der Académie royale des sciences in Paris den binären Code und die vier Rechenarten mit diesen Ziffern vor. Sein Projekt nahm die Prinzipien vorweg, die später für die von Alan Turing 1936 erdachte »Maschine« wieder aufgegriffen wurden, ein abstraktes Modell, das unter anderem unendlich viele Berechnungen auf der binären Basis von 0 und 1 ermöglichte, also den Vorläufer des Computers. In diesem Sinne kann man Leibniz als einen der Väter der Programmierung und des modernen Computers bezeichnen. Mit dem Binärsystem lassen sich heute **lateinische Schriftzeichen**, **schwarz-weiße** und **Farbbilder** sowie die komplexesten animierten Ableitungen davon codieren. Für sehr große Zahlen ist das Hexadezimalsystem (4-Bit-Pakete) oder, seltener, das Oktalsystem (Basis 8) üblich. ●

Nr. 22

Architektur eines Termitenhügels

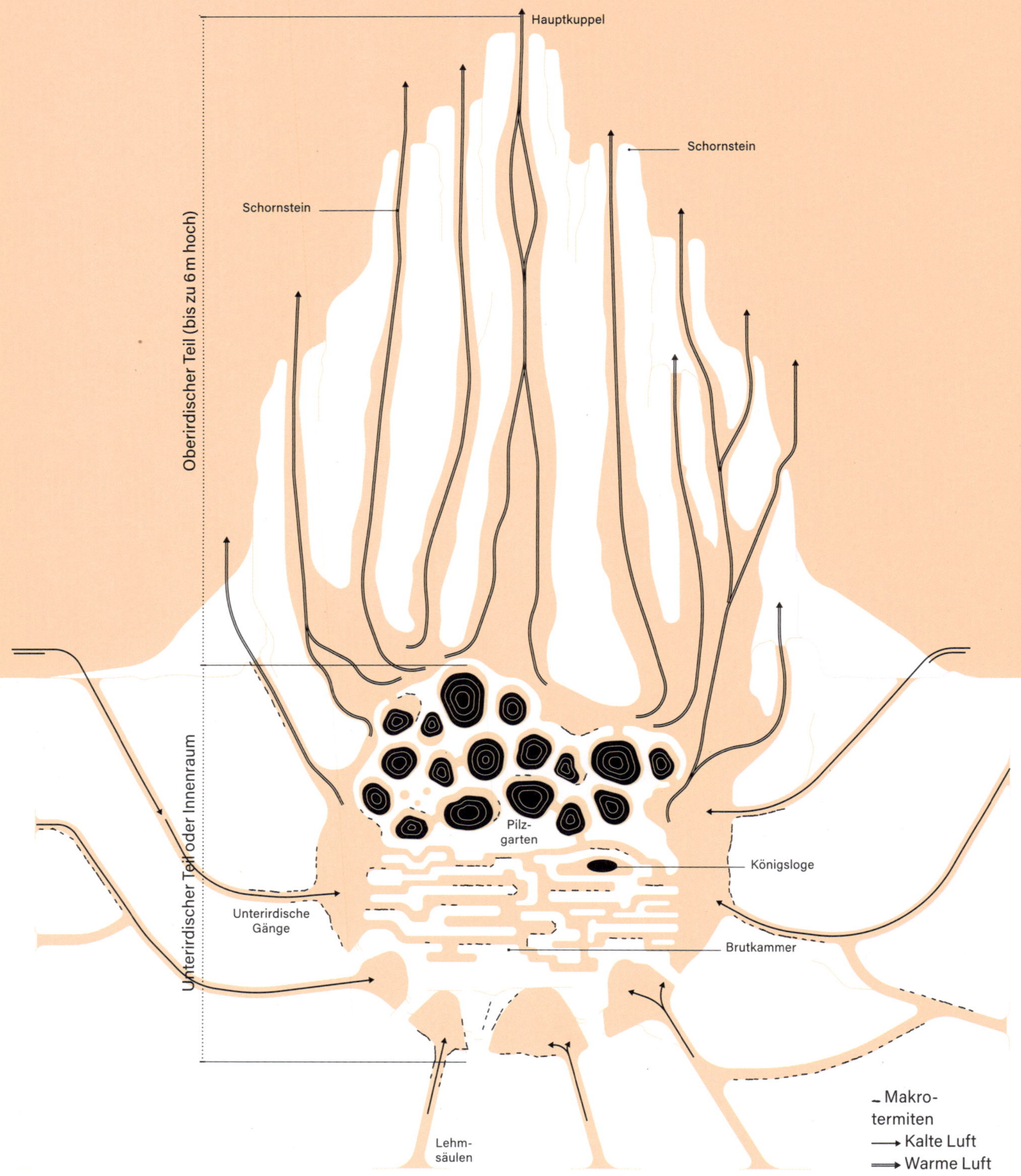

MAKROTERMITEN LEBEN IN KOLONIEN in großen Nestern, den Kathedralen-Termitenhügeln. Diese bauen sie unter- und oberirdisch in den Wüstenregionen der Sahara und in Teilen Australiens. Bei diesen Termiten beherbergt die **Königsloge** das Gründerpärchen, bestehend aus Männchen und Weibchen. Die Eier, Larven und Nymphen werden in **Brutkammern** von Brutwächtern bewacht. Die Gesellschaft der Termiten ist gegliedert in »Arbeiter«, die die für das Überleben der Kolonie notwendigen Aufgaben erledigen, und »Soldaten«, die die Kolonie verteidigen. Um sich zu ernähren, bauen die Termiten **Pilzgärten** an, in denen Myzel-Pflanzenfasern vorverdaut werden. Die Arbeiter, die von Soldaten begleitet werden, schaffen das Material für die Pilzzucht über **unterirdische Gänge** herbei. Temperatur und Luftfeuchtigkeit bleiben im Termitenhügel konstant. Die Tätigkeit der Arbeiter reguliert die Belüftung: **Frische Luft** strömt durch die Gänge auf Bodenhöhe und tritt später durch nach außen offene **Schornsteine** wieder aus. Die Wasserversorgung erfolgt über das Grundwasser (bis zu 20 m Tiefe sind erforderlich). Diese Techniken inspirieren die Architektur in der Entwicklung umweltfreundlicher Klimaanlagen in großen Gebäuden. •

Kammern der Cheops-Pyramide

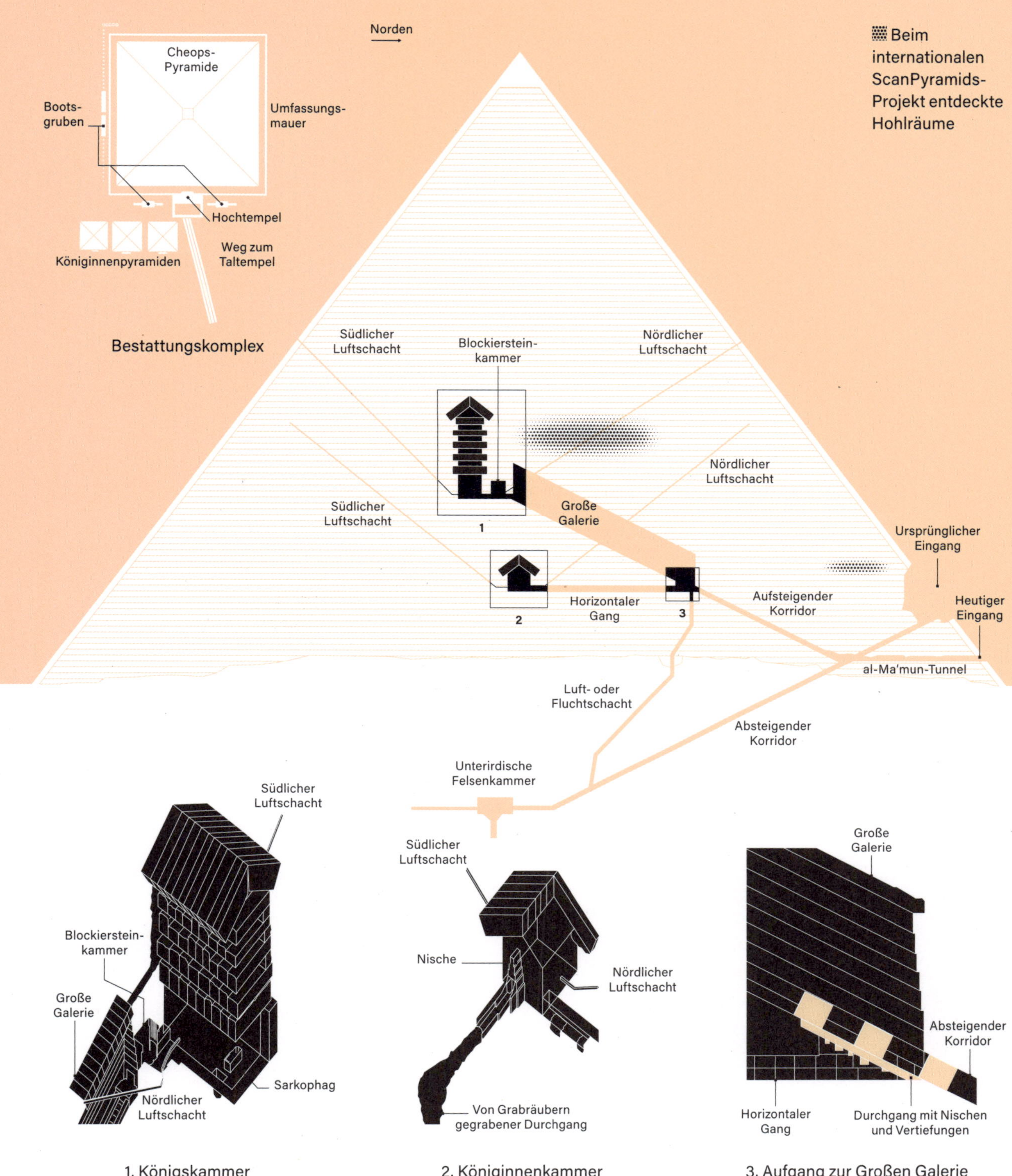

1. Königskammer

2. Königinnenkammer

3. Aufgang zur Großen Galerie

VON CHEOPS SELBST ist nichts erhalten. Im Gegensatz zu anderen Pharaonen wurden seine mumifizierten Überreste (→ Bildtafel Nr. 116) nie gefunden. Nur ein Grab zeugt von seiner Anwesenheit auf Erden: die sagenumwobene Cheops-Pyramide, ein ursprünglich 146 m hoher Monumentalbau inmitten eines Grabkomplexes, zu dem noch zwei weitere Königspyramiden (Kephren und Mykerinos), Tempel und Friedhöfe gehören. Die Pyramide, deren Spitze im Mittelalter von Steinbrucharbeitern abgetragen wurde, birgt noch viele Geheimnisse. Die Tatsache, dass es drei Kammern für nur einen Toten gibt, wirft Fragen auf. Während einige Ägyptologen davon ausgehen, dass diese Kammern so geplant waren, glauben andere, dass der Plan während des Baus geändert wurde. Die **unterirdische Kammer** und die **Königinnenkammer** könnten für die Mumie des Cheops vorgesehen gewesen sein, bevor die Baumeister ihre Meinung änderten und eine dritte Kammer, die **Königskammer**, anlegten. Drei Gesteinsarten wurden verbaut: sehr fester rosa Granit für die Kammern (aus einem Steinbruch im über 800 km entfernten Assuan), weniger hochwertiger Kalkstein für den Kern (aus einem Steinbruch in der Nähe) und eine Schicht hochwertigen weißen Kalksteins für die glatten Außenwände (aus einem Steinbruch in Tourah, am gegenüberliegenden Nilufer). ●

Handel mit Opiaten

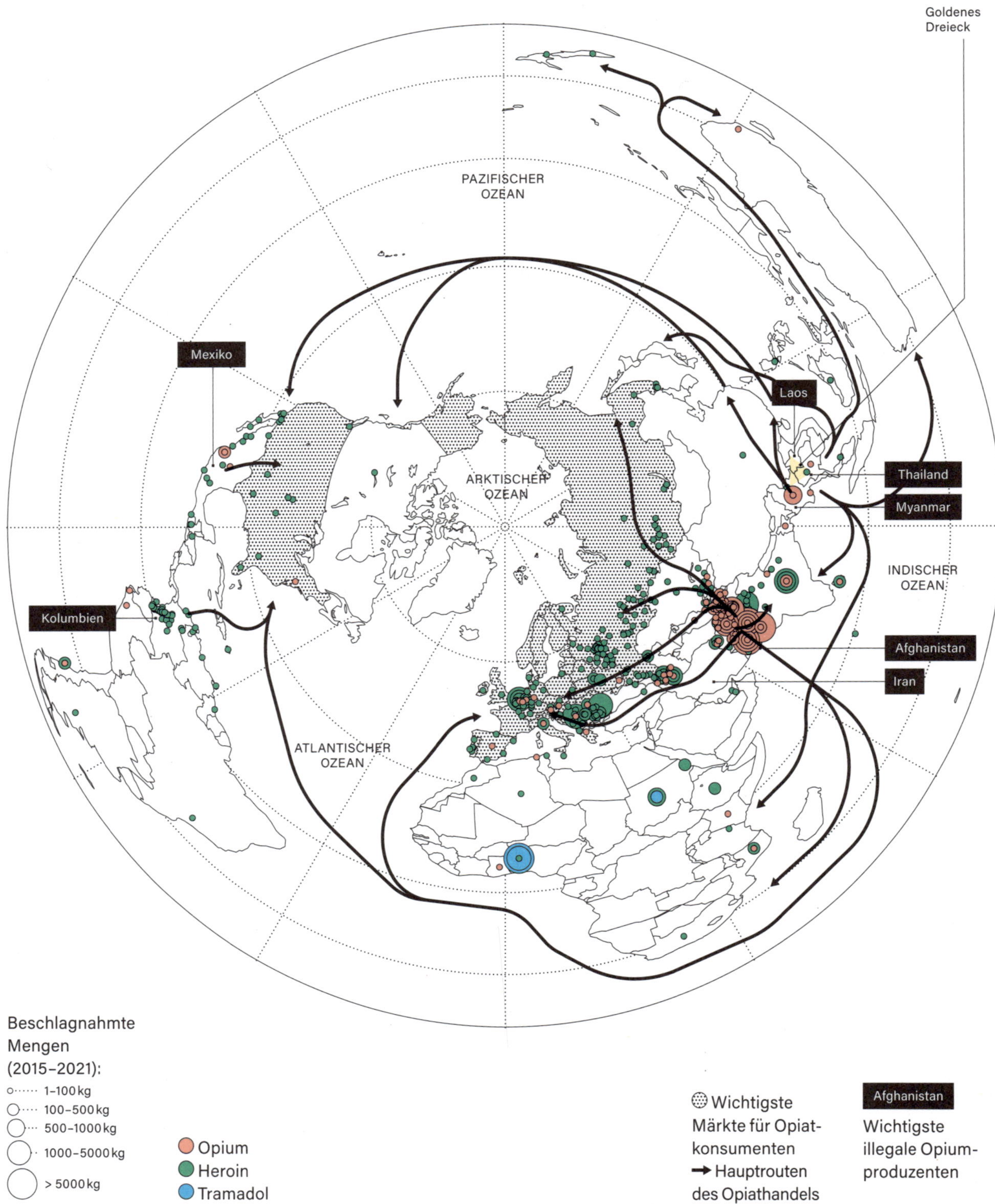

Beschlagnahmte Mengen (2015–2021):
- 1–100 kg
- 100–500 kg
- 500–1000 kg
- 1000–5000 kg
- > 5000 kg

- Opium
- Heroin
- Tramadol

Wichtigste Märkte für Opiatkonsumenten

Hauptrouten des Opiathandels

Afghanistan – Wichtigste illegale Opiumproduzenten

UM OPIUM ZU GEWINNEN, ritzt man die verblühten Kapseln des Schlafmohns oder **Opiummohns** ein. Milchig weißer Saft tritt aus und trocknet zu einem braunen Harz ein. Aus diesem Harz wird **Morphin** gewonnen, das als Ausgangsstoff für **Heroin** dient. Unter dem Begriff »Opiate« werden alle schmerzstillenden Alkaloide des natürlichen Opiums zusammengefasst. Die synthetischen Produkte Heroin, **Tramadol**, Methadon oder Fentanyl werden als »Opioide« bezeichnet. Im 19. Jahrhundert wurde Opium zu einer international gehandelten Droge. In den Jahren 1839 und 1856 kam es zu zwei Konflikten zwischen dem chinesischen Kaiserreich, das den Opiumhandel auf seinem Territorium verbieten wollte, und dem britischen Empire, das den Handel mit dem aus Indien stammenden Rohstoff durchsetzen wollte. Nach der Niederlage Chinas verlagerte sich der Drogenhandel. In den 1970er-Jahren erfuhr Heroin ausgehend von Importen aus dem **Goldenen Dreieck** (Laos, Thailand, Myanmar) große Verbreitung. Seit den 1990er-Jahren ist Afghanistan der Hauptproduzent. Die Überdosierungen in den Konsumländern – vor allem in den USA, wo die Verschreibung von opioidhaltigen Medikamenten, insbesondere von Fentanyl, zu einer starken Abhängigkeit geführt hat – haben seit den 1990er-Jahren ein Ausmaß erreicht,das oft als epidemisch bezeichnet wird. ●

Welt der Düfte

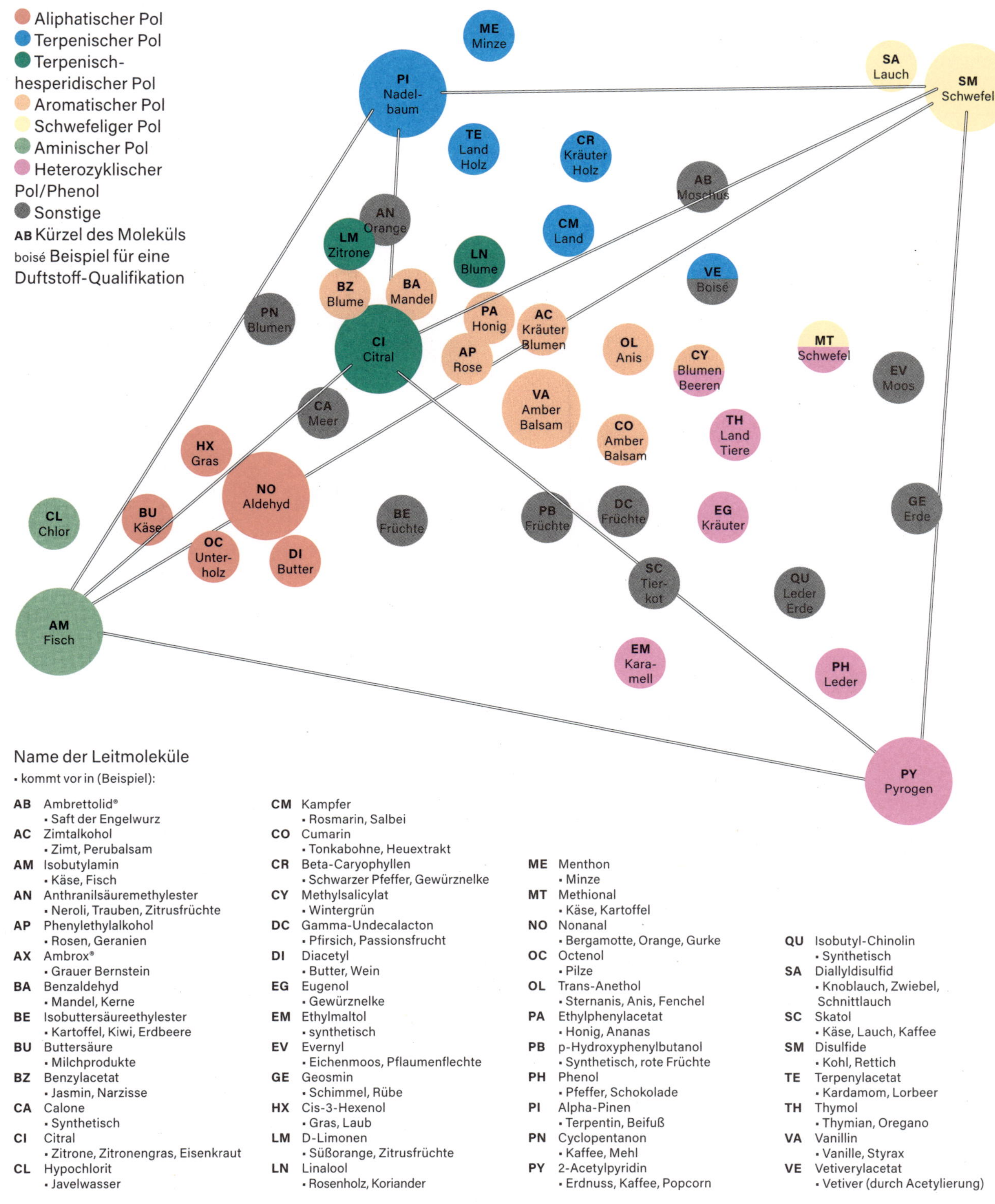

Name der Leitmoleküle
• kommt vor in (Beispiel):

AB Ambrettolid®
• Saft der Engelwurz
AC Zimtalkohol
• Zimt, Perubalsam
AM Isobutylamin
• Käse, Fisch
AN Anthranilsäuremethylester
• Neroli, Trauben, Zitrusfrüchte
AP Phenylethylalkohol
• Rosen, Geranien
AX Ambrox®
• Grauer Bernstein
BA Benzaldehyd
• Mandel, Kerne
BE Isobuttersäureethylester
• Kartoffel, Kiwi, Erdbeere
BU Buttersäure
• Milchprodukte
BZ Benzylacetat
• Jasmin, Narzisse
CA Calone
• Synthetisch
CI Citral
• Zitrone, Zitronengras, Eisenkraut
CL Hypochlorit
• Javelwasser
CM Kampfer
• Rosmarin, Salbei
CO Cumarin
• Tonkabohne, Heuextrakt
CR Beta-Caryophyllen
• Schwarzer Pfeffer, Gewürznelke
CY Methylsalicylat
• Wintergrün
DC Gamma-Undecalacton
• Pfirsich, Passionsfrucht
DI Diacetyl
• Butter, Wein
EG Eugenol
• Gewürznelke
EM Ethylmaltol
• synthetisch
EV Evernyl
• Eichenmoos, Pflaumenflechte
GE Geosmin
• Schimmel, Rübe
HX Cis-3-Hexenol
• Gras, Laub
LM D-Limonen
• Süßorange, Zitrusfrüchte
LN Linalool
• Rosenholz, Koriander
ME Menthon
• Minze
MT Methional
• Käse, Kartoffel
NO Nonanal
• Bergamotte, Orange, Gurke
OC Octenol
• Pilze
OL Trans-Anethol
• Sternanis, Anis, Fenchel
PA Ethylphenylacetat
• Honig, Ananas
PB p-Hydroxyphenylbutanol
• Synthetisch, rote Früchte
PH Phenol
• Pfeffer, Schokolade
PI Alpha-Pinen
• Terpentin, Beifuß
PN Cyclopentanon
• Kaffee, Mehl
PY 2-Acetylpyridin
• Erdnuss, Kaffee, Popcorn
QU Isobutyl-Chinolin
• Synthetisch
SA Diallyldisulfid
• Knoblauch, Zwiebel, Schnittlauch
SC Skatol
• Käse, Lauch, Kaffee
SM Disulfide
• Kohl, Rettich
TE Terpenylacetat
• Kardamom, Lorbeer
TH Thymol
• Thymian, Oregano
VA Vanillin
• Vanille, Styrax
VE Vetiverylacetat
• Vetiver (durch Acetylierung)

DIE DUFTEIGENSCHAFTEN VON MOLEKÜLEN hängen von ihrer chemischen Zusammensetzung ab. 1983 konnte eine Studie des Wissenschaftlers Jean-Noël Jaubert Wahrscheinlichkeiten für die Beziehung zwischen bestimmten chemischen Eigenschaften und den Dufteigenschaften von 1396 Molekülen aufzeigen. Die Studie identifizierte **44 Leitmoleküle** und eine 3-D-Struktur, die an **sieben dominanten Polen** verankert ist und die Orientierung im Geruchsraum ermöglicht. Es ist also möglich, einen Geruch in dieser Struktur zu positionieren, um ihn objektiv zu beschreiben. Die übliche Beschreibung von Düften greift oft auf Assoziationen durch persönliche Erinnerungen zurück: »Und plötzlich kam die Erinnerung. Es war der Geschmack des kleinen Bissens Madeleine, das mir meine Tante Léonie am Sonntagmorgen in Combray anbot […], nachdem sie es in ihren Lindenblütentee getaucht hatte. Der Anblick der kleinen Madeleine hatte mich an nichts erinnert, bis ich sie gekostet hatte […]. Aber wenn von einer alten Vergangenheit nichts mehr übrig ist, nach dem Tod der Menschen, nach der Zerstörung der Dinge, dann bleiben nur der zerbrechlichere, aber lebendigere, immateriellere, hartnäckigere und treuere Duft und Geschmack für lange Zeit erhalten […].« (Marcel Proust, *In Swanns Welt,* 1913) ●

Physik eines Regenbogens

ENTSTEHUNG EINES REGENBOGENS

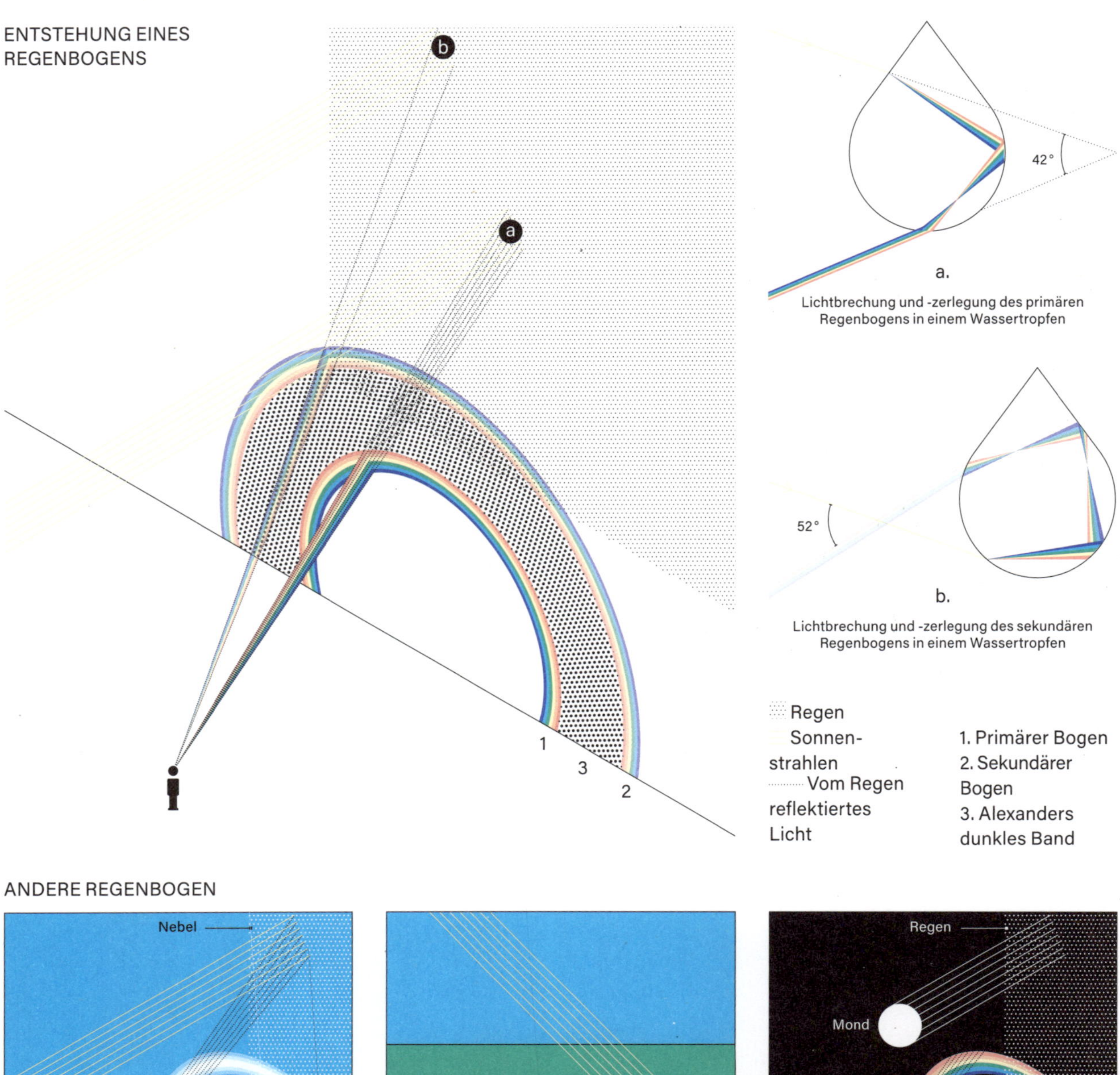

ANDERE REGENBOGEN

Weißer Regenbogen

Taubogen

Mondregenbogen

EIN REGENBOGEN ENTSTEHT, wenn es bei **Sonnenschein regnet**. Der **primäre Regenbogen** (**1**), der in der Mitte liegt und am hellsten ist, entsteht durch Brechung des Sonnenlichts in den Wassertropfen. Der **sekundäre Regenbogen** (**2**) ist weniger hell, da die Lichtstrahlen im Tropfeninneren zweimal reflektiert werden. Die Farbreihenfolge (Violett, Indigo, Blau, Grün, Gelb, Orange, Rot) ist immer gleich – beim sekundären Bogen umgekehrt – und entspricht einer Streuung des weißen Lichts durch den Prismeneffekt. Die Bögen heben sich ab von **Alexanders dunklem Band** (**3**), das durch den Einfallswinkel der Strahlen entsteht.

Manchmal kann man auch andere Regenbogen beobachten, z. B. den **weißen Regenbogen**, der durch kleine Nebel- oder Dunsttropfen entsteht, den **roten Regenbogen**, wenn die Sonne am Horizont untergeht, den **Mondregenbogen**, der nachts durch das Mondlicht entsteht, den **Taubogen** oder den Regenbogen, der durch die Meeresgischt oder durch einen Wasserstrahl entsteht.

Es gibt eine Vielzahl von Mythen und Legenden, in denen dieser Fotometeor eine Rolle spielt. In der nordischen Mythologie ist er die Brücke zwischen dem Himmel (Asgard), der Stadt der Götter, und der Erde (Midgard). •

Balz des Seidenlaubenvogels

BALZLAUBE

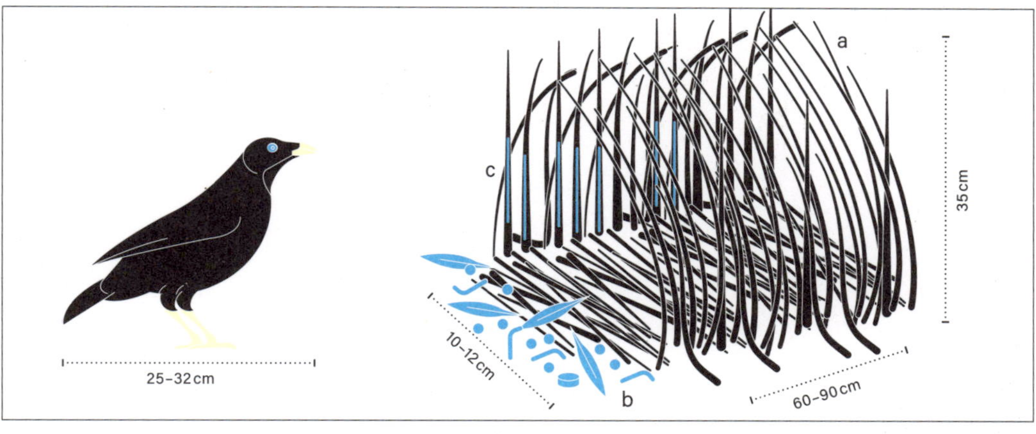

● Männchen
● Weibchen

a. Struktur: Reisig

b. Dekoration: Früchte, Plastik, Blumen, Federn, Spielzeug usw.

c. Farbe: blauer oder schwarzer Staub, Kohlenstaub, Speichel

BALZTANZ

Ruflaute

Einladung zum Eintritt in die Laube

Balztanz, sobald das Weibchen in der Laube ist

Präsentation vor dem Weibchen

Paarung

Nestbau

DER SEIDENLAUBENVOGEL ist ein in den Waldgebieten Australiens endemischer Sperlingsvogel und für seine aufwendige Balz bekannt. Beim Bau seiner **Balzlaube** bedeckt das Männchen den Boden mit Reisig und baut einen Gang aus verschlungenen Zweigen. Rund um den Eingang verteilt es blaue Elemente: Blumen, Früchte, Papageienfedern, graublaue Pilze, Käferflügel usw., aber auch blaue Plastikverschlüsse, Bonbonpapier, Spielzeug, Glasscherben, Stifte oder Feuerzeuge. Zum Schluss färbt es die Zweige mit einer Farbe, die es selbst herstellt und mithilfe eines Rindenstücks verteilt. Dies ist eines der bemerkenswertesten Beispiele für die Verwendung von Werkzeugen bei Vögeln. Sobald die Laube fertig ist, lockt das Männchen ein Weibchen durch Gesang in seine Nähe und beginnt mit dem **Balztanz**. Das Männchen trägt eine Feder, eine Blume oder eine Beere im Schnabel und erzeugt mechanische Laute, während es mit ausgebreiteten Flügeln um das Weibchen herumhüpft. Wenn das Weibchen Lauben und Tänze verschiedener Männchen verglichen und sich für eins entschieden hat, ist die Partnerwahl abgeschlossen. Das Männchen setzt seine abrupten Tanz- und Hüpfbewegungen mit neuem Gesang fort und plustert sich erneut auf. Dann erst beginnt die eigentliche Paarung. Das Weibchen baut das Nest in der Nähe der Balzlaube in den Bäumen. ●

Trächtigkeit und Brutzeit

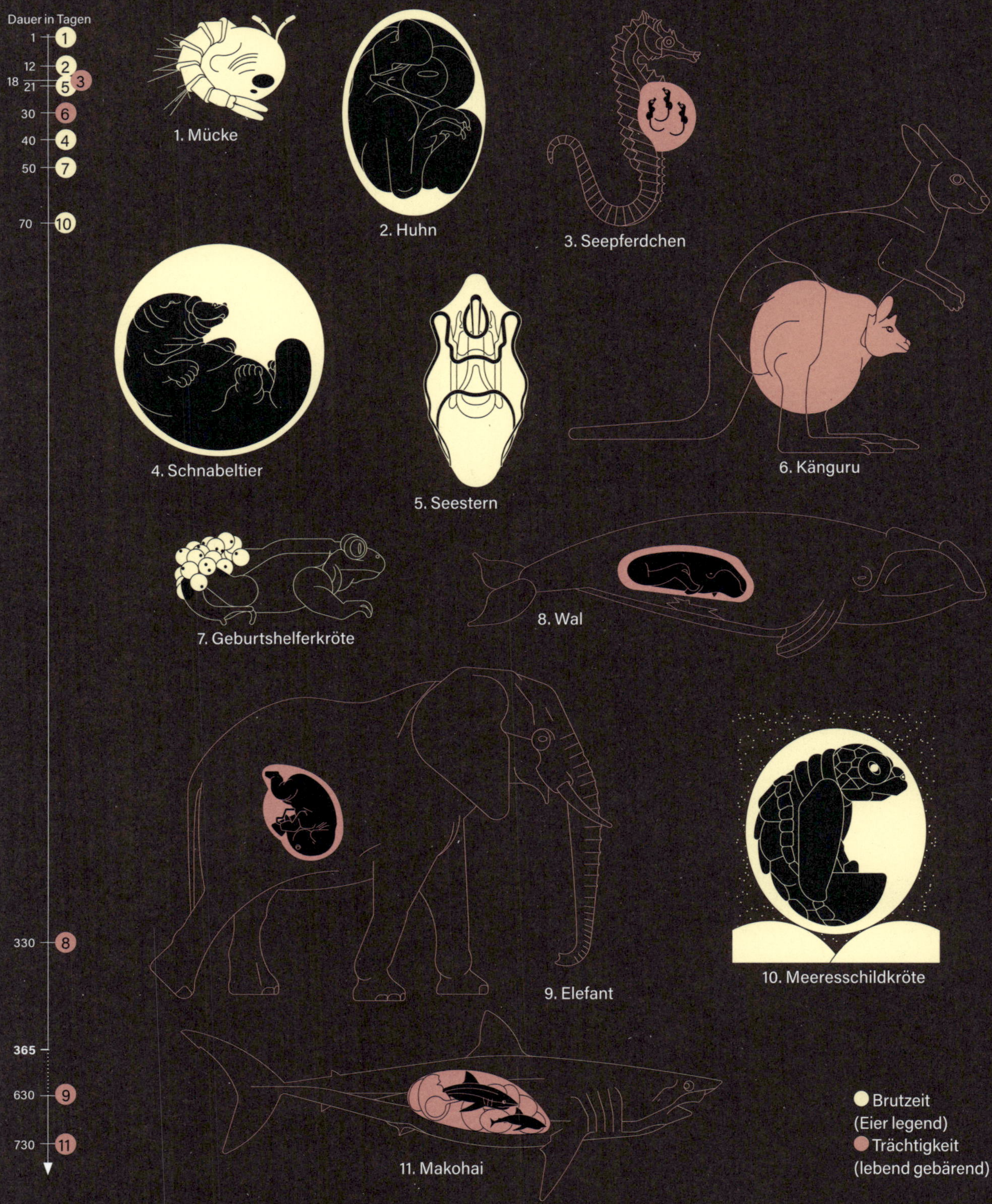

CHARLES DARWIN erwähnte bereits im Jahr 1859 die sexuelle Selektion, die zusammen mit dem »Kampf ums Überleben« die natürliche Selektion ausmacht. Von der Balz bis zur Befruchtung sind alle Anpassungsmechanismen darauf ausgerichtet, die Art zu erhalten und möglichst viele Jungtiere hervorzubringen.

1. Die **Mückenlarven** schlüpfen aus einem Gelege von 20–200 Mückeneiern. **2.** Sobald das **Hühnerküken** aus der Eihülle schlüpft, ist es selbstständig. **3.** Das **Seepferdchenweibchen** führt seine Eier in den Bauch des Männchens ein. **4.** Sind die kleinen **Schnabeltiere** aus dem Ei geschlüpft, werden sie 3–4 Monate lang gesäugt. **5. Seesterneier** werden im Wasser befruchtet und treiben zwischen Plankton. **6. Ein Känguru** wiegt bei der Geburt ein Gramm und wächst 240 Tage lang im Beutel der Mutter heran. **7.** Die männliche **Geburtshelferkröte** legt sich die Eier auf den Rücken. Es kann die Gelege mehrerer Weibchen gleichzeitig tragen. **8.** Die **Walkuh** bringt alle drei Jahre ein Kalb zur Welt und säugt es vier Jahre lang. **9.** Die **Elefantenkuh** kann bis zum Alter von 50 Jahren ein 120 kg schweres Kalb austragen. **10. Meeresschildkröten** kehren nachts an ihren Geburtsstrand zurück und legen dort ihre Eier ab. **11.** Die im Dottersack geschlüpften Embryonen des **Makohais** fressen sich gegenseitig auf. ●

Geburt eines Sterns

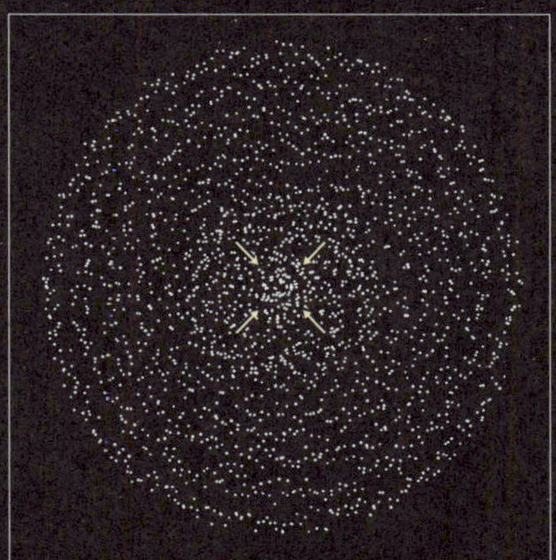

1a. Molekulare Wolke, Sternenkinderstube
t = 0 Jahre

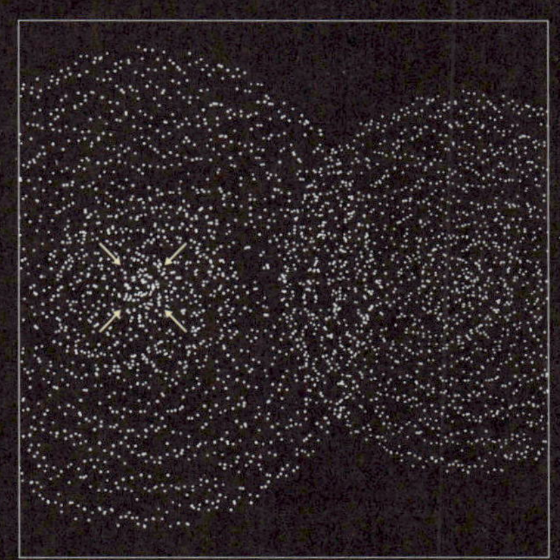

1b. Zusammenstoß mit einem anderen Himmelskörper

2. Protostellarer Kern
t = etwa 100 000 Jahre

3. Dunkle Globule
t = 110 000 Jahre

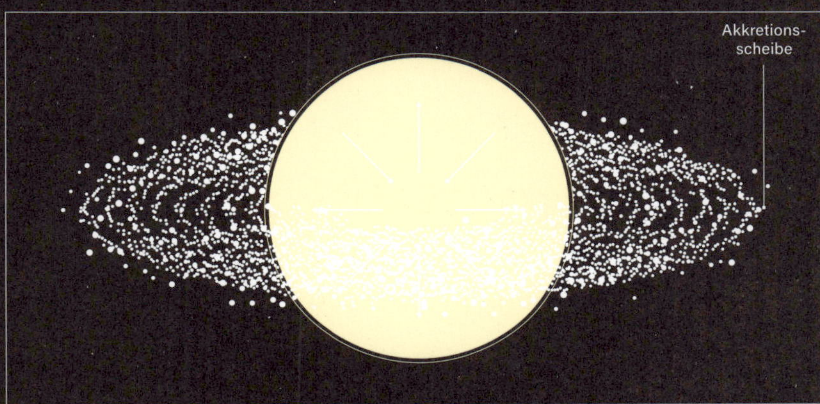

4. Junger Stern oder Protostern
t = 1 000 000 Jahre

5. Stabiler Stern
t = 100 000 000 Jahre

Leucht-
intensität

⟶ Kräfte

DIE ÄLTESTEN STERNE entstanden kurz nach dem Urknall (→ Bildtafel Nr. 124) vor 13,7 Mrd. Jahren. Aber wie sind diese Sterne geboren?

1a. Eine **molekulare Wolke** hat eine sehr niedrige Temperatur, ist aber so dicht und groß, dass Fragmente der Wolke unter ihrer eigenen Schwerkraft kollabieren können. **1b.** Die Kollision mit einer anderen Wolke, die Explosion eines anderen Sterns oder die Passage durch einen Galaxienarm können die Dichte und Temperatur der Wolke erhöhen. **2.** Die Wolke zerfällt in kleine Bruchstücke. Nach einiger Zeit hört die Fragmentierung auf, aber die Kontraktion geht weiter und es bilden sich **protostellare Kerne**. Das stark komprimierte Gas heizt sich auf, und diese »Herzen« beginnen zu leuchten. **3.** Das Gas kollabiert weiter und verdichtet sich unter dem Einfluss der Schwerkraft, wodurch es immer heller wird. Um die entstandene, dunkle **Globule** herum sammelt sich ein Kokon aus undurchsichtigem Staub. **4.** Der **Protostern** oder junge Stern dehnt sich aus. Er ist sehr hell, aber seine Temperatur erlaubt noch keine Kernfusion. **5.** Er wird zu einem **stabilen Stern**, wenn ihn nicht mehr Materiestöße, sondern Kernreaktionen zum Leuchten bringen. ●

Migrationen im Meer

NUR WENIGE MEERESTIERE SIND SESSHAFT, sie leben in Korallenriffen oder in geschlossenen Gewässern. Die meisten bewegen sich einzeln oder in Gruppen auf jahreszeitlich bedingten Wanderungen, um sich zu ernähren und fortzupflanzen. Weibliche **Meeresschildkröten** kehren alle 2–4 Jahre an die Küste zurück, an der sie geboren wurden, um ihre Eier abzulegen. Die restliche Zeit verbringen sie in Nahrungsgebieten, die bis zu 2000 km von ihrem Eiablageplatz entfernt sein können. **Blauwale** erinnern sich an ihre besten Futtergebiete. Bei den **Weißen Haien** scheinen die Weibchen die größten Entfernungen zurückzulegen. Die Gründe für diese Wanderungen sind immer noch rätselhaft. Einige **Schwertwale** legen angeblich in 6–8 Wochen über 11 000 km zurück, um ihre Haut zu regenerieren. Der **Rote Thun** ist für seine transatlantischen Wanderungen bekannt und legt sie in mehreren Etappen zurück.

Verschiedene durch den Menschen verursachte Faktoren stören diese Wanderwege: Wasserverschmutzung, Fischerei, aber auch Lichtverschmutzung (→ Bildtafel Nr. 58). Meerestiere wandern vor allem nachts, da viele Arten sich nach dem Mondzyklus richten. ●

Seeverkehr

DER BEGRIFF SEEVERKEHR umfasst alle Bewegungen von Personen und Gütern auf den Ozeanen. Durch die Entwicklung des Luftverkehrs ist der Personenverkehr stark zurückgegangen, nicht aber der Güterverkehr. Fast 90 % des Welthandelsvolumens und 70 % des Welthandelsumsatzes werden auf dem Seeweg abgewickelt. Mehr als 11 Mio. Tonnen Güter – Öl, Gas, Erze, Kohle, Getreide oder andere feste Produkte – werden jährlich auf über 90 000 Schiffen transportiert. Die Entwicklung von standardisierten, einheitlich zu handhabenden **Containern** in den 1960er-Jahren ließ das Transportvolumen explosionsartig ansteigen. Immer größere **Containerschiffe** – einige sind heute fast 400 m lang – befahren die Meere. 50 % des Verkehrs entfallen auf **Rohstoffe** oder **Nahrungsmittel**, 3 % auf **Öl** und 12,5 % auf **Container**. Die Umweltbelastung durch die Schifffahrt ist sehr hoch. Sie ist für 4–5 % der weltweiten Treibhausgasemissionen verantwortlich und trägt auch durch das Einleiten von Ballastwasser zur Verschmutzung der Meeresfauna und -flora bei. ●

Vogelgesang

FORM

Turteltaube

KONTEXT

PHRASE

Phonem

Phonem

Ton

Ton

Ton

{G3T} grurrr turrr.turr

Tonumfang:

Gering, tief (0–2 kHz)
Ausgedehnt, mittel (2–15 kHz)
Erweitert (0–15 kHz)

Anzahl der Töne:

1
2
3
4
5
x (viele)

Charakter des Tons:

Triller: gerolltes R mit schnellen Wiederholungen

Glissando: stufenlose Variation der Tonhöhe

Vibrato: wiederkehrende geringfügige Veränderungen der Tonhöhe

Pause:

kurze Pause: Leerstelle
lange Pause: » - «, » -- «, » --- «

Zwischenton:

Grenze zwischen zwei Klängen ohne Unterbrechung des Tons

BEISPIELE

Pirol

{E4G} düdi.düdi.dü didliö

Blaumeise

{AxT} (zi)*.(dide)*

Waldkauz

{G5V} huuuu.u---u u u

TON:
rrr normal
RRR betont

VARIATIONEN (ändert den Tontyp):

@ Vibrato
( )* Wiederholungen
Glissando:
/ kontinuierlich ansteigend
// stufenweise ansteigend
**** kontinuierlich absteigend
**** stufenweise absteigend

BEI DEN MEISTEN VOGELARTEN singen nur die Männchen, und zwar aus zwei Gründen: um ihr Revier zu verteidigen und um Weibchen anzulocken. Männchen und Weibchen geben spezifische Rufe von sich, um Anwesenheit, Gefahr oder Not zu signalisieren. In der Ornithologie lässt sich durch den Gesang des Männchens die Art bestimmen, wenn der Vogel nicht zu sehen ist. Bereits in den 1950er-Jahren begann man, die Gesänge zu untersuchen, indem man Tonbandaufnahmen machte und die Laute isolierte. Seitdem können Vogelstimmen mithilfe von Kodierungstechniken modelliert werden. Wie in der gesprochenen Sprache ist ein **Laut** (turr, dü, di, zi, huu usw.) ein **Phonem**, das durch einen Kontext charakterisiert ist: **Tonhöhe**, **Anzahl** (einzeln oder mehrfach) und **Typ**. Die Kombination dieser Laute, die im Gesang wiederholt werden, bildet eine **Phrase**, die durch **Pausen** unterbrochen wird. Ausgehend von dieser Phrase, die für die jeweilige Art charakteristisch ist, können jahreszeitliche Schwankungen auftreten: Der Gesang des Kanarienvogels besteht während der Paarungszeit aus 20–40 Tonarten, reduziert sich im Sommer und strukturiert sich im Winter wieder neu. Manche Vögel bereichern ihren Gesang durch Nachahmung: Sittiche, Papageien oder Kolibris ahmen den Gesang eines anderen Vogels, die menschliche Stimme, das Geräusch einer Kettensäge oder eines Motors nach. ●

Karneval

1. Karneval von Schwarzen und Weißen
2. Karneval von Binche
3. Karneval von Limoux
4. Holi
5. Karneval von Aoussou
6. Karneval von Oruro
7. Karneval von Barranquilla
8. Karneval von Notting Hill
9. Karneval von Manthelan

DER KARNEVAL IST EIN VERKLEIDUNGSFEST, dessen Rituale sich je nach Bevölkerungsgruppe unterscheiden. **1.** Der **Karneval von Schwarzen und Weißen** wird durch den Tag der Schwarzen, an dem die Teilnehmer ihre Gesichter mit schwarzer Farbe bemalen, und den Tag der Weißen, an dem sie sich mit Talkum und Mehl schminken, bestimmt. **2.** Blechbläser und Trommler begleiten die Gilles beim Karneval von **Binche**. **3.** Der längste Karneval der Welt wird in **Limoux** gefeiert, wo als Müller verkleidete Musiker von Café zu Café ziehen. **4.** Schon im Altertum wurde beim **Holi**-Fest zu Ehren Vishnus ein Feuer entzündet und Gesichter mit Farbpigmenten bemalt. **5.** Der Ursprung des Karnevals in **Aoussou** soll ein Fest aus der Römerzeit sein, bei dem Neptun geehrt wurde. **6.** Der Karneval in **Oruro** entstand aus der Anrufung der Pachamama (Mutter Erde) und wird von Tänzen begleitet, die die Zeit der Missionierung durch die Spanier darstellen. **7.** Ein Umzug mit blumengeschmückten Wagen eröffnet in **Barranquilla** die Festlichkeiten, die Beerdigung des Joselito, der Symbolfigur, ist deren Abschluss. **8.** Den von Einwanderern aus der Karibik ins Leben gerufene Karneval in **Notting Hill** (London) begleiten Soca, Reggae und Ragga. **9.** In **Manthelan** fahren riesige Wagen mit beweglichen Figuren durch die Stadt. »Monsieur Carnaval« wird in einem Freudenfeuer verbrannt. ●

Atommodelle

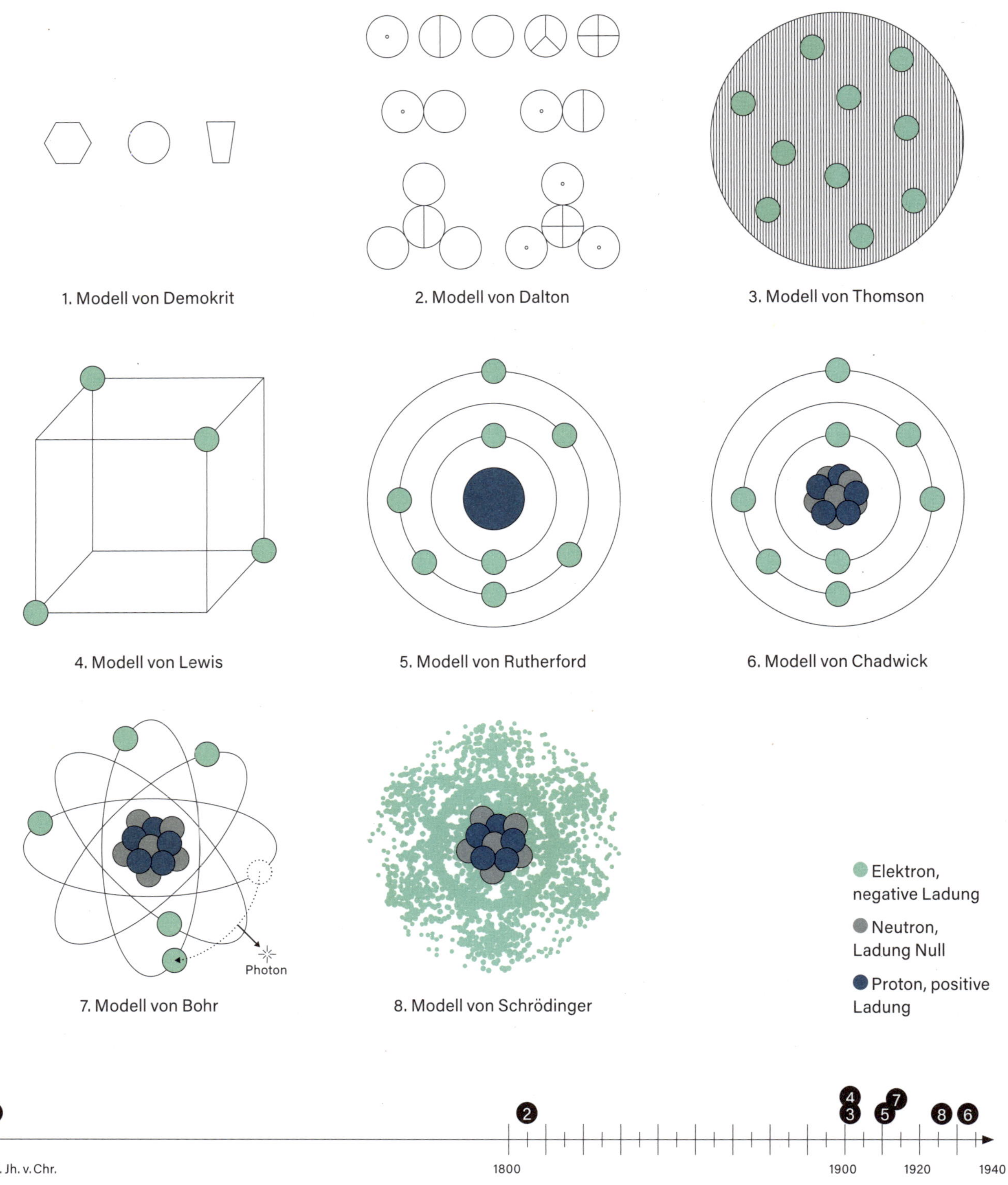

DAS UNENDLICH KLEINE hat Philosophen und Wissenschaftler seit der Antike fasziniert. **1.** Für **Demokrit** bestand Materie aus kleinen Teilchen, die er *atomos* (altgriechisch für »unteilbar«) nannte. **2.** Nach **Dalton** besteht alle Materie aus 20 elementaren, unveränderlichen Atomen, die er in einem Kugelmodell darstellte. **3. Thomson** bewies die Existenz von Elektronen und verglich ihre Art sich zu verteilen und ein Atom zu bilden mit einem »plum pudding«. **4.** Das Modell von **Lewis** stellt chemische Bindungen zwischen den Elektronen durch die Kanten eines Würfels dar. **5.** Bei **Rutherford** kreisen die Elektronen um einen positiv geladenen Kern wie Planeten um einen Stern. Dies ist das »Planetenmodell«. **6.** Chadwick entdeckte die Neutronen, Teilchen mit der Ladung Null, die zusammen mit den Protonen den Kern bilden. **7.** Rutherfords Modell wurde von **Bohr** modifiziert: Elektronen bewegen sich auf Bahnen. Wenn sie diese ändern, senden sie Photonen aus, die »Teilchen« des Lichts. **8.** Nach **Schrödingers** Quantenmodell verhalten sich Elektronen zugleich wie Teilchen und wie eine Welle. Sie werden deshalb als Wolke dargestellt, die die Wahrscheinlichkeit ihres Vorhandenseins modelliert. Dies ist die aktuellste Darstellung. •

Hexenring

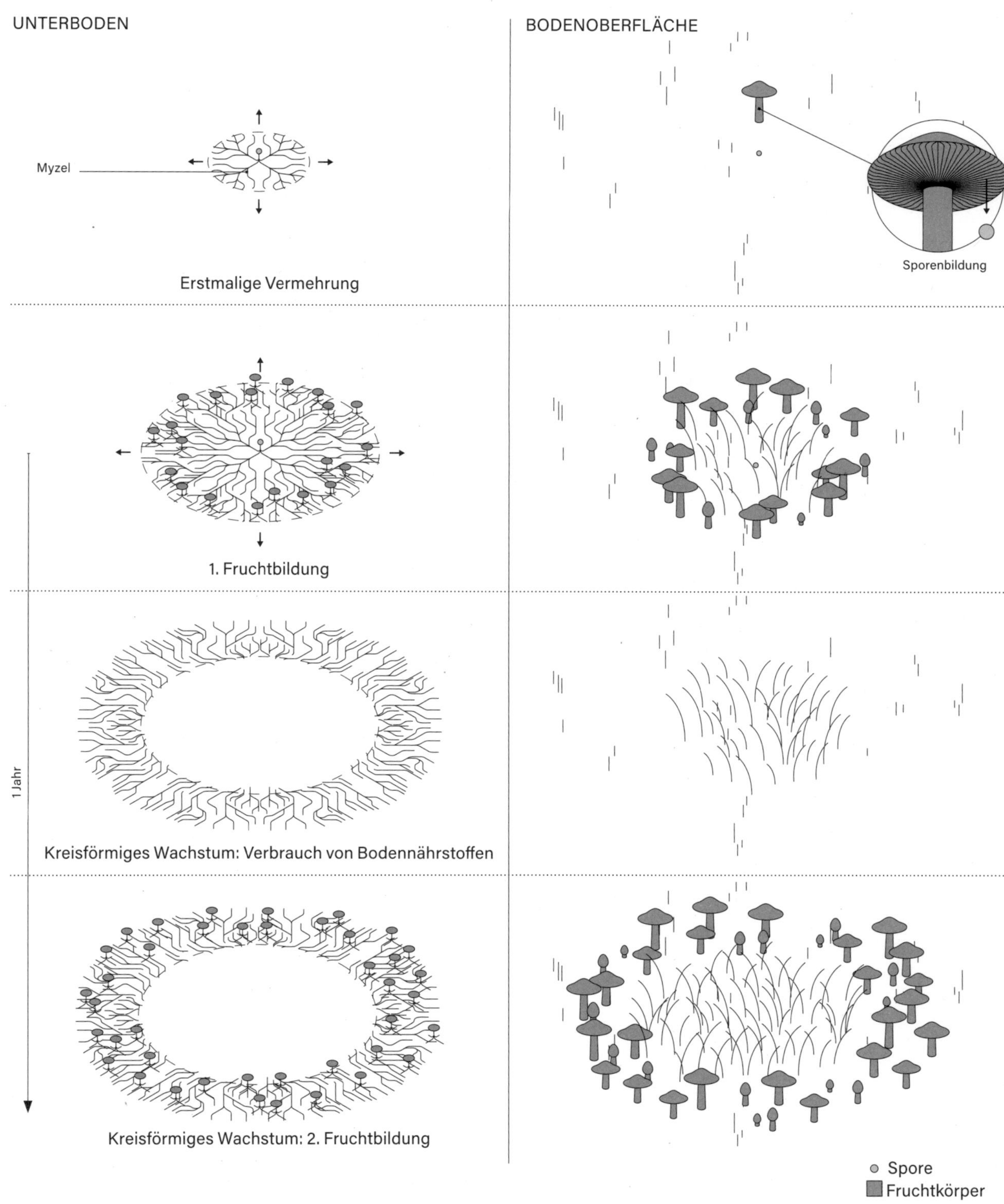

AUF WIESEN ODER IN WÄLDERN kann man auf dem Boden Kreise sehen, in denen das Gras nicht gut wächst oder im Gegenteil viel besser wächst als rundherum. Einige Monate später erscheinen dort Pilze. Im Mittelalter nährten diese Phänomene den Mythos von in Vollmondnächten tanzenden Hexen, Feen und Kobolden. Tatsächlich liegt dieser Erscheinung aber ein **Myzel** zugrunde, ein unterirdisches Netz aus verzweigten Fäden, das durch den Austausch von Nährstoffen und die Ausscheidung von Enzymen Ernährung, Wachstum und Überleben von Pilzen gewährleistet. Der **sporenbildende Teil**, der **Fruchtkörper**, ist – im Gegensatz zu mikroskopisch kleinen Pilzen wie Hefen oder Schimmelpilzen – mit bloßem Auge zu sehen und entsteht während der Fruchtbildung. Hexenringe sind das Ergebnis eines außergewöhnlichen **kreisförmigen Wachstums** eines Myzels unter optimalen Bodenbedingungen (Feuchtigkeit, Temperatur, Nährstoffangebot). Ihr Durchmesser wächst pro Jahr zwischen fünf und 40 cm (bis zu 1 m). Wenn die Ressourcen des Bodens erschöpft sind, besiedelt das Myzel ein neues kreisförmiges Band und verbraucht hier die Bodennährstoffe. Je nach Situation wächst das Gras dort besser oder schlechter. ●

Hermaphroditismus

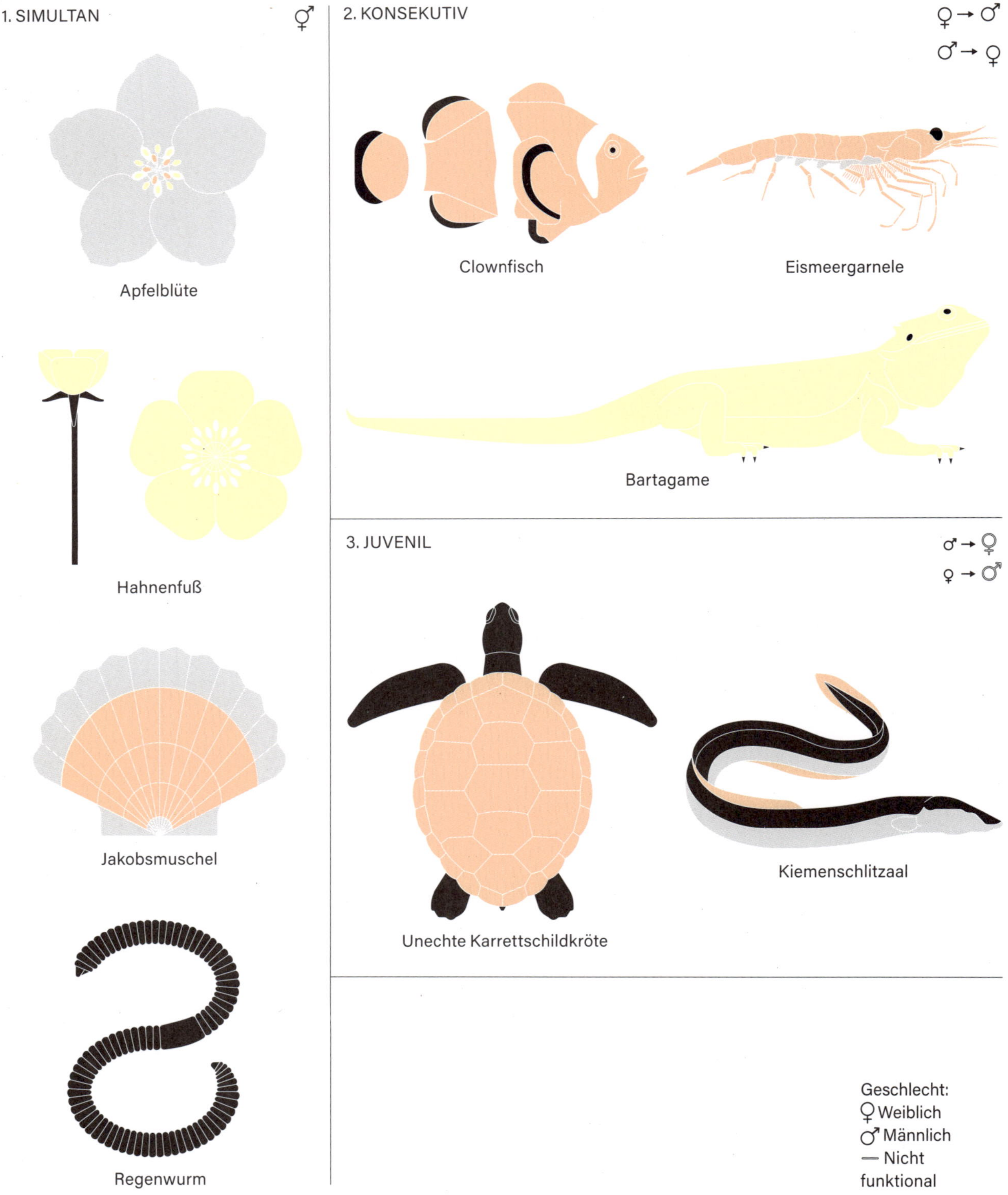

DAS GLEICHZEITIGE ODER AUFEINANDERFOLGENDE Vorhandensein von männlichen und weiblichen Geschlechtsorganen in einem Individuum wird als Hermaphroditismus bezeichnet. Die meisten Blüten tragen sowohl männliche Fortpflanzungsorgane, die Staubblätter, als auch weibliche, den Stempel. Die Staubblätter setzen Pollen frei, der mithilfe eines Bestäubers (→ Bildtafel Nr. 78) die Eizellen im Stempel einer benachbarten Blüte befruchtet. Dieser **simultane Hermaphroditismus** (**1**) kommt auch in der Tierwelt vor, etwa bei der Jakobsmuschel, deren Koralle männliche und weibliche Gameten (Fortpflanzungszellen) ausscheidet und im Wasser verteilt, oder beim Regenwurm, der sich allerdings mit einem anderen Individuum paaren muss. Einige Arten können ihr Geschlecht wechseln. Dies wird als **konsekutiver Hermaphroditismus** bezeichnet und ist nicht umkehrbar (**2**). Echte Clownfische etwa werden alle männlich geboren, nur das dominante Tier wird weiblich. Die Bartagame wird weiblich, wenn die Temperatur im Nest 32 °C übersteigt. Frühe **juvenile Hermaphroditen** (**3**) wechseln im Laufe ihres Lebens das Geschlecht, produzieren aber keine Gameten mehr: Sumpfaale werden weiblich geboren und im vierten Lebensjahr männlich. Einige Schildkröten wechseln ihr Geschlecht in Abhängigkeit von der Lufttemperatur. ●

Ovids Metamorphosen

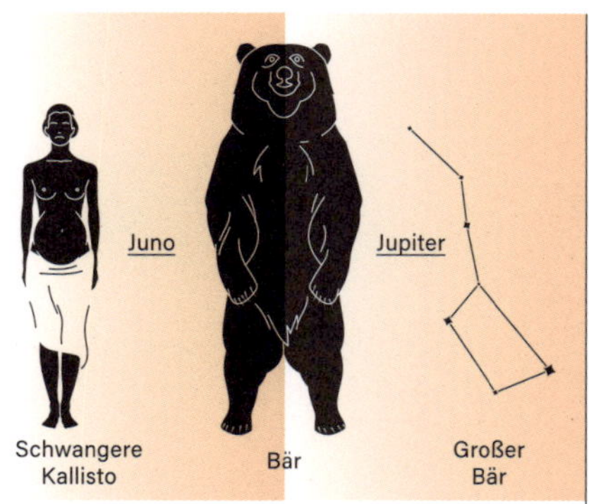

1. *Jupiter und die Metamorphose Kallistos in eine Bärin/Katasterismus der Bärin Kallisto und ihres Sohnes Arcas*
Buch 2, 401–530

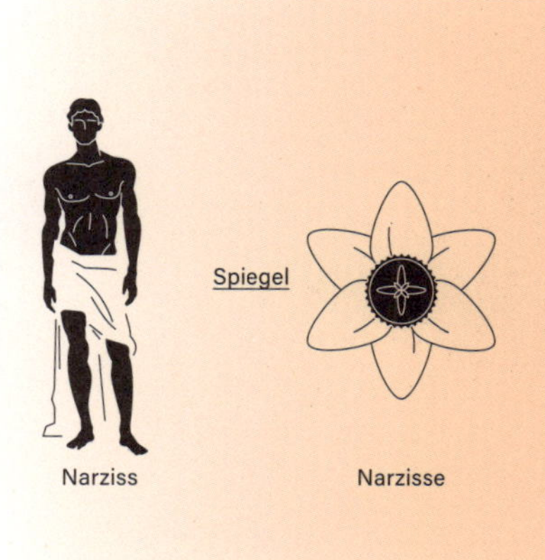

2. *Metamorphose des Narziss*
Buch 3, 402–510

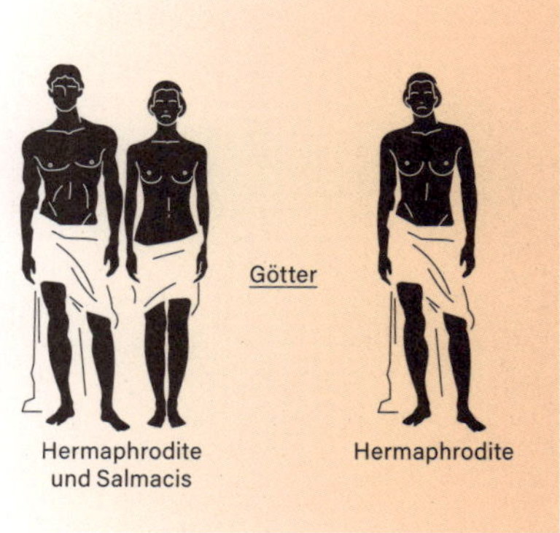

3. *Dritte Erzählung: Salmacis und Hermaphrodite*
Buch 4, 337–379

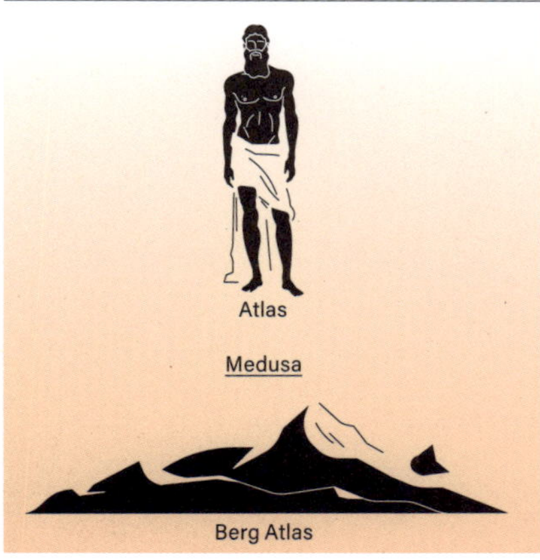

4. *Perseus und Atlas, Metamorphose in einen Berg*
Buch 4, 627–662

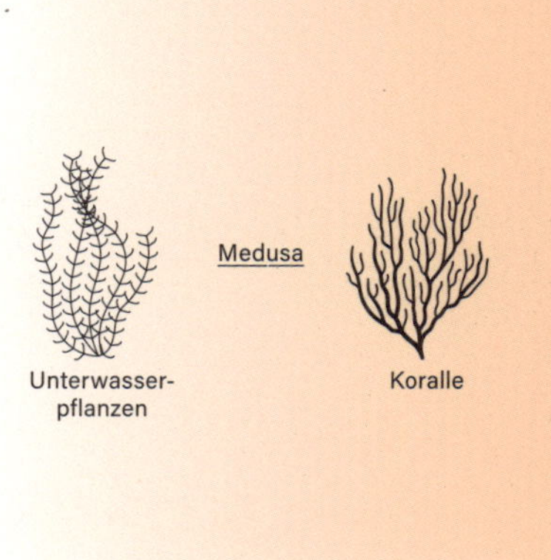

5. *Perseus und Andromeda – Metamorphose in Korallen*
Buch 4, 740–752

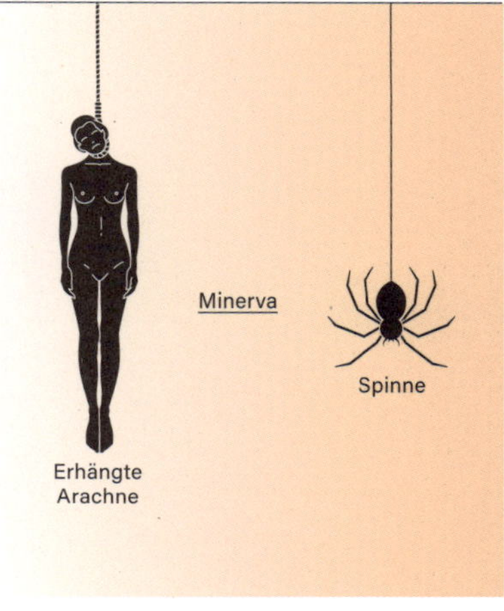

6. *Metamorphose der Arachne*
Buch 6, 129–145

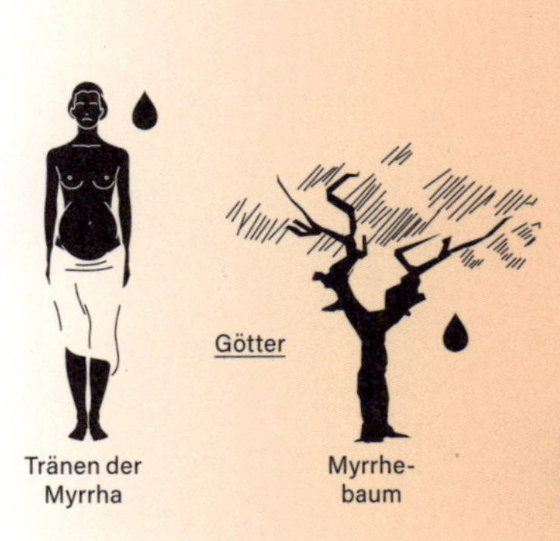

7. *Flucht und Metamorphose der Myrrha – Geburt von Adonis*
Buch 10, 504–518

8. *Tod und Metamorphose des Acis*
Buch 13, 885–897

Metamorphose

Medusa
Verursacher der Metamorphose

DIE *METAMORPHOSEN,* ein langes Gedicht in 15 Büchern, wurde im 1. Jahrhundert n. Chr. von dem römischen Dichter Ovid verfasst. Das Werk enthält mehrere hundert Geschichten rund um das Thema Verwandlung. **1. Jupiter** vergewaltigt **Kallisto**, die von Arcas schwanger wird. Die eifersüchtige Juno verwandelt sie in eine **Bärin**. Als Arcas seine Mutter findet, verwandelt Jupiter sie in Sterne. **2. Narziss** verliebt sich in sein Spiegelbild und stirbt, weil er es nicht besitzen kann. Er verwandelt sich in eine **Narzisse**. **3.** Die Nymphe **Salmacis**, die sich in **Hermaphrodite** verliebt hat, fleht die Götter an, ihre Körper für immer zu vereinen. Die beiden werden zu einem einzigen **zweigeschlechtlichen Wesen**. **4.** Mit dem Kopf der Medusa verwandelt Perseus den Titanen **Atlas** in einen **Berg**. **5.** Perseus legt den Kopf der Medusa auf ein Bett aus **Unterwasserpflanzen**, die zu **Korallen** versteinern. **6.** Minerva zerstört aus Eifersucht die Weberei der **Arachne**, die sich in ihrer Verzweiflung erhängt und zu einer **Spinne** wird. **7. Myrrha**, die ein inzestuöses Kind in sich trägt, wird in einen **Myrrhenbaum** verwandelt. **8.** Der Zyklop Polyphem ist eifersüchtig auf **Acis**, den Geliebten der Meeresnymphe Galatea, und erschlägt ihn. Galatea bittet die Götter, das Blut ihres Geliebten in einen **Fluss** zu verwandeln, damit er ins Meer fließt und sie ihn dort wiederfinden kann. ●

Sozialer Einfluss

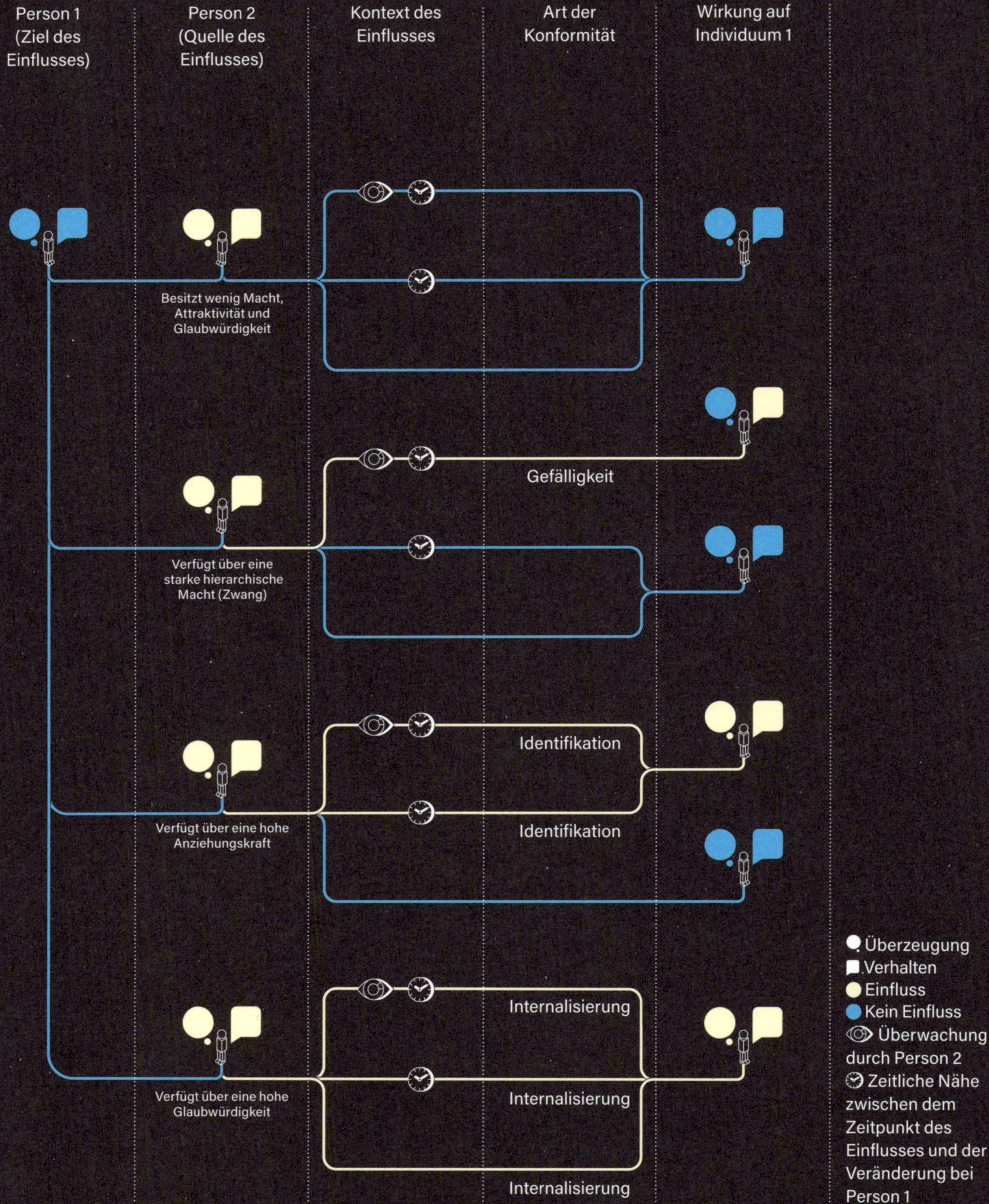

DIE ÜBERZEUGUNGEN UND VERHALTENSWEISEN jedes Menschen können verschiedenen sozialen Einflüssen – auch als sozialer Druck bezeichnet – ausgesetzt sein und sich dadurch verändern. Der amerikanische Psychologe Herbert Chanoch Kelman (1927–2022) ist bekannt für seine Forschung zu Wahrnehmungsprozessen von Individuen und Gruppen. In der von ihm gegründeten wissenschaftlichen Zeitschrift *Journal of Resolution Conflicts* identifizierte er 1958 drei Haupttypen von Verhaltensänderungen unter sozialem Einfluss (sogenannte »Konformitäten«): **Gefälligkeit**, **Identifikation** und **Internalisierung**. Der Einfluss kann **erzwungen** sein (etwa in einem beruflichen oder administrativen Umfeld), er kann **affektiv** sein, wenn er von bewunderten Personen ausgeht, oder er kann auf der **Glaubwürdigkeit** eines Menschen beruhen, der aufgrund seiner Erfahrung, seines Wissens oder seines Rufs als Autorität gilt. Der Kontext ist entscheidend für die Art der beobachteten Konformität, wobei auch Faktoren wie **Überwachung** (insbesondere bei Zwang), **zeitliche Nähe** (insbesondere bei Identifikation) oder persönliche Bestrebungen der Zielperson eine Rolle spielen. ●

Einfluss des Mondes auf die Gezeiten

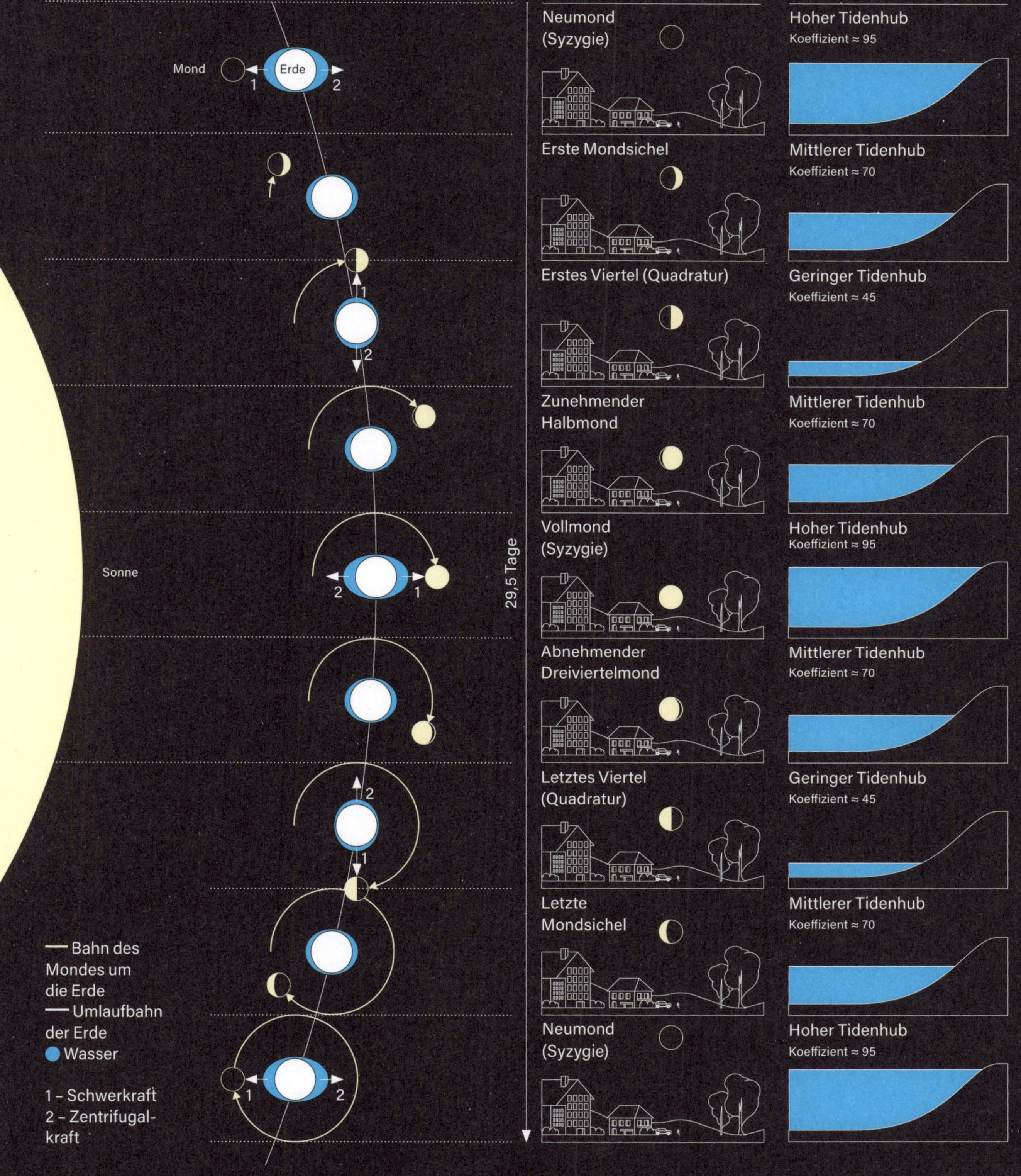

ALS GEZEITEN bezeichnet man die Veränderung des Meeresspiegels, die durch das Zusammenwirken mehrerer Kräfte verursacht wird: der Gravitationskraft des Mondes und der Sonne, der Zentrifugalkraft durch die Rotation des Mondes um die Erde, der Rotation der Erde um die Sonne und der Rotation der Erde um sich selbst. Während eines Mondzyklus, der etwa **29,5 Tage** dauert, beeinflusst die Position des Mondes im Verhältnis zur Sonne und zur Erde die Gezeiten der Ozeane. Bei **Neumond** – wenn unser Trabant nicht am Nachthimmel zu sehen ist – und bei **Vollmond** – wenn seine sichtbare Seite vollständig beleuchtet ist – stehen Erde, Mond und Sonne auf derselben Achse: Man spricht von **Syzygie**. Der Einfluss der drei Himmelskörper addiert sich und der **Tidenhub** ist sehr hoch (Springflut). Während des ersten und letzten Viertels bilden die drei Himmelskörper eine **Quadratur** und die Kräfte von Mond und Sonne addieren sich nicht. Der Tidenhub ist dann am geringsten. Die Gezeiten der Ozeane sind am deutlichsten sichtbar, aber es gibt auch Gezeiten an Land, die sich durch Schwankungen der vulkanischen und seismischen Aktivität bemerkbar machen, oder atmosphärische Gezeiten, die sich in regelmäßigen Schwankungen des Windes, der Temperatur und des Luftdrucks ausdrücken. ●

Rituelle Masken

1. Yupik
Sitka (Alaska)

2. Chewa
Malawi

3. Tapu Anu
Mortlock Islands (Mikronesien)

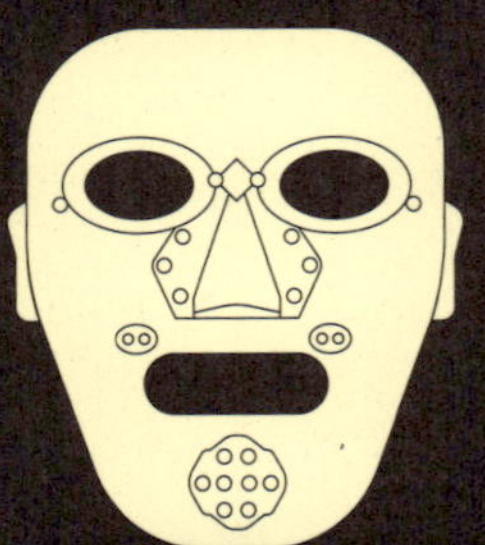

4. Menpoh
Japan

5. Noh
Japan

6. Lucha Libre
Mexiko

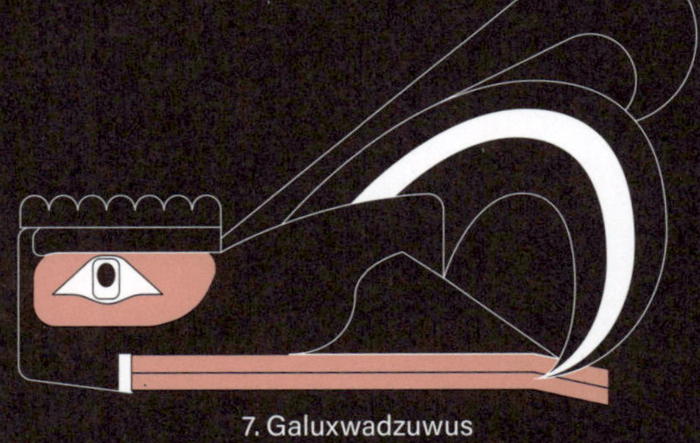

7. Galuxwadzuwus
British Columbia (Kanada)

8. Baule
Elfenbeinküste

9. Schandmaske
Europa

10. Busójárás
Šokci (Ungarn)

11. Lambayeque
Peru

IN DER GANZEN WELT werden Masken bei Riten, Zeremonien, im Krieg und in der Kunst getragen. **1.** Die zeremoniellen Masken der **Yupik**, die von Schamanen hergestellt werden, stellen einen im Traum gesehenen Geist dar. **2.** In der Gesellschaft der **Nyau** vom Stamm der Chewa nehmen die Masken die Gestalt von Menschen, Geistern oder Tieren an. **3. Tapu Anu** wurden von Geheimbünden bei rituellen Zeremonien getragen. **4.** Die Samurai trugen **Menpoh**, dämonische Gesichtsmasken, um ihre Feinde zu erschrecken. **5.** Im **Noh**-Theater, das Ende des 14. Jahrhunderts aufkam, spielte der Hauptdarsteller mit Maske. **6.** Diese Maske wird von den **Luchadores** (Ringer) im mexikanischen Ringkampf (Lucha Libre) getragen und kann bei besonders harten Kämpfen zum Einsatz kommen. **7.** In der indianischen Mythologie stellt die Maske des **Galuxwadzuwus** eine kannibalische Gottheit dar. **8.** Bei den **Baule** sind die Masken das Abbild eines Naturgeists. **9.** In Europa wurden vom Mittelalter bis ins 19. Jahrhundert Diebe mit einer sogenannten **Schandmaske** zur Schau gestellt. **10.** Die Masken des slawischen Volkes der **Šokci** werden bei der Busójárás-Parade getragen, einem Volksfest, mit dem das Ende des Winters gefeiert wird. **11.** Der Prunk der **Lambayeque**-Grabmasken hing vom sozialen Rang des Verstorbenen ab. •

Unmögliche Figuren

1. Borromäische Ringe
2. Jahrhundert

2. Unmöglicher Würfel
1958

3. Penrose-Dreieck
1958

4. Penrose-Treppe
1958

5. Eschers Wasserfall
1961

6. Blivet
1964

UNMÖGLICHE FIGUREN sind fiktive Konstruktionen, die den Gesetzen der Physik widersprechen und ein Paradoxon erzeugen, das das Ergebnis einer kognitiven Fehlinterpretation durch das Gehirn ist. Der Betrachter »vereinfacht« sie, um sie akzeptabel zu machen. Eine von den Forschern vorgeschlagene Erklärung ist, dass ein Beobachter versucht, eine gewöhnliche Situation schnell zu erfassen, auch wenn sie einige Fehler enthält.

1. Die **Borromäischen Ringe** sind eine Verschlingung von drei Ringen, die sich auch durch Verformung nicht voneinander trennen lassen. **2.** Der **unmögliche Würfel**, dessen Kanten sich vorn und hinten kreuzen, wurde 1958 von dem niederländischen Künstler M. C. Escher erfunden. **3.** Das nach ihm benannte **Dreieck** wurde 1958 von dem Mathematiker Roger **Penrose** beschrieben und stellt einen Körper dar, dessen drei Seiten aus einem Stück bestehen. **4.** Die **Penrose-Treppe**, die von Roger Penroses Vater entworfen wurde, führt über vier rechtwinklige Kurven zurück zum Ausgangspunkt. **5.** Der **Wasserfall** wurde von Escher entworfen, der sich vom Penrose-Dreieck inspirieren ließ. **6.** Der **Blivet**, auch »unmöglicher Dreizack« oder »Teufelskralle« genannt, scheint aus drei zylindrischen Spitzen auf der einen und zwei rechteckigen Spitzen auf der anderen Seite zu bestehen. ●

Todeszonen

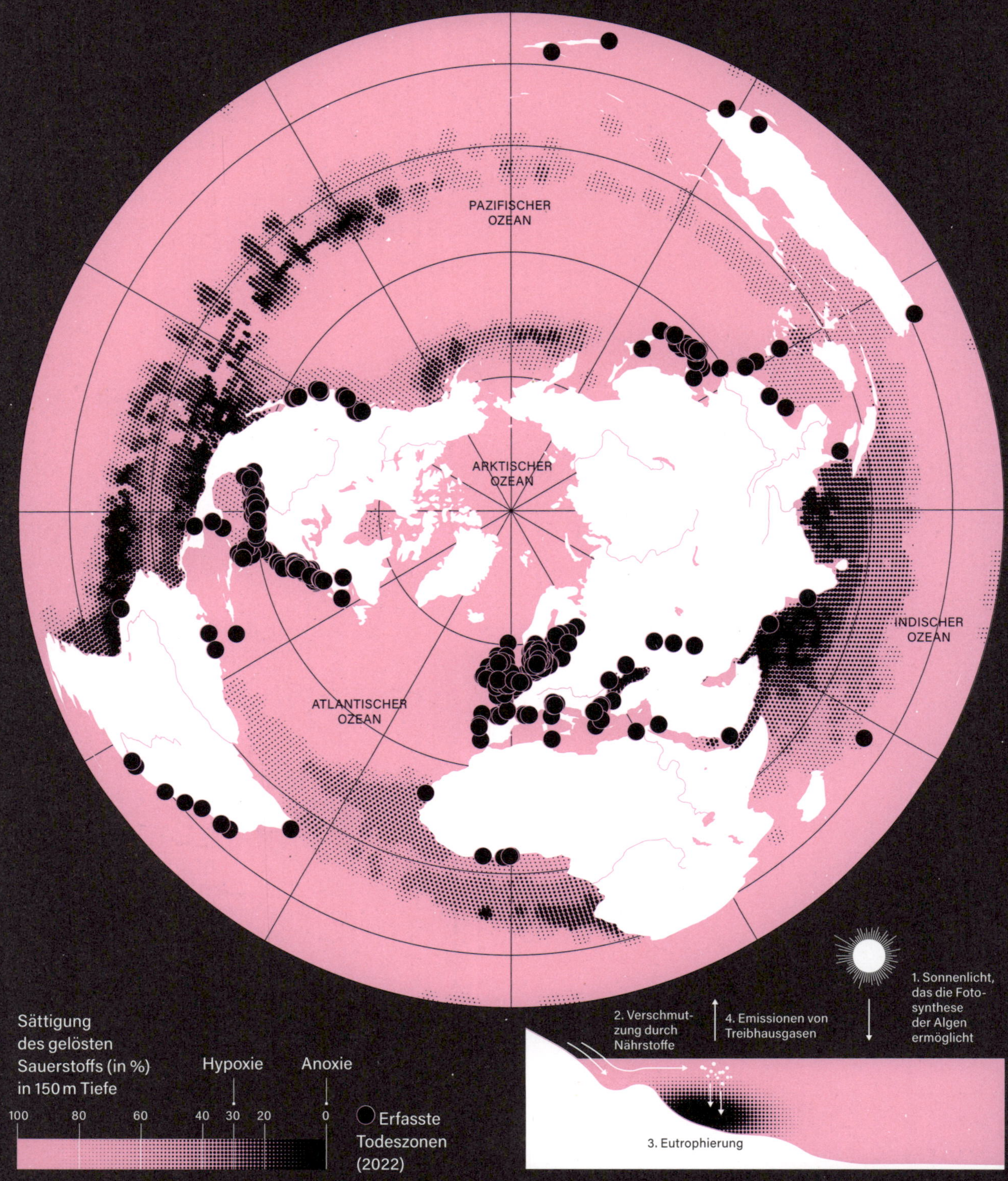

GEWÄSSER, DEREN SAUERSTOFFGEHALT so niedrig ist, dass kein Leben mehr möglich ist, werden als »tote« oder »hypoxische« Zonen bezeichnet. Die Fläche der betroffenen Meere, Ozeane, Seen und Flüsse variiert von weniger als einem bis zu mehreren zehntausend Quadratkilometern. Der Sauerstoffmangel bietet Wasserflora und -fauna kein Entrinnen und sie ersticken. Die meisten Todeszonen sind jedoch auf **Umweltverschmutzung** zurückzuführen, wie zum Beispiel den übermäßigen Eintrag von Nährstoffen durch industrielle Verschmutzung oder intensive Landwirtschaft. Stickstoff und Phosphor sind beispielsweise für das Algenwachstum (**Eutrophierung**) verantwortlich, das zur Sauerstoffarmut beiträgt. Die globale Klimaerwärmung verstärkt das Phänomen, sodass es sich an den Küsten und in der Tiefsee weiter ausbreitet.

Im Jahr 2006 filmte ein Unterwasserroboter südlich von Newport (USA) einen Friedhof toter Krabben. Fischer in der Gegend hatten eine große Anzahl von Rotbarschen, Seegurken und Anemonen an ungewöhnlichen Stellen entdeckt. Diese Meerestiere schienen aus dem gefilmten Gebiet, in dem der Sauerstoffgehalt drastisch gesunken war, geflohen zu sein. ●

Radioteleskope des SKAO

SKA-MID
Halbwüste Karoo
(Südafrika)

SKA-LOW
Murchison-Observatorium
(Australien)

Verteilung der Parabolantennen
(197)

150 km zwischen den am weitesten voneinander entfernten Parabolantennen

Verteilung der Antennen
(131 072, in 512 Stationen mit je 256 Antennen)

Station

74 km zwischen den am weitesten voneinander entfernten Stationen

Aufbau einer Parabolantenne

350 MHz–15,4 GHz

22 m

Aufbau einer Antenne

50 MHz–35 MHz

2 m

Server

1. Hauptreflektor (Ø: 15 m)
2. Nebenreflektor
3. Turm
4. Dipole
● Daten

IN DEN 1980ER-JAHREN schätzten Wissenschaftler, dass ein Radioteleskop, das Strahlung aus den Tiefen des Universums nachweisen oder nach Signalen außerirdischen Lebens suchen kann, eine Fläche von einem Quadratkilometer benötigt (→ Bildtafel Nr. 121). 40 Jahre später erhielt die neu gegründete internationale Organisation für bodengebundene Astronomie (SKAO, *Square Kilometer Array Observatory*) den Auftrag, die beiden größten Radioteleskope der Welt zu bauen. Die gigantische Anlage an zwei Standorten besteht aus fast 200 **Parabolantennen** für **SKA-MID** in Südafrika und 130 000 Antennen an 512 Stationen für **SKA-LOW** in Australien. Sobald SKAO in Betrieb ist, wird es Radiowellen im Frequenzbereich von 50 MHz bis über 15 GHz beobachten. Es wird in der Lage sein, sehr frühe Momente im Universum zu beobachten, wie etwa die kosmische Morgendämmerung – den Moment, in dem die ersten Sterne und Galaxien zu entstehen begannen. Man nimmt an, dass dies einige hundert Millionen Jahre nach dem Urknall stattfand (→ Bildtafel Nr. 124). SKAO wird auch Pulsare erforschen, Neutronensterne, die starke elektromagnetische Strahlung aussenden und unsere Galaxie in einen riesigen Detektor für Gravitationswellen verwandeln könnten. ●

Feinstaubmessung

QUERSCHNITTSGRÖSSENVERGLEICH
VON FEINSTAUBPARTIKELN (PM)

<$PM_{0,1}$
Ultrafeine Partikel (UFP)
Können durch die Alveolarkapillarschranke in den Blutkreislauf gelangen

<$PM_{2,5}$
Feinstaub
Gelangen bis in die Lungenbläschen

<PM_{10}
Größere Partikel
Gelangen bis zu den Bronchiolen

KLASSIFIKATION DER PARTIKEL NACH GRÖSSE
(in Mikrometern)

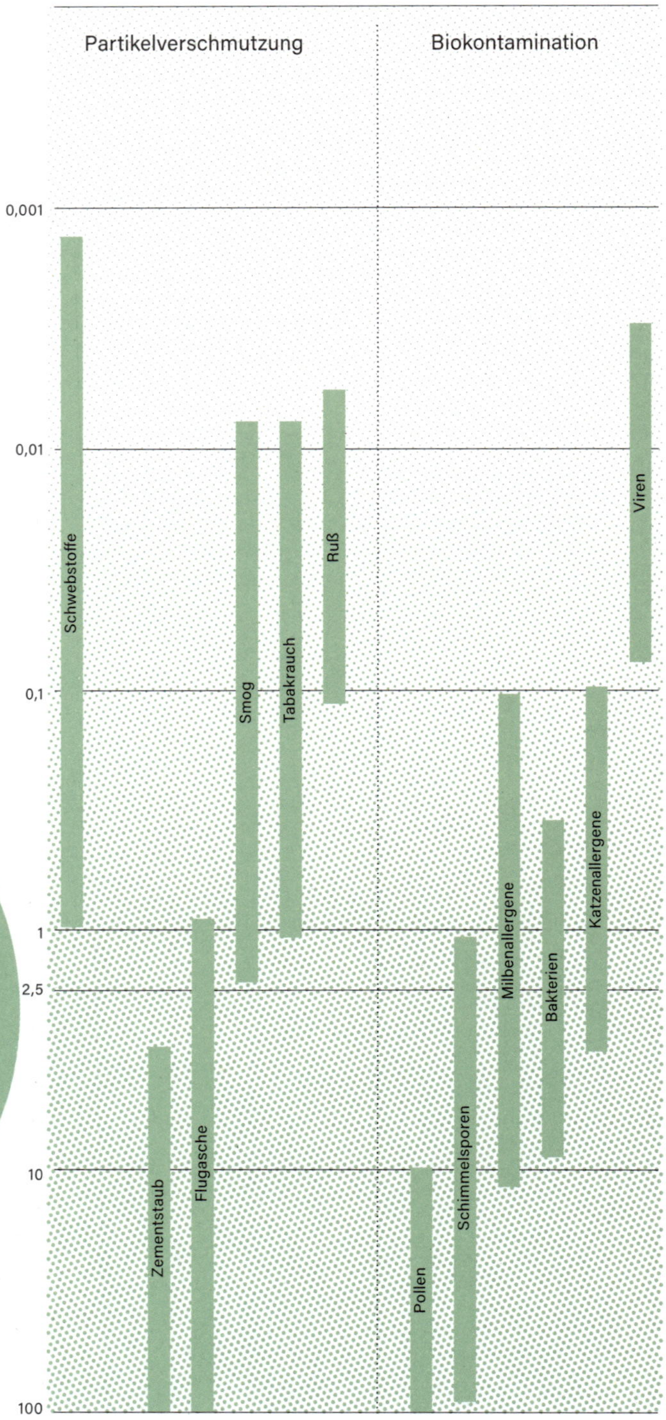

Partikelverschmutzung
Biokontamination
0,001
0,01
0,1
1
2,5
10
100
Schwebstoffe
Zementstaub
Flugasche
Smog
Tabakrauch
Ruß
Pollen
Schimmelsporen
Milbenallergene
Bakterien
Katzenallergene
Viren

DER WISSENSCHAFTLICHE BEGRIFF für Feinstaub ist **»particulate matter« (PM)** oder »atmosphärische Aerosole«. Feinstaub kann durch natürliche Phänomene wie Vulkanausbrüche, Bodenerosion, Waldbrände (→ Bildtafel Nr. 4) oder Sandstürme entstehen. Calima zum Beispiel ist eine heiße Wolke aus der Sahara, die bis zu 6000 m hoch aufsteigt, Wüstenstaub bis nach Europa trägt und den Himmel in eindrucksvolle Orangetöne färbt. Feinstaub kann aber auch das Ergebnis menschlicher Aktivitäten sein, wie dem Straßenverkehr oder der Verbrennung durch die Industrie. **Smog** zum Beispiel ist ein mit Kohlenstaub vermischter Nebel, dessen Spitzenwerte die ersten Untersuchungen über die Auswirkungen auf die Gesundheit auslösten. Feinstaubpartikel werden nach ihrer **Größe** klassifiziert und wirken sich unmittelbar auf die Umwelt und die Gesundheit des Menschen aus, wenn sie bis zu den Bronchiolen **(PM_{10})** oder den Lungenbläschen **($PM_{2,5}$)** in die Atemwege gelangen. Die WHO hat festgestellt, dass Feinstaub der Kategorie $PM_{2,5}$ jährlich zu mehr als vier Millionen Todesfällen aufgrund von Herz-Kreislauf-Erkrankungen, Krebs usw. führt. ●

Lagerung von radioaktivem Abfall

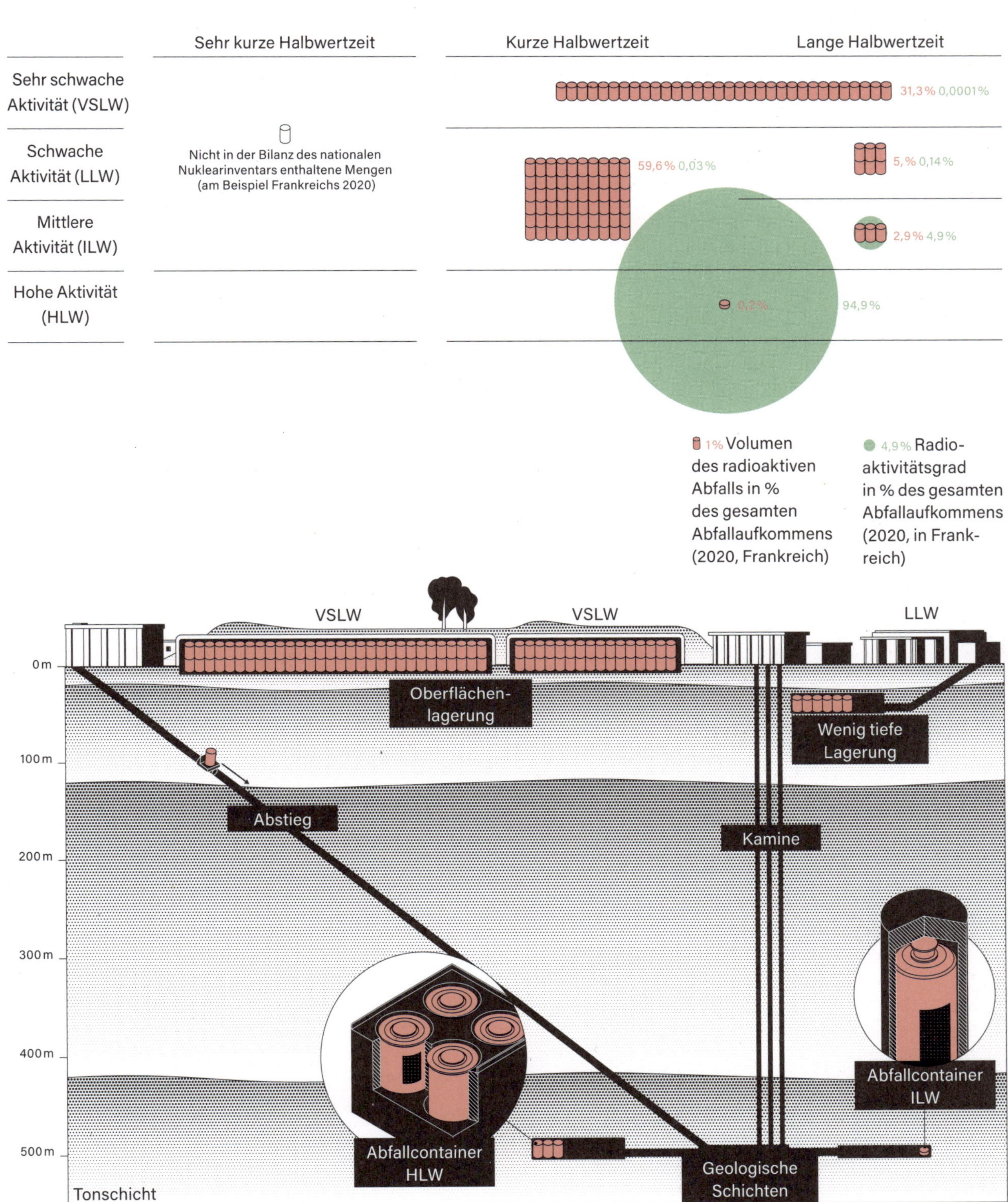

RADIOAKTIVE ABFÄLLE, die vor allem in der Atomindustrie anfallen, werden nach der Dauer (Halbwertzeit), der Intensität ihrer Radioaktivität (Aktivität) und ihrer Wärmeentwicklung eingeteilt. Sehr schwach radioaktive Abfälle (**LLW**) werden unter einer Tonschicht gelagert (**Oberflächenlagerung**). Kurzlebiger schwach- und mittelradioaktiver Abfall (**ILW**) wird verbrannt, geschmolzen, beschichtet oder verdichtet und in Metall- oder Betonbehälter gefüllt, die ebenfalls oberirdisch gelagert werden. Hochaktive, langlebige Abfälle (**HLW**), die für mehrere hunderttausend Jahre gefährlich sind, erfordern langfristige Schutzmaßnahmen. Die **Lagerung** in sehr tiefen **geologischen Schichten** hat sich zunehmend durchgesetzt, da sie als »sicherer« gilt. Diese Lösung wirft jedoch zahlreiche logistische, ökologische und ethische Fragen auf. Wie kann man zum Beispiel künftigen Generationen die Existenz und die Gefährlichkeit dieser Lagerstätten vermitteln? Auch wenn man Wege gefunden hat, die Erinnerung an diese Deponien wach zu halten, bleibt doch ein erhebliches Restrisiko bestehen. Werden in 100 000 Jahren Piktogramme, Hinweise und Warnungen noch verständlich und das die Abfälle versiegelnde Material noch in dem Zustand sein, das die Gefahr solcher Abfälle hinreichend deutlich macht? •

Nr. 46

Himmelsobjekte

GALAXIEN

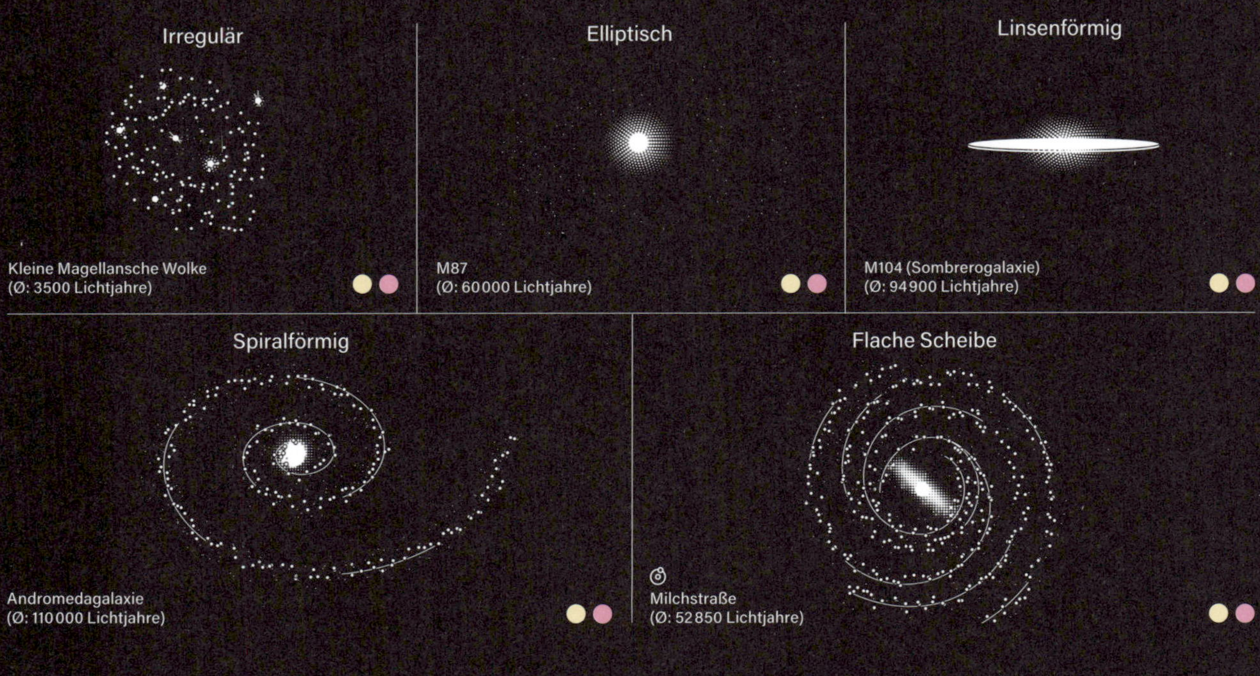

STERNE

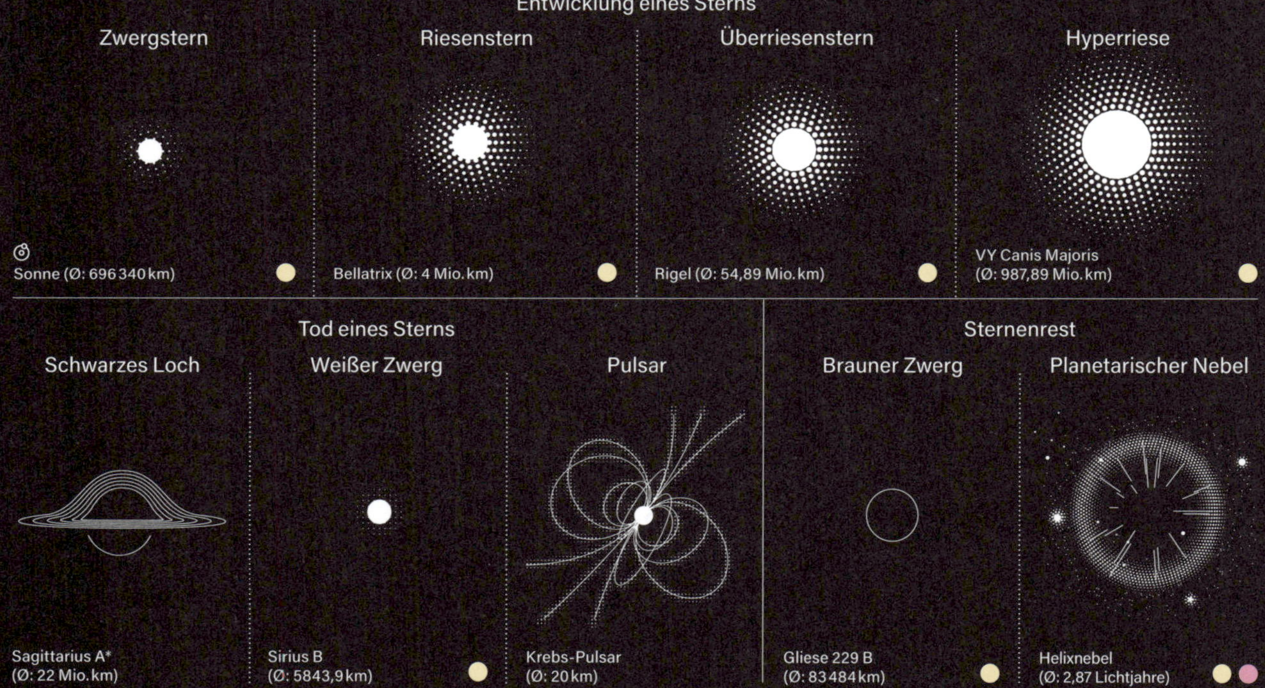

DER BEGRIFF »KOSMOLOGISCHER HORIZONT« beschreibt die Grenze des beobachtbaren Universums. Das Universum besteht aus einer Vielzahl von Himmelsobjekten und hat eine Ausdehnung von 100 Mrd. Lichtjahren. Über seine Endlichkeit können wir nur Vermutungen anstellen. Im bekannten Universum gibt es zwei Billionen **Galaxien**. Sie bestehen aus zahlreichen **Sternen** (insgesamt 70 Billionen im Universum) und **Planeten**. Sie enthalten oft ein Schwarzes Loch in ihrem Zentrum. Sie können spiralförmig, linsenförmig, elliptisch oder irregulär sein. Sterne werden geboren, wachsen, sterben und hinterlassen Sternenreste. Um die Sterne können sich Planeten bilden, die um sie kreisen. Im Jahr 2022 waren 5069 Planeten bestätigt. Man bezeichnet sie als tellurisch, wenn sie aus Gestein und Metall bestehen. Größere, gasförmige bestehen aus Helium und Wasserstoff, Eisplaneten wiederum enthalten Methan und Ammoniak. Die Planeten außerhalb unseres Sonnensystems werden »Exoplaneten« genannt. Sie werden nach ihrer Position – »transneptunisch«, wenn ihre Umlaufbahn jenseits der Neptunbahn liegt – oder nach ihrer Größe als Zwergplaneten, Kleinplaneten, Zentauren etc. charakterisiert.

PLANETEN UND NATÜRLICHE SATELLITEN

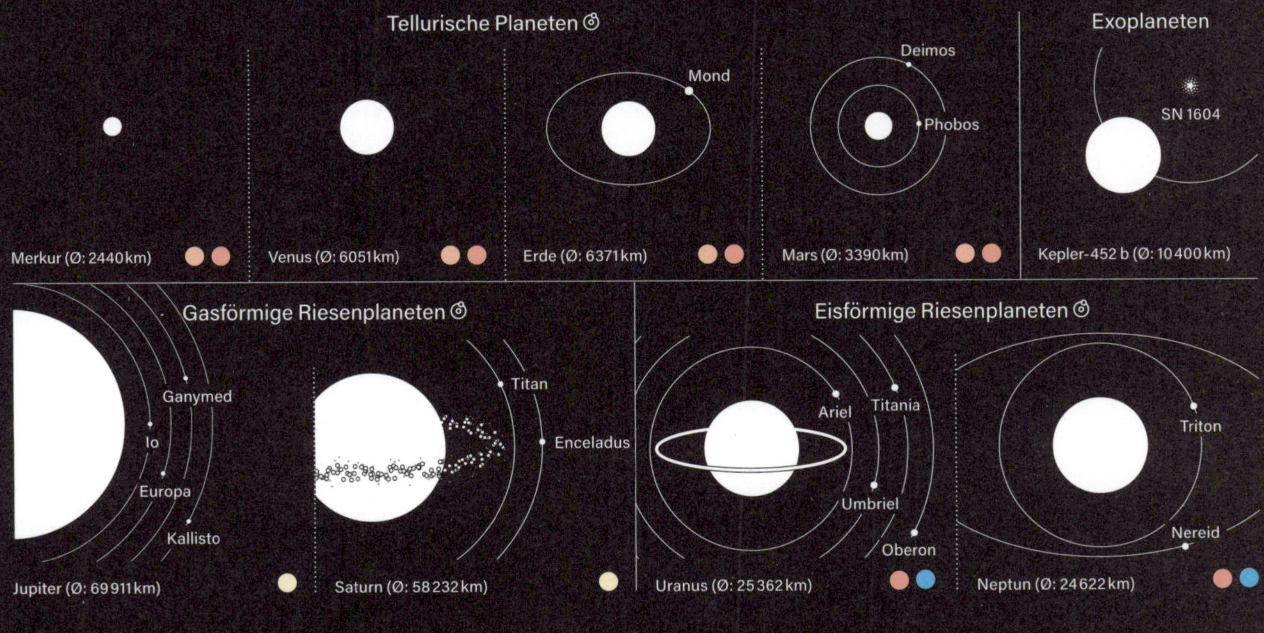

KLEINERE OBJEKTE

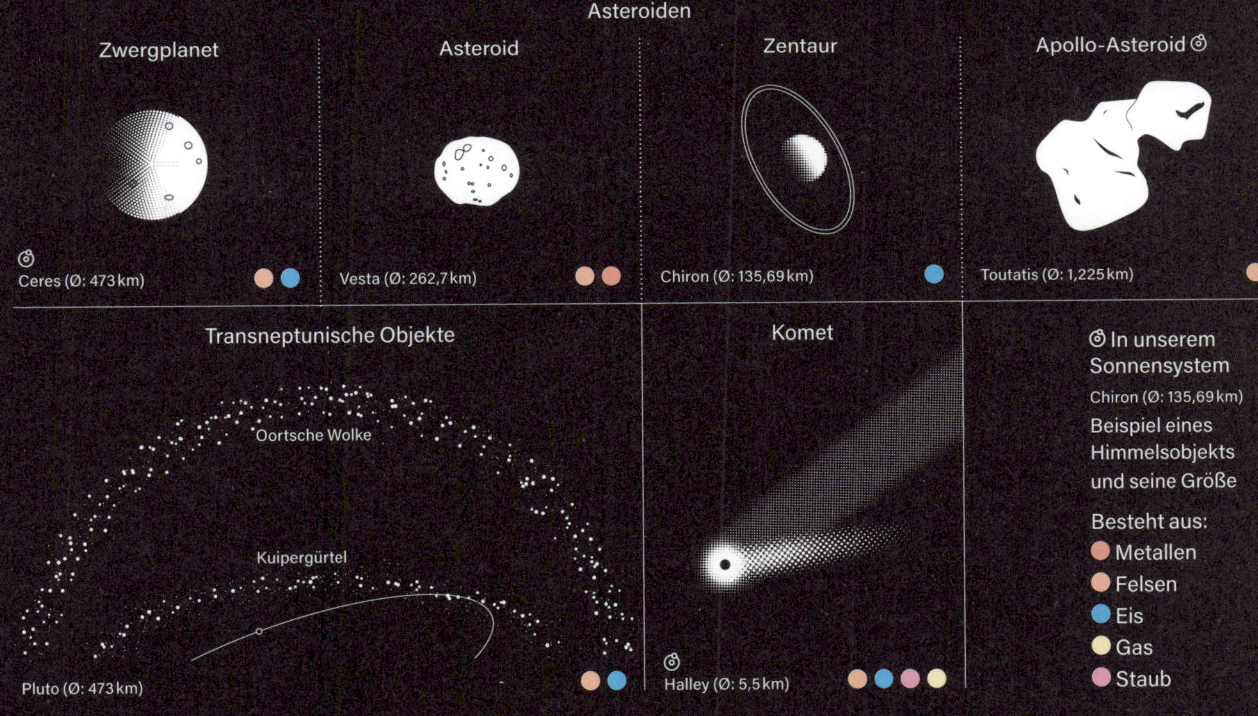

»Der unendliche Raum ist von unzähligen Sternen bevölkert, unsere Sonne ist einer von ihnen. Die Erde ist eine dieser unzähligen Welten, und die Sterne werden von dunklen Welten umkreist. So verändern sich die Größen, die uns am meisten überragen. Wenn wir sie im Angesicht der Unendlichkeit betrachten, wird unsere Welt mit allem, was dazu gehört, bald verblassen und verschwinden. Die Unendlichkeit, die uns eben noch mit unfassbaren, leuchtenden Punkten übersät schien, wird zu einem riesigen, weiten, grenzenlosen Haus, in dem tausend Sonnen schweben.«

Camille Flammarion, *Études et lectures sur l'astronomie,* Band 1, 1867–1880

Wissenschaftliche Revolutionen

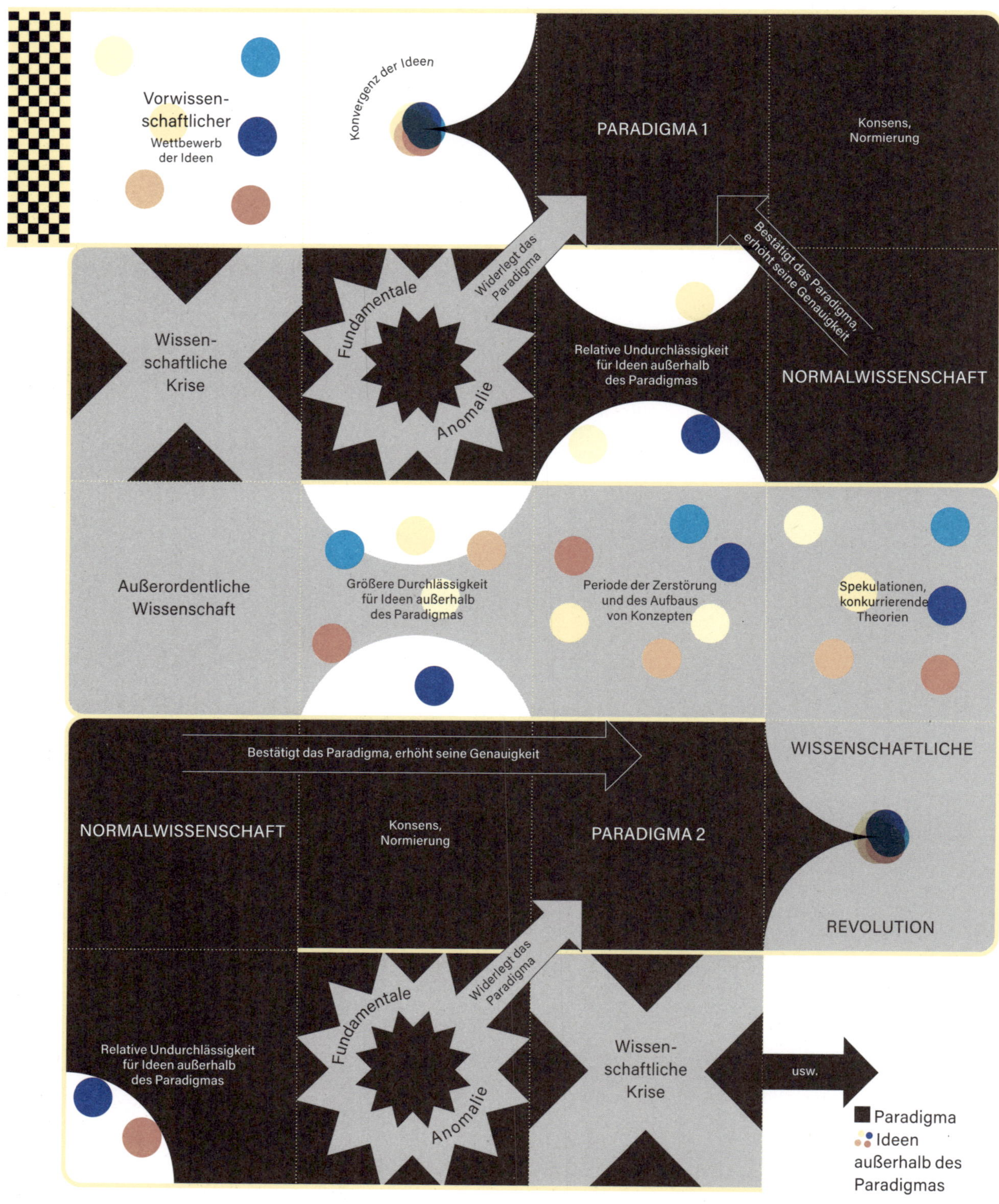

DER AMERIKANISCHE WISSENSCHAFTSTHEORETIKER Thomas S. Kuhn postuliert in *Die Strukturen wissenschaftlicher Revolutionen* (1962), dass die Entwicklung wissenschaftlicher Theorien das Produkt einer diskontinuierlichen Dynamik ist, die sich in zwei große Phasen unterteilen lässt: **Normalwissenschaft** und **außerordentliche Wissenschaft**. Er definiert das **Paradigma** als Denkrahmen, der es Forschenden ermöglicht, **Ideen** zu testen, zu bestätigen oder zu widerlegen. Werden zu viele **Anomalien** entdeckt – durch Fehler in der Anwendung des ursprünglichen Paradigmas oder konkurrierende Theorien –, geht die Wissenschaft in eine **Revolution** über, die zu einem neuen Paradigma führt. So führten beispielsweise Himmelsbeobachtungen mit Teleskopen zur Theorie eines expandierenden Universums und damit zum Begriff des Urknalls (→ Bildtafel Nr. 124). Er stammt ironischerweise von Fred Hoyle, einem britischen Physiker, der das Modell eines stationären Zustands, eines ewigen und unveränderlichen Universums bevorzugte. Im 16. Jahrhundert vertrat Kopernikus die Idee, dass sich die Erde um die Sonne dreht und nicht umgekehrt, wie bis dahin angenommen. Auch dies eine wissenschaftliche Revolution. Für Thomas S. Kuhn ist ein Paradigmenwechsel nicht nur eine Entwicklung in der Wissenschaft, sondern auch eine Veränderung der Weltanschauung. ●

Entropie

Anfangszustand	Entwicklung zum thermodynamischen Gleichgewicht	Thermodynamisches Gleichgewicht
BEISPIEL: EISWÜRFEL		
Lokale Energiespitze: lauwarmes Wasser	Die Eiswürfel schmelzen (erwärmen sich) und das Wasser kühlt sich ab.	Gestreute Energie
BEISPIEL: HEISSE TASSE		
Lokale Energiespitze: heißes Wasser	Die Umgebung wärmt sich auf und die Tasse kühlt sich ab.	Gestreute Energie
BEISPIEL: TINTENTROPFEN		
Lokale Spitze: Tintentropfen	Der Tintentropfen verteilt sich und das Wasser verfärbt sich.	Verteilte Tinte

Zeit/Zunahme der Entropie

»Das Wort Entropie habe ich absichtlich dem Worte Energie möglichst ähnlich gebildet, denn die beiden Größen [...] sind ihren physikalischen Bedeutungen nach einander so nahe verwandt, daß eine gewisse Gleichartigkeit in der Benennung mir zweckmäßig zu seyn scheint.« Dieses Zitat des deutschen Physikers Rudolf Clausius (1822–1888), einem der Väter der **Thermodynamik**, zeigt, worum es in diesem Zweig der Physik geht, der sich mit der Übertragung von **Energie** und ihren Auswirkungen auf die Eigenschaften von Materie befasst. Die Entropie ist eine Größe, die den Grad der Desorganisation eines Systems, also die »Streuung« der Energie, beschreibt. Clausius führte diese Größe im Zusammenhang mit dem zweiten Hauptsatz der Thermodynamik ein: Die Entropie eines abgeschlossenen Systems kann niemals abnehmen. Im Universum, das als geschlossenes System betrachtet werden kann, nimmt die Entropie also zu. Das bedeutet auch, dass Wärme niemals spontan von einem **kalten** in einen **warmen** Körper übergehen kann und dass physikalische Phänomene irreversibel sind. Die Zunahme der Entropie korreliert also mit dem **Zeitpfeil**. Wenn man einen Gegenstand filmt, der zerbricht, oder ein Ei, das gekocht wird, verliert das Video, wenn es »rückwärts« abgespielt wird, seine physikalische Bedeutung. ●

Navigation mit Magnetkompass

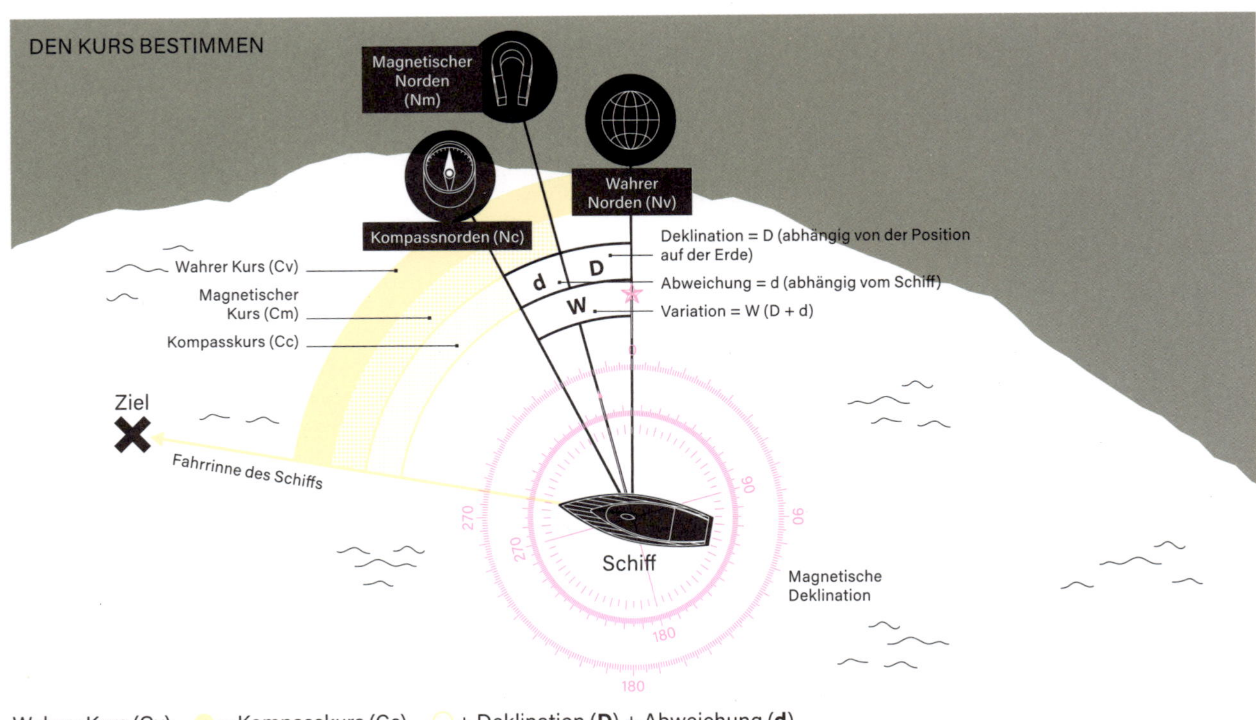

Wahrer Kurs (Cv) = Kompasskurs (Cc) + Deklination (**D**) + Abweichung (**d**)

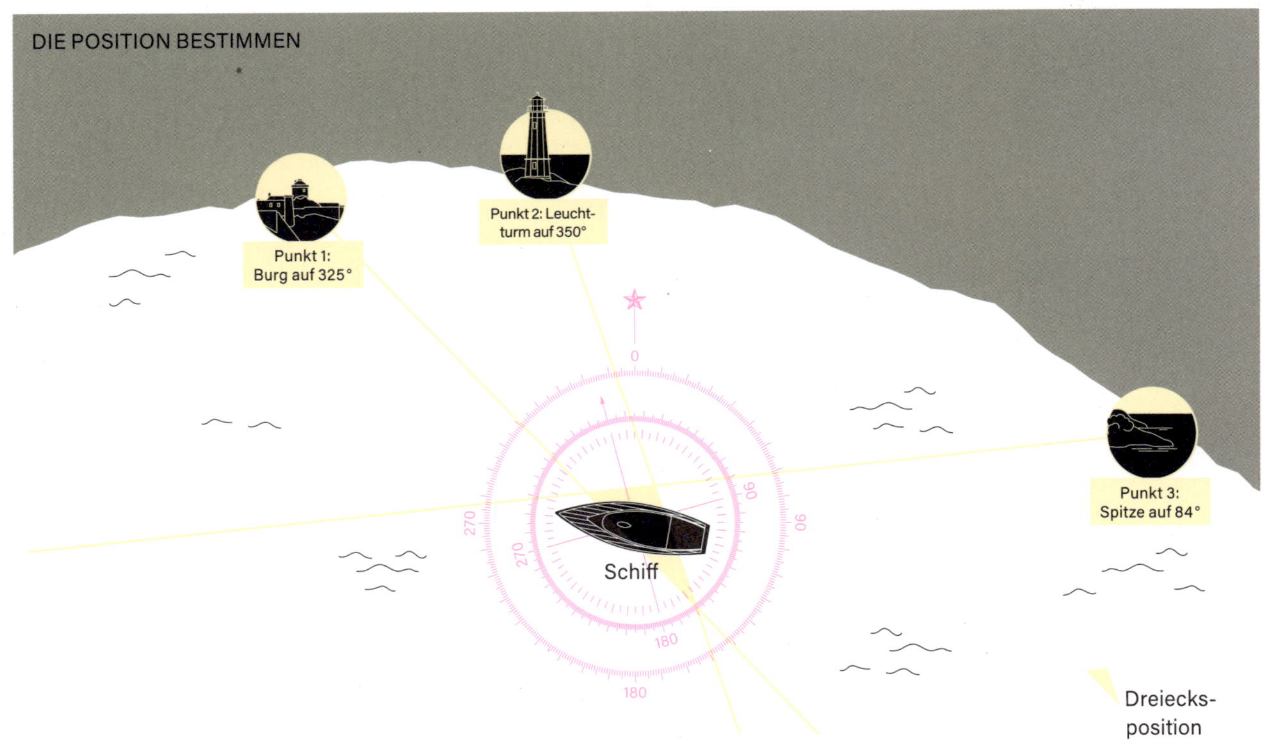

DIE HAUPTFUNKTION EINES MAGNETKOMPASSES, der für die Navigation unerlässlich ist, besteht darin, mithilfe einer Magnetnadel, die vom Magnetfeld der Erde angezogen wird, die Nordrichtung anzuzeigen. Auf einer Seekarte gibt es mehrere »Nordrichtungen«. Der **Kompassnorden** (Nc) ist gegenüber dem **magnetischen**, von einem Kompass angezeigten Norden (Nm) (→ Bildtafel Nr. 97), versetzt, und dieser wiederum ist gegenüber dem **wahren** – oder geografischen – **Norden** (Nv) versetzt. Um **einen Kurs zu bestimmen**, müssen Seeleute die **»Deklination«** – die Abweichung zwischen dem wahren Norden und dem magnetischen Norden – berücksichtigen. Sie ist in den nautischen Unterlagen angegeben und von der Position des Schiffs abhängig. In der Bretagne beträgt die Deklination 1–2° nach Westen, in Guadeloupe 14° nach Westen und im südlichen Indischen Ozean bis zu 50° nach Westen. Die Seeleute müssen auch die **»Abweichung«** berücksichtigen, die durch das Metall im Schiff hervorgerufen wird. Die Summe aus Deklination und Abweichung ergibt dann die **»Variation«**, die zur Korrektur der Daten des Magnetkompasses und zur Bestimmung des wahren **Kurses** (Cv) benötigt wird. Aus den **Winkeln** dreier Festpunkte an der Küste zum wahren Norden kann die **eigene Position** auf einer Karte bestimmt werden. ●

Gleichgewichtsorgan

INNENOHR

Außen-ohr
Mittel-ohr
Innen-ohr

Lokalisierung

Bogengänge
Ampulle
Utriculus
Sacculus
Schnecke
Vestibül
1
2

Anatomie

Härchen-bündel
Lymphe
Nervenfasern
Zilienzellen

1. Bogengang

Stereozilien
Zilienzellen
Nervenfasern

2. Maculae

VESTIBULÄRES SYSTEM (Räumliche Orientierung)

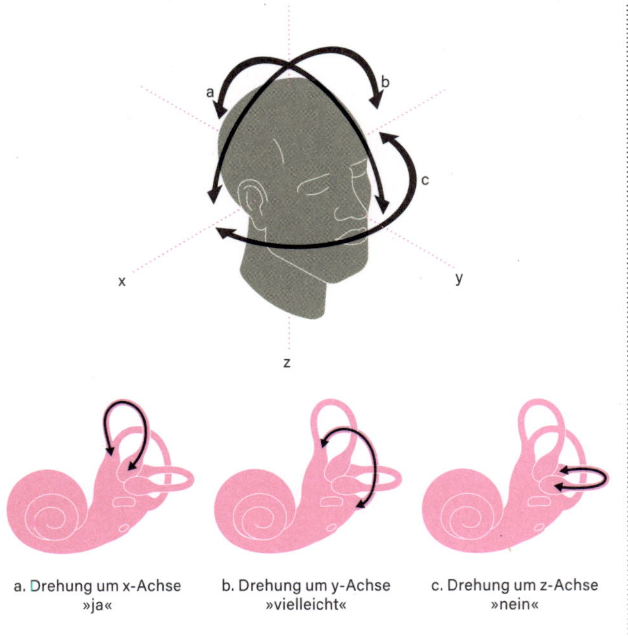

Wahrnehmung von Drehbewegungen des Kopfs

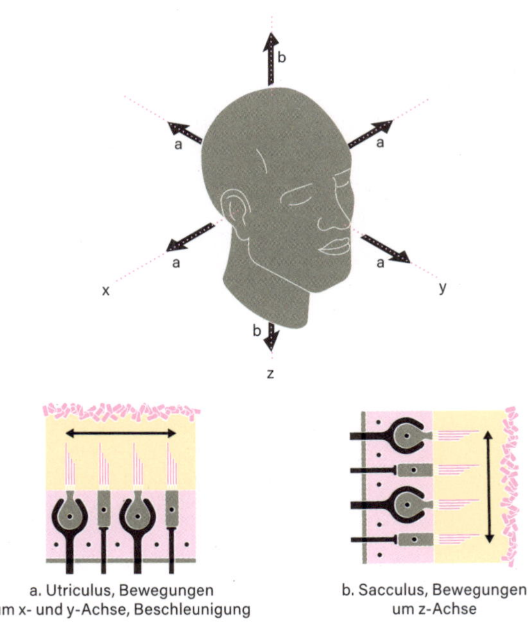

Wahrnehmung von linearen Bewegungen des Kopfs

DAS VESTIBULÄRE SYSTEM im Innenohr ist ein Sinnesorgan, das bei Kopf- oder Körperbewegungen das Bild der Umgebung stabilisiert. Als eine Art internes GPS wird es als **»Gleichgewichtsorgan«** bezeichnet und ergänzt die Funktion der Augen, der Haut, der Muskeln oder der Nervensensoren in den Gelenken. Es besteht aus den Vorhofschläuchen **Utriculus** und **Sacculus** und drei halbkreisförmigen Gängen. In diesen **Bogengängen** bewegt sich eine Flüssigkeit, die Endolymphe, entsprechend der **Drehbewegung** des Kopfs. Sie überträgt diese Bewegung auf die Sinneshärchen (**Zilien**), die sich in den Bogengängen befinden. Die Härchen in den **Maculae** nehmen **lineare Bewegungen** wahr und leiten sie weiter. Um Gleichgewicht und Körperhaltung zu regulieren, erhält das Gehirn redundante Informationen von den verschiedenen Sinnesorganen. Stimmen die Signale nicht überein, wählt es die zuverlässigste Information aus. Manchmal ist die Diskrepanz jedoch zu groß, wie bei der Reisekrankheit, bei der Augen und Innenohr widersprüchliche Informationen liefern. Bestimmte Krankheiten, Unfälle oder das Alter können dieses empfindliche Organ schädigen, was zu Schwindel, Benommenheit und verschwommenem Sehen führen kann. ●

Sonnenzyklen

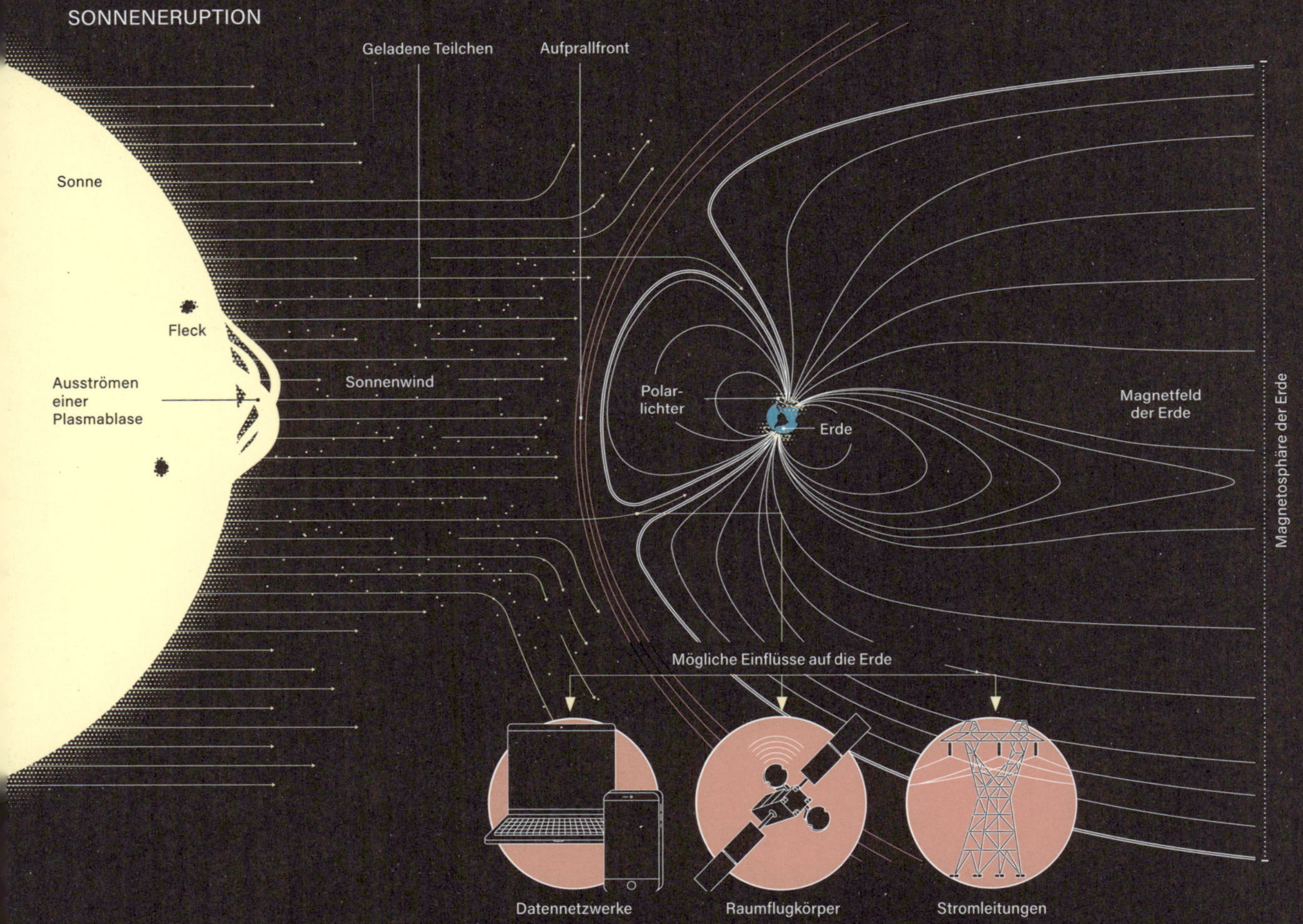

BEOBACHTUNG VON SONNENFLECKEN

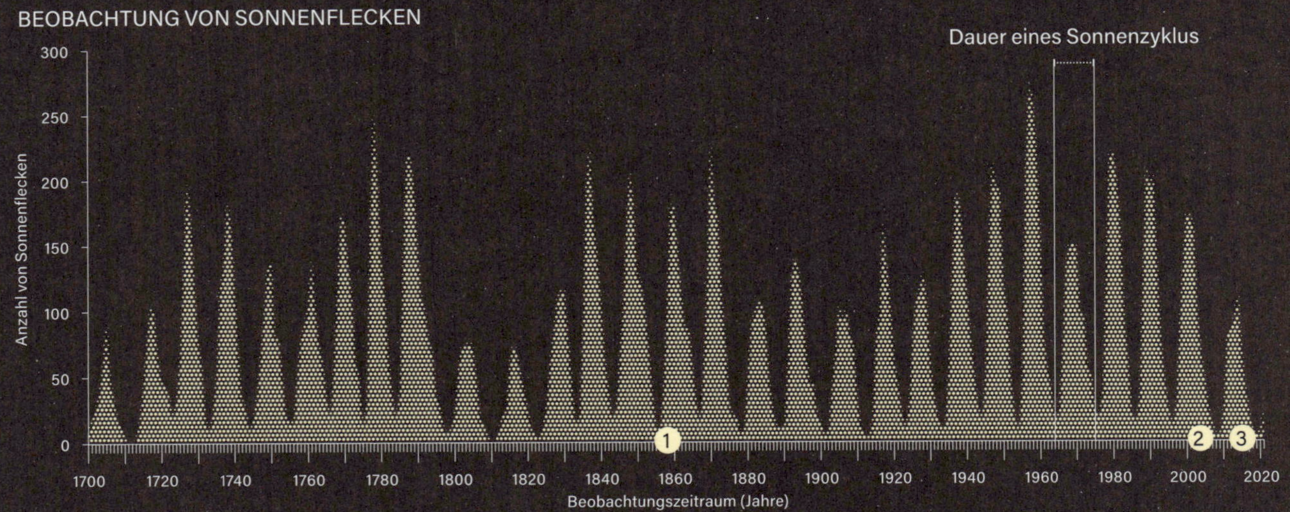

SONNENERUPTION

Geladene Teilchen
Aufprallfront
Sonne
Fleck
Ausströmen einer Plasmablase
Sonnenwind
Polarlichter
Erde
Magnetfeld der Erde
Magnetosphäre der Erde
Mögliche Einflüsse auf die Erde
Datennetzwerke
Raumflugkörper
Stromleitungen

DIE EREIGNISSE AUF DER SONNENOBERFLÄCHE wiederholen sich regelmäßig: Die Variation von Anzahl und Ausbreitung der **Sonnenflecken** und die Häufigkeit von **Sonneneruptionen** haben die Existenz von **Sonnenzyklen** mit einer durchschnittlichen Dauer von 11,2 Jahren nachgewiesen. Sonnenflecken sind Gebiete mit niedriger Temperatur, aber hoher magnetischer Aktivität. Sie sind leicht zu beobachten, da sie sich dunkel von der Sonnenoberfläche abheben. In Europa werden sie seit dem 17. Jahrhundert statistisch erfasst. Eruptionen werden durch das Ausströmen einer riesigen Plasmablase verursacht, die zu einer Beschleunigung der **Sonnenwinde** führt. Bei einem solchen Ereignis erhöht sich die Geschwindigkeit dieses Stroms geladener Teilchen, der die Erde üblicherweise mit durchschnittlich 450 km/s erreicht, auf 2500 km/s. Obwohl die Magnetosphäre (→ Bildtafel Nr. 97), eine vom **Erdmagnetfeld** erzeugte Schutzhülle, die Teilchen an der **Aufprallfront** stark ablenkt, sind die Auswirkungen dieser Eruptionen manchmal spürbar: Polarlichter, die bis nach Hawaii und Singapur sichtbar sind (**1**), oder intensive magnetische Stürme, die den Flugverkehr stören können (**2**). Die NASA spricht sogar von einem »gigantischen Sonnensturm«, dem die Erde im Jahr 2012 nur knapp entging (**3**). •

Vulkanausbrüche

ERUPTIONSTYPEN

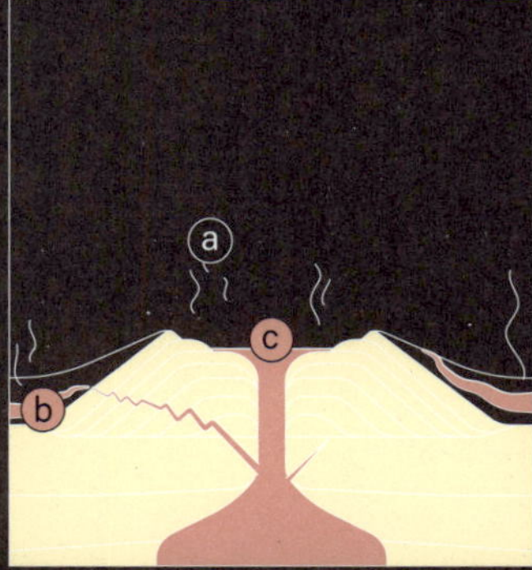

I. Hawaiianische Eruption

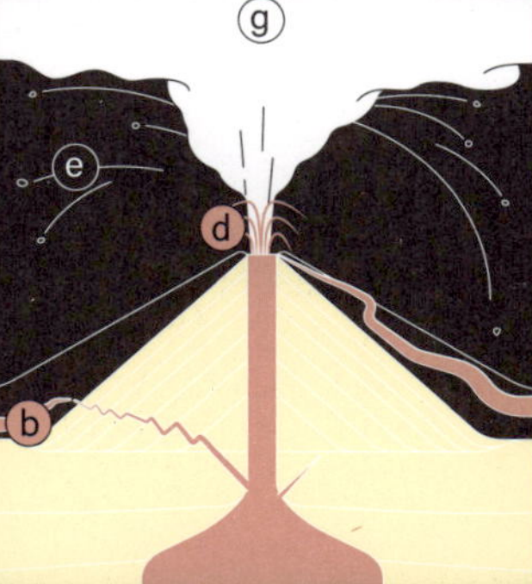

II. Strombolianische Eruption

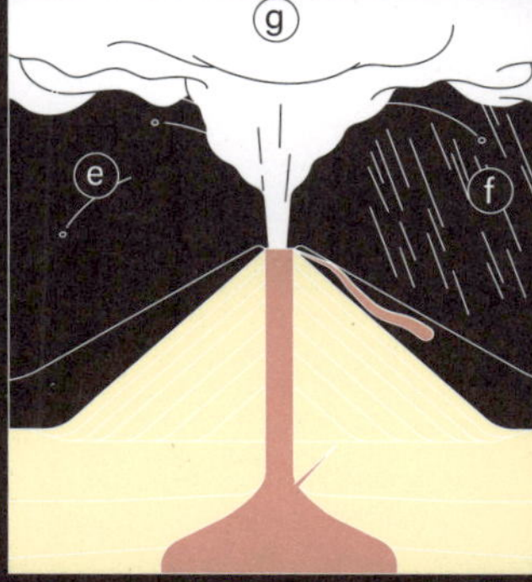

III. Vulkanianische Eruption

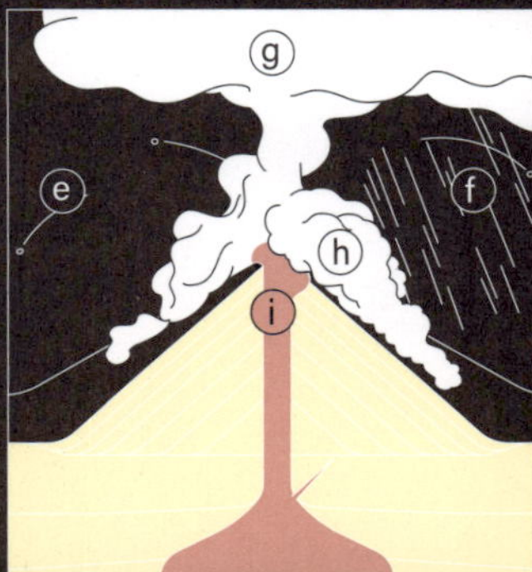

IV. Peléanische Eruption

V. Plinianische Eruption

VI. Surtseyanische Eruption

Magma
Wasser

a. Fumarole
b. Lavastrom
c. Lavasee
d. Lava-fontäne
e. Vulkanische Bombe und Lapilli
f. Ascheregen
g. Aschewolke
h. Brennende Wolke
i. Lavadom
j. Bimsstein-austritt
k. Wasserdampf
l. Gaswolke

VULKANEXPLOSIVITÄTSINDEX

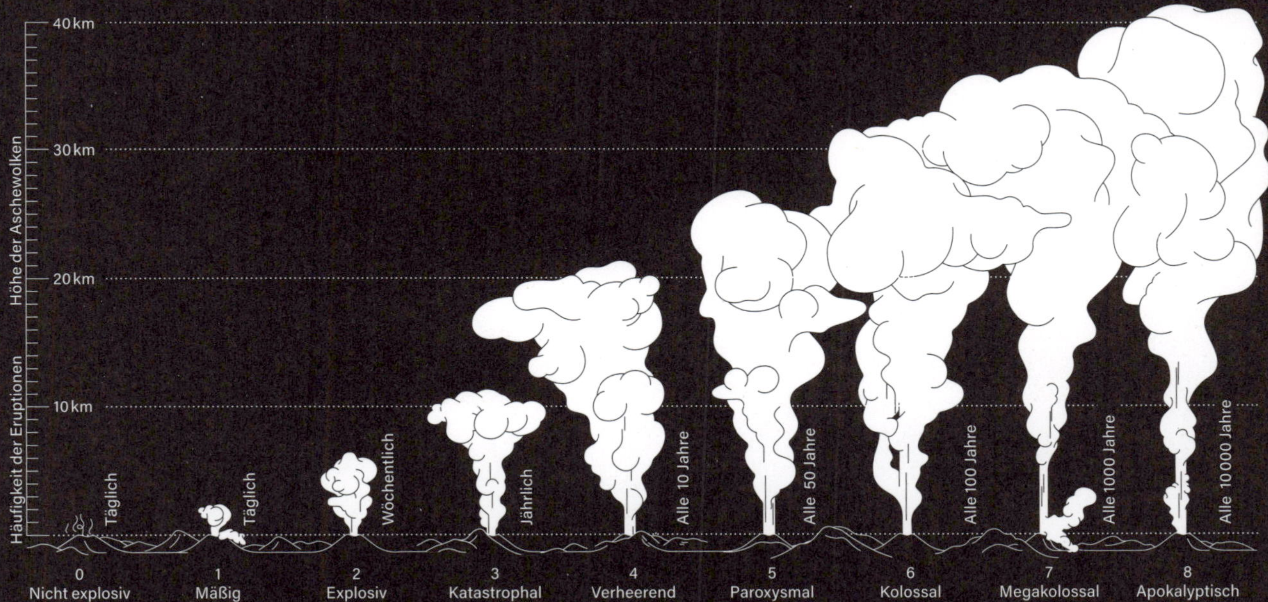

SEIT JAHRMILLIONEN prägen Vulkanausbrüche die Landschaften der Erdoberfläche und des Meeresbodens. Um ihre Funktionsweise zu verstehen und ihre Auswirkungen auf die Umwelt und die Menschheit zu bestimmen, bietet die Vulkanologie eine erste Einteilung der **Eruptionstätigkeiten** in **effusive** (I und II) – Ausstoß flüssiger Lavaströme – und **explosive** (III bis VI) – Ausstoß von Partikeln (Asche, Gesteinsblöcke und -bomben) in die Atmosphäre. Andere, feiner untergliederte Kategorien, die meist nach vulkangeografischen Regionen benannt sind, dienen der Beschreibung eines **Eruptionstyps**. Sie charakterisieren also nicht das Verhalten eines bestimmten Vulkans, da Vulkane ständigen Veränderungen unterworfen sind und jede Eruptionstätigkeit einzigartig ist.

Die verschiedenen Ausbrüche können auch nach ihrer **Explosivität** klassifiziert werden. Sie hängt von der Menge des ausgeworfenen Materials und der Höhe der Aschewolke ab. Der Ausbruch des Pinatubo (Philippinen) im Jahr 1991 hatte einen vulkanischen Explosivitätsindex von 6 und war damit der heftigste Ausbruch der letzten 100 Jahre. Er wirkte sich über Jahre auf das Weltklima aus. •

EXOGENE HYPOTHESE

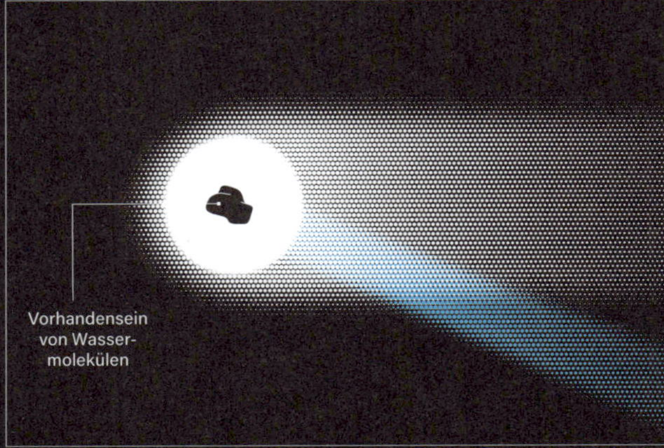

1. Bildung eines Kometenkerns vom Typ 103P/Hartley

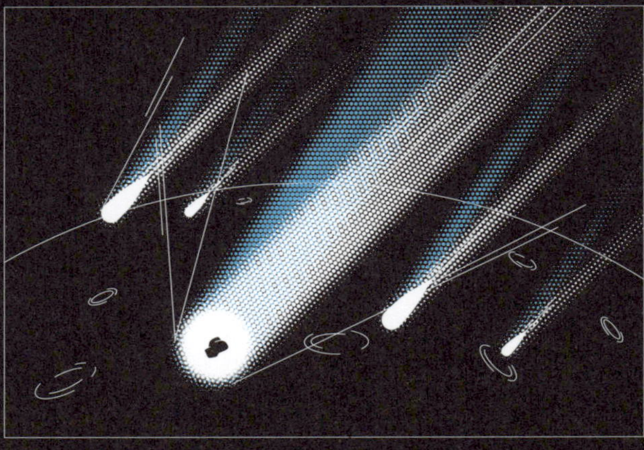

2. Kometeneinschlag auf der Erde

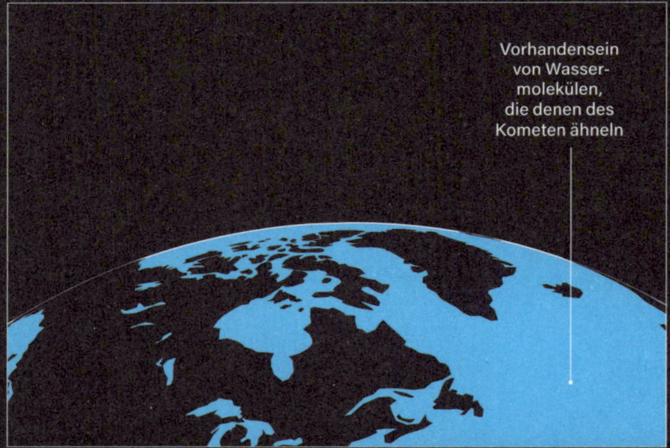

3. Entstehung der Ozeane

ENDOGENE HYPOTHESE

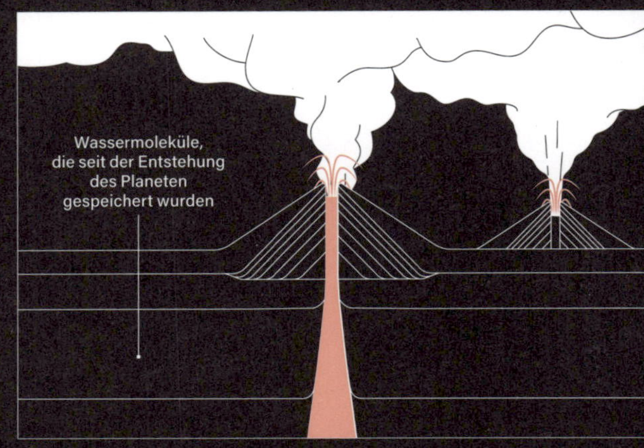

1. Ausgasung durch den Erdmantel

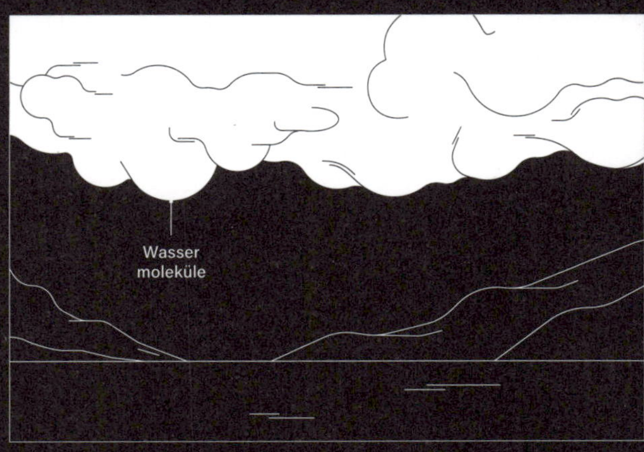

2. Wolkenschicht

3. Bildung von Ozeanen durch Regen

DIE ERDE IST DER EINZIGE BEKANNTE PLANET, auf dem Wasser in flüssiger und fester Form vorhanden ist. Auch auf dem Mars und möglicherweise auf der Venus soll es einmal Wasser auf der Oberfläche gegeben haben. Woher stammt das Wasser auf der Erde? Zwei Hypothesen sind vorherrschend. Die **exogene Hypothese** besagt, dass das Wasser von außerirdischen Elementen stammt: **Kometen** (→ Bildtafel Nr. 77) oder Meteoriten (→ Bildtafel Nr. 3), die größtenteils aus Wasser in Form von Eis bestanden, schlugen vor 4,4 Mrd. Jahren auf der Erde ein und bildeten die Ozeane. Die **endogene Hypothese** geht von einem Prozess im Erdinneren aus: Demnach hat zur Entstehungszeit der Ozeane starker Vulkanismus **Gas** und Wasser in Form von Dampf in die Atmosphäre freigesetzt. Es folgten **sintflutartige** Regenfälle, die zur Bildung der Ozeane führten. Wahrscheinlich ist eine Kombination der beiden Ereignisse. Da lebende Zellen zum großen Teil aus Wasser bestehen, suchen Astrophysiker im Universum mit großem Aufwand nach eben diesem Element: Flüssiges Wasser zu finden, bedeutet Leben zu finden. »Das Meer ist alles! [...] Die Welt hat sozusagen mit dem Meer begonnen, und wer weiß, ob sie nicht auch mit dem Meer enden wird«, schwärmt Kapitän Nemo in Jules Vernes Roman *20 000 Meilen unter dem Meer.* ●

Aquädukte

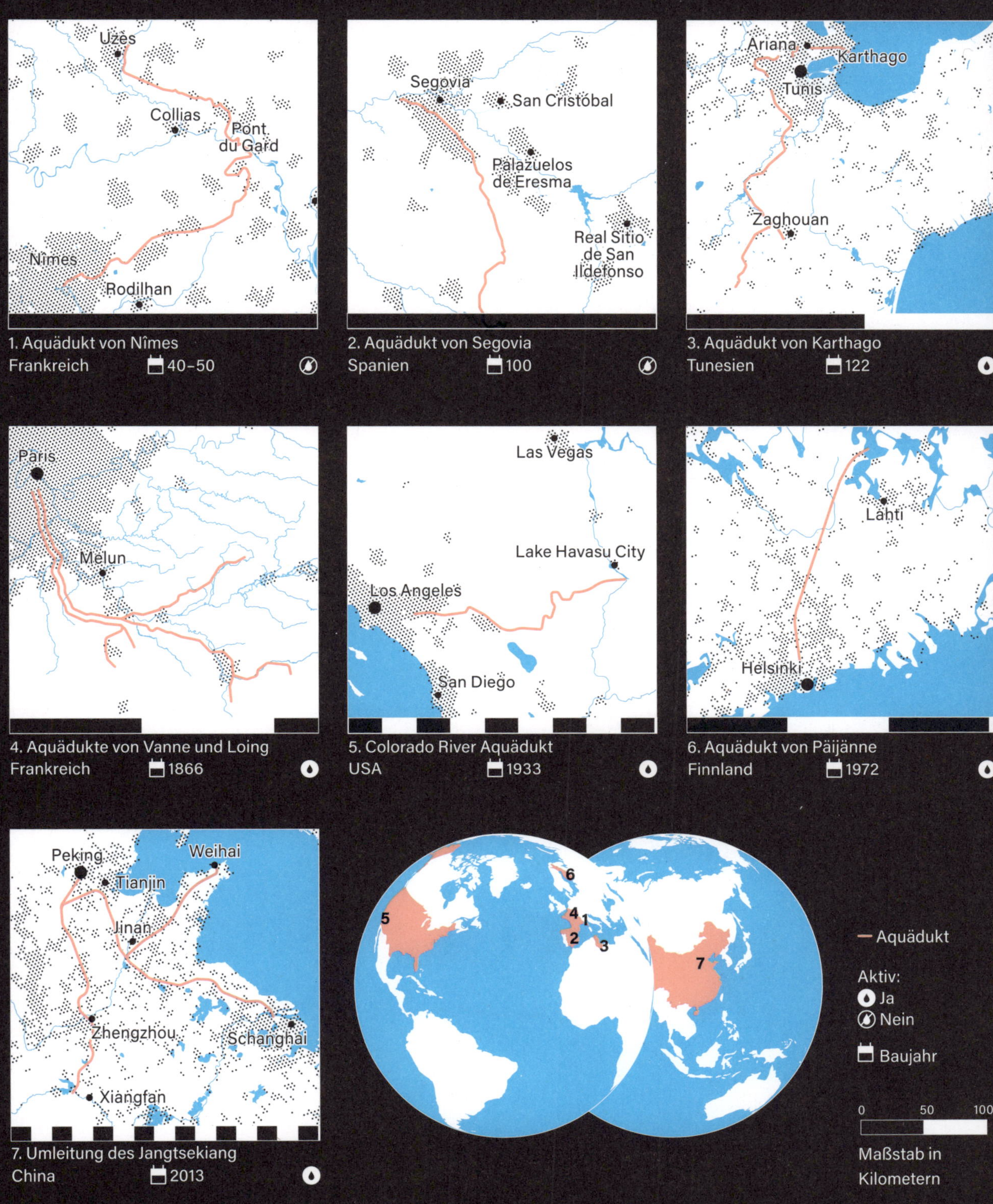

1. Aquädukt von Nîmes
Frankreich 40–50

2. Aquädukt von Segovia
Spanien 100

3. Aquädukt von Karthago
Tunesien 122

4. Aquädukte von Vanne und Loing
Frankreich 1866

5. Colorado River Aquädukt
USA 1933

6. Aquädukt von Päijänne
Finnland 1972

7. Umleitung des Jangtsekiang
China 2013

AQUÄDUKTE SIND BAUWERKE, die Trinkwasser aus Reservoirs in weit von Flüssen entfernte Städte transportieren. **1.** Der berühmte dreistöckige Pont du Gard wurde auf dem Aquädukt errichtet, der Uzès mit **Nîmes** verbindet. **2.** Der Aquädukt von **Segovia**, der als wichtigstes Relikt des Römischen Reichs in Spanien gilt, hat ein Gefälle von nur 1%. **3.** Der römische Kaiser Hadrian ließ zur Bekämpfung der Dürre Wasser aus den Bergen Djebel Zaghouan und Jouggar über 132 km nach **Karthago** leiten. **4.** Die von Baron Haussmann in Auftrag gegebenen Aquädukte von **Vanne** und **Loing** leiten Wasser über 156 km von Burgund nach Paris. **5.** Der **Colorado River Aquädukt** mit seinen 148 km langen Tunneln, 135 km langen unterirdischen Kanälen und Dükern sowie 100 km offenen Kanälen gilt seit 1955 als eines der »sieben modernen Wunder der amerikanischen Ingenieurskunst«. **6.** Das 120 km lange **Päijänne**-Wasserwerk versorgt Helsinki mit Wasser. **7.** Die Umleitung des **Jangtsekiang** ist eine der Etappen des monumentalen chinesischen Wassertransfers von Süden nach Norden. Das im Jahr 2002 begonnene Projekt soll Peking und Tianjin mit Wasser versorgen. ●

Intelligenz eines Blobs

1. EXPERIMENT IM LABYRINTH (Toshiyuki Nakagaki, 2000)

a. Kontext

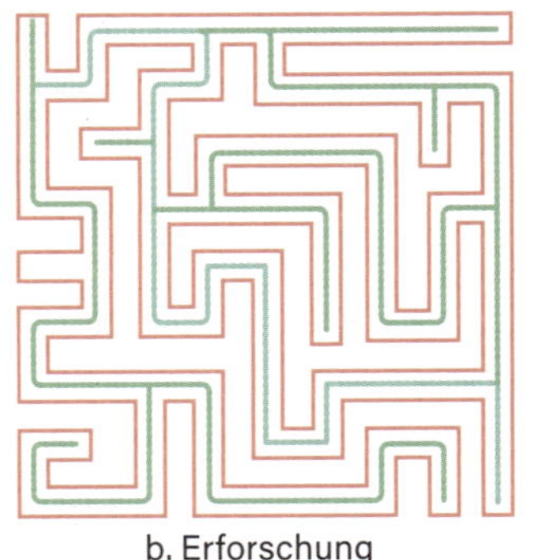

b. Erforschung

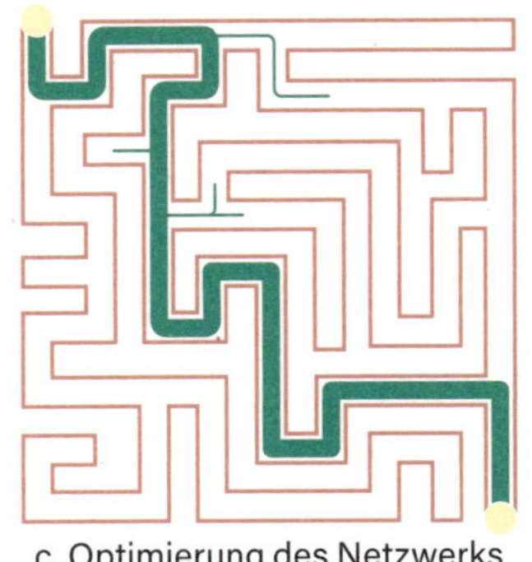

c. Optimierung des Netzwerks

2. EXPERIMENT MIT KÄLTEREIZEN (Toshiyuki Nakagaki, 2008)

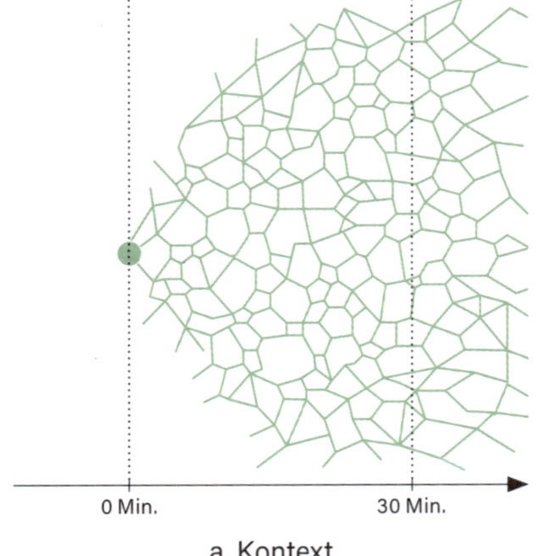

a. Kontext
(Wachstum ohne Reiz)

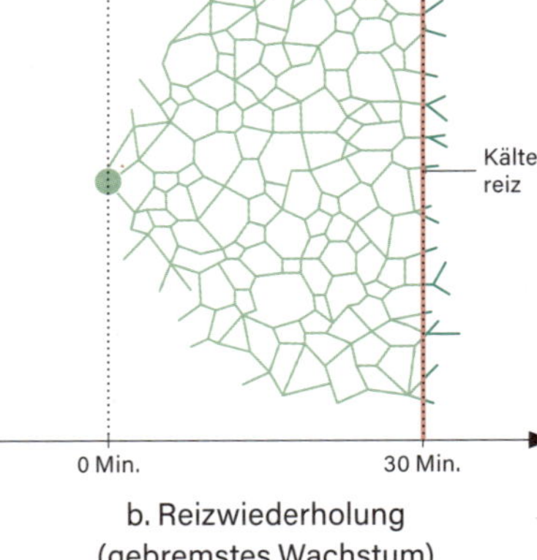

b. Reizwiederholung
(gebremstes Wachstum)

0 Min.
30 Min.

c. Antizipation des Reizes
(gestopptes Wachstum)

3. EXPERIMENT MIT EINEM BITTEREN REIZ (Audrey Dussutour, 2016)

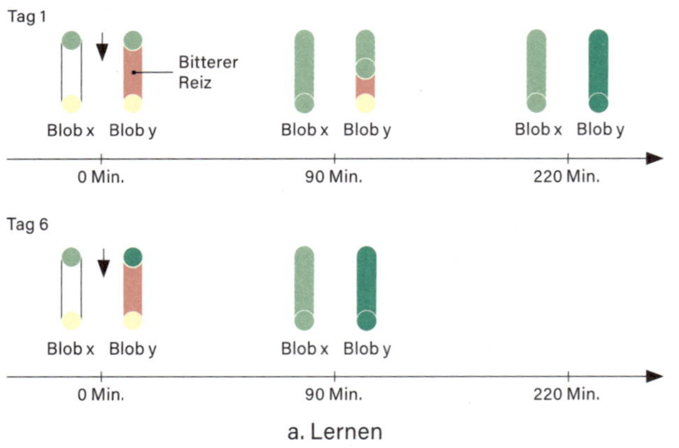

a. Lernen

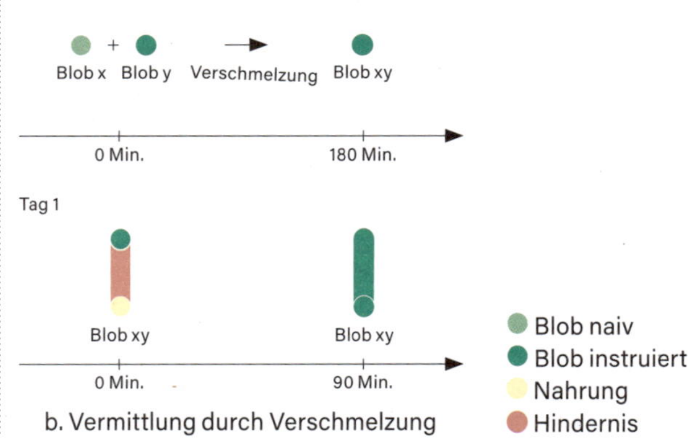

b. Vermittlung durch Verschmelzung

DER BLOB IST WEDER TIER NOCH PFLANZE ODER PILZ, sondern ein einzelliger Organismus, der sich vor 700 Mio. Jahren entwickelte. Da er nur aus einer einzigen Zelle besteht, hat er kein Gehirn. Trotzdem kann er lernen und ist in der Lage, komplexe Probleme zu lösen. Zum Beispiel kann er sein **Netzwerk** optimieren, um den schnellsten Weg zu seiner Nahrung zu finden (**1**). Setzt man ihn wiederholt unangenehmen **Kältereizen** aus, kann er dem nächsten Reiz **zuvorkommen**, indem er **stehenbleibt** (**2**). Begegnen ihm auf seinem Weg unangenehme Dinge und stellen ein **Hindernis** dar, wie etwa **bitteres** Koffein oder Chinin, lernt der Blob, sie zu **beachten** und, wenn sie keine Gefahr für ihn darstellen, und zu durchqueren (**3**). Dieser Vorgang wird als Habituation bezeichnet und wurde zuvor noch bei keinem anderen Einzeller beobachtet. Die Intelligenz des Blobs geht aber noch weiter: Er kann mit seinen Artgenossen kommunizieren, insbesondere um Gelerntes weiterzugeben, indem er vorübergehend mit einem von ihnen **verschmilzt**. Außerdem kann er andere Blobs vor Gefahren warnen, indem er Moleküle ausscheidet, die von den Artgenossen in seiner Nähe wahrgenommen werden. ●

Bliss-System

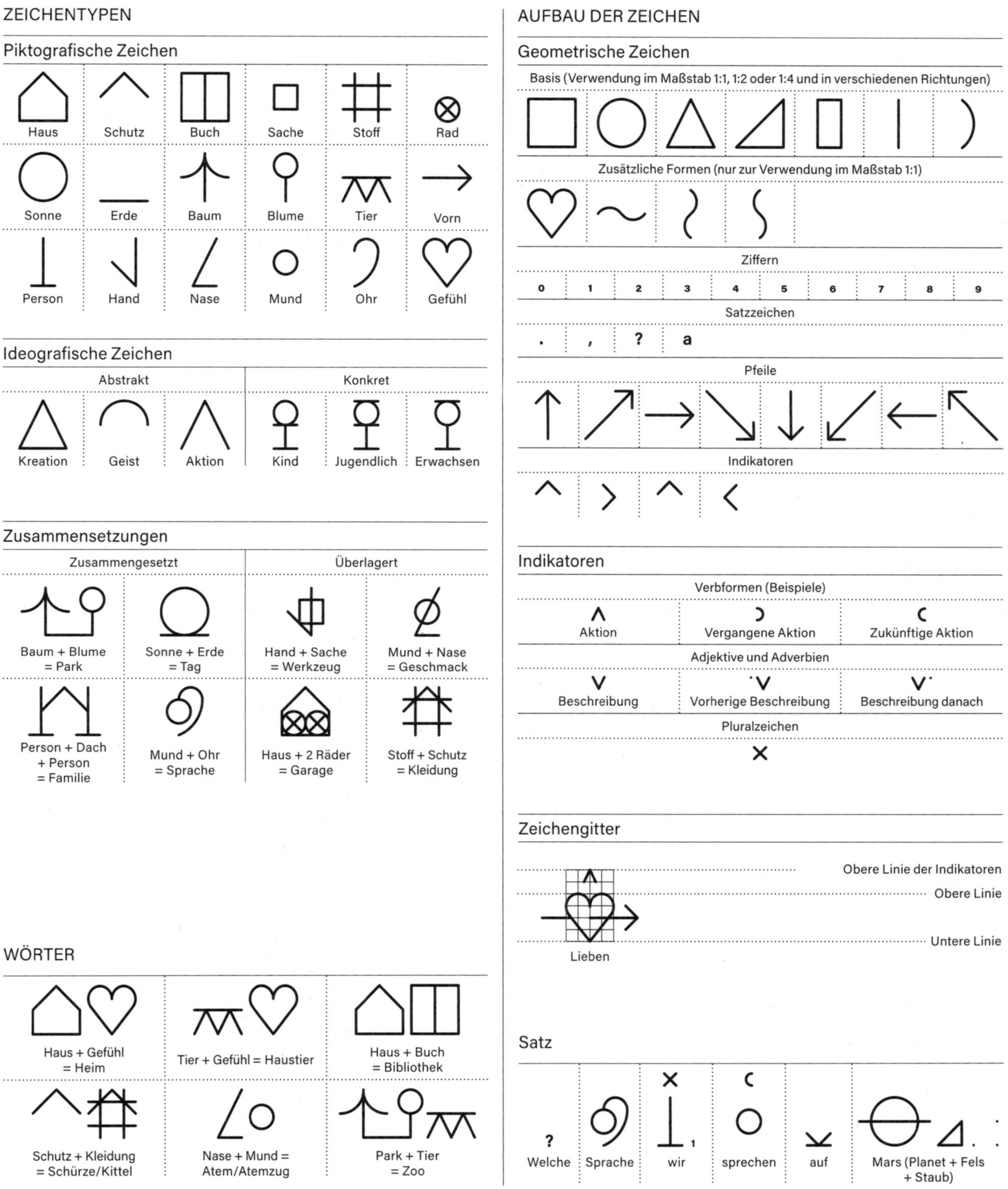

ZEICHENTYPEN

Piktografische Zeichen

Haus, Schutz, Buch, Sache, Stoff, Rad
Sonne, Erde, Baum, Blume, Tier, Vorn
Person, Hand, Nase, Mund, Ohr, Gefühl

Ideografische Zeichen

Abstrakt: Kreation, Geist, Aktion
Konkret: Kind, Jugendlich, Erwachsen

Zusammensetzungen

Zusammengesetzt:
Baum + Blume = Park
Sonne + Erde = Tag
Person + Dach + Person = Familie
Mund + Ohr = Sprache

Überlagert:
Hand + Sache = Werkzeug
Mund + Nase = Geschmack
Haus + 2 Räder = Garage
Stoff + Schutz = Kleidung

WÖRTER

Haus + Gefühl = Heim
Tier + Gefühl = Haustier
Haus + Buch = Bibliothek
Schutz + Kleidung = Schürze/Kittel
Nase + Mund = Atem/Atemzug
Park + Tier = Zoo

AUFBAU DER ZEICHEN

Geometrische Zeichen

Basis (Verwendung im Maßstab 1:1, 1:2 oder 1:4 und in verschiedenen Richtungen)

Zusätzliche Formen (nur zur Verwendung im Maßstab 1:1)

Ziffern

0 1 2 3 4 5 6 7 8 9

Satzzeichen

. , ? a

Pfeile

Indikatoren

Indikatoren

Verbformen (Beispiele)

Aktion, Vergangene Aktion, Zukünftige Aktion

Adjektive und Adverbien

Beschreibung, Vorherige Beschreibung, Beschreibung danach

Pluralzeichen

×

Zeichengitter

Obere Linie der Indikatoren
Obere Linie
Untere Linie
Lieben

Satz

Welche, Sprache, wir, sprechen, auf, Mars (Planet + Fels + Staub)

DER TRAUM VON EINER WELTSPRACHE, der im biblischen Mythos vom Turmbau zu Babel verankert ist, zieht sich durch mehrere Jahrhunderte europäischer Geschichte. Während Philosophen im 18. Jahrhundert versuchten, eine perfekt logische Sprache zu schaffen, in der es unmöglich sein sollte, zu lügen oder sich zu irren, wollte man im 19. und 20. Jahrhundert eine Sprache entwickeln, die von allen leicht erlernt werden kann. Das bekannteste und erfolgreichste dieser Projekte ist das von Louis-Lazare Zamenhof entwickelte Esperanto.

Die Bliss-Symbole sind eine Sammlung von ideografischen und piktografischen Zeichen, die eine natürliche Logik in sich tragen. Sie wurden von Charles K. Bliss entwickelt, der als Jude vor den Nazis aus Österreich floh und zwischen 1940 und 1945 in Schanghai festsaß. Dort weckten die chinesischen Schriftzeichen und die Tatsache, dass sie von Menschen mit unterschiedlichen Dialekten gelesen werden konnten, Bliss' Interesse. Er emigrierte schließlich nach Australien, wo er im Jahr 1949 die erste Ausgabe seines Buches *Semantography* veröffentlichte. Sein Ziel war es, eine Schrift zu erschaffen, die überall auf der Welt erlernt und verstanden werden konnte. Seine Schrift wurde populär, nachdem sie in den 1960er-Jahren von Zentren für Kinder mit Behinderungen in Kanada verwendet wurde. •

Nr. 57

Fluoreszenz und Phosphoreszenz

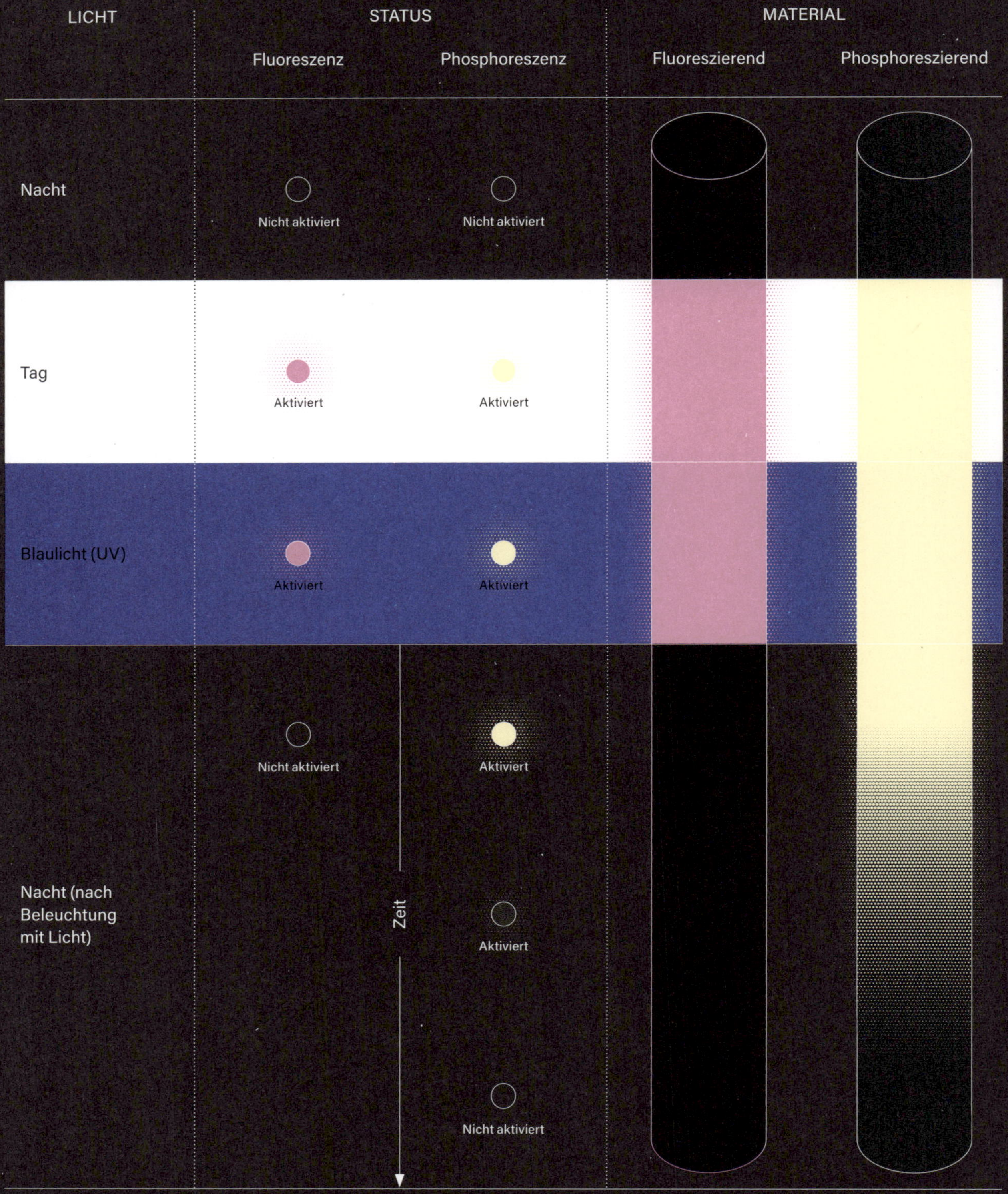

LICHT	STATUS		MATERIAL	
	Fluoreszenz	Phosphoreszenz	Fluoreszierend	Phosphoreszierend
Nacht	Nicht aktiviert	Nicht aktiviert		
Tag	Aktiviert	Aktiviert		
Blaulicht (UV)	Aktiviert	Aktiviert		
Nacht (nach Beleuchtung mit Licht)	Nicht aktiviert	Aktiviert		
		Aktiviert		
		Nicht aktiviert		

Zeit

ETYMOLOGISCH BEDEUTET das Wort **»phosphoreszierend«** »lichttragend«. Das Wort **»fluoreszierend«** geht auf das 19. Jahrhundert zurück, als man an Fluoritkristallen bei der Bestrahlung mit **UV-Licht** die Abgabe von blauviolettem Licht beobachtete. Diese beiden Phänomene der Photolumineszenz sind Ausdruck der Fähigkeit eines **Materials, Licht** zu absorbieren und wieder abzugeben. Fluoreszierende Materialien emittieren Licht extrem schnell (in Nano- bis Mikrosekunden), nachdem Elektronen **aktiviert** wurden. Für das bloße Auge erscheint das Material daher heller, wenn es beleuchtet wird, und »erlischt« unmittelbar nach der Beleuchtung.

Bei der Phosphoreszenz erfolgt die Lichtemission aufgrund eines komplexeren Energietransfers über eine längere **Zeit** (Millisekunden bis zehn Sekunden), die für unser Auge wahrnehmbar ist.

In der medizinischen Bildgebung können fluoreszierende Marker, die mit einem Laser beleuchtet werden, zur Diagnose bestimmter Krebsarten verwendet werden. In der Natur zeigen einige Pilze, Früchte oder Arthropoden wie Skorpione fluoreszierende Eigenschaften. Phosphoreszierende Stoffe, die in seltenen Erden vorhanden sind, werden verwendet, um Uhrzeiger oder Spielzeug zum Leuchten zu bringen. •

Lichtverschmutzung

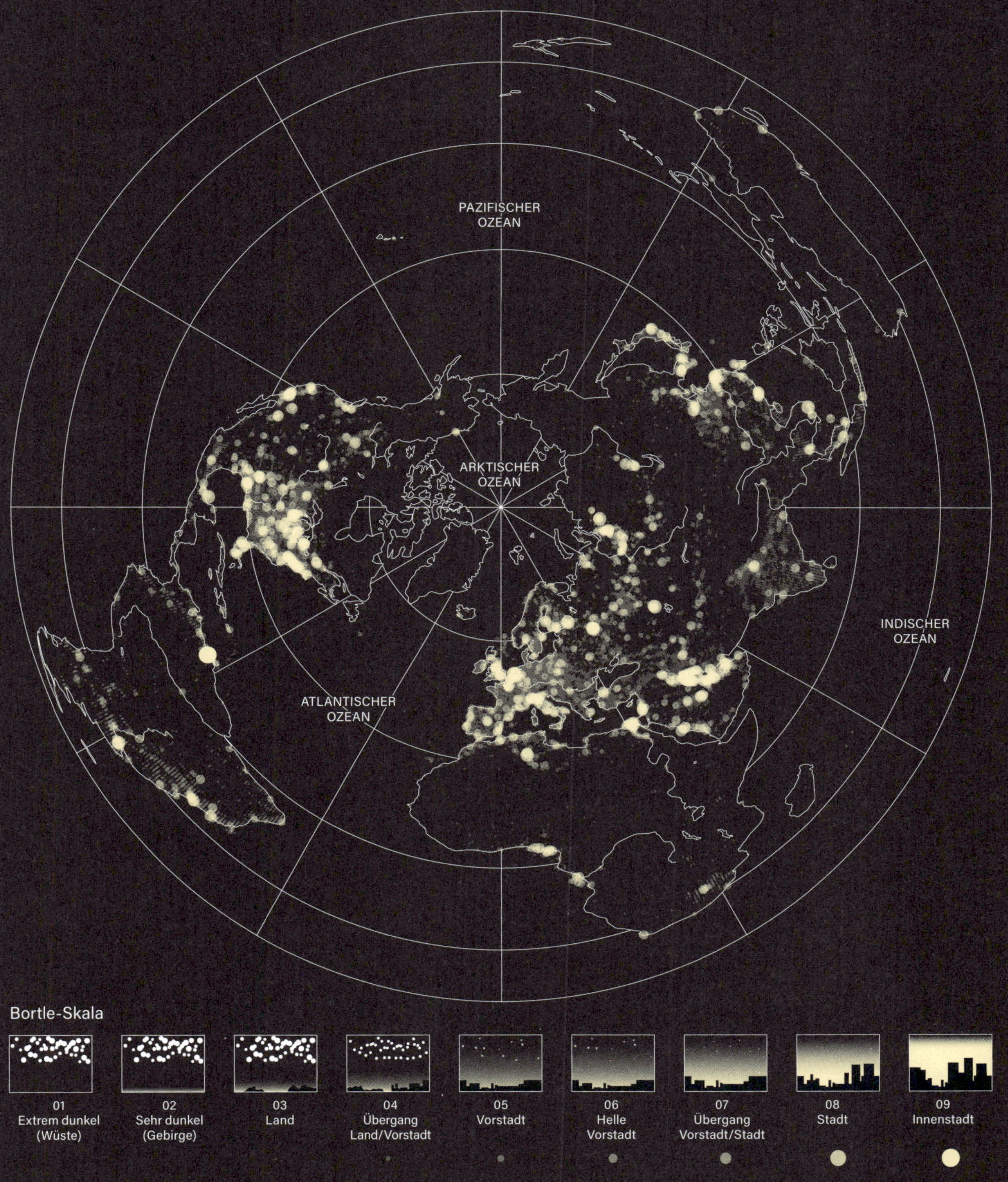

ASTRONOMEN WIESEN IM JAHR 1869 als Erste darauf hin, dass die Aufhellung des Nachthimmels die Beobachtung der Gestirne behindert. Später stellten Naturwissenschaftler fest, dass künstliches Licht für eine erhöhte Sterblichkeit bei bestimmten Arten verantwortlich ist, etwa bei Zugvögeln, die durch die übermäßige Beleuchtung der Megastädte die Orientierung verlieren. Im Jahr 1997 waren 18,7 % der Erdoberfläche von Lichtverschmutzung betroffen. Seither hat die Lichtverschmutzung weiter zugenommen und stellt eine der größten Bedrohungen für die Biodiversität dar. Während die Beleuchtung von **Städten** lange Zeit eine wichtige Rolle für die Sicherheit von Menschen und Gütern spielte, sind heute die negativen Auswirkungen auf den Biorhythmus von Tieren, Menschen und sogar der Vegetation bekannt. In den letzten Jahrzehnten wurden jedoch einige Einschränkungen beschlossen, wie z. B. die Einrichtung von »Internationalen Sternenhimmelreservaten«. Einige Städte planen die Einrichtung von definierten Bereichen, die nachts stärker abgedunkelt werden sollen. Dabei verwenden sie die nach ihrem amerikanischen Erfinder benannte Bortle-Skala, die die Lichtverschmutzung misst. ●

Höhlenbildung

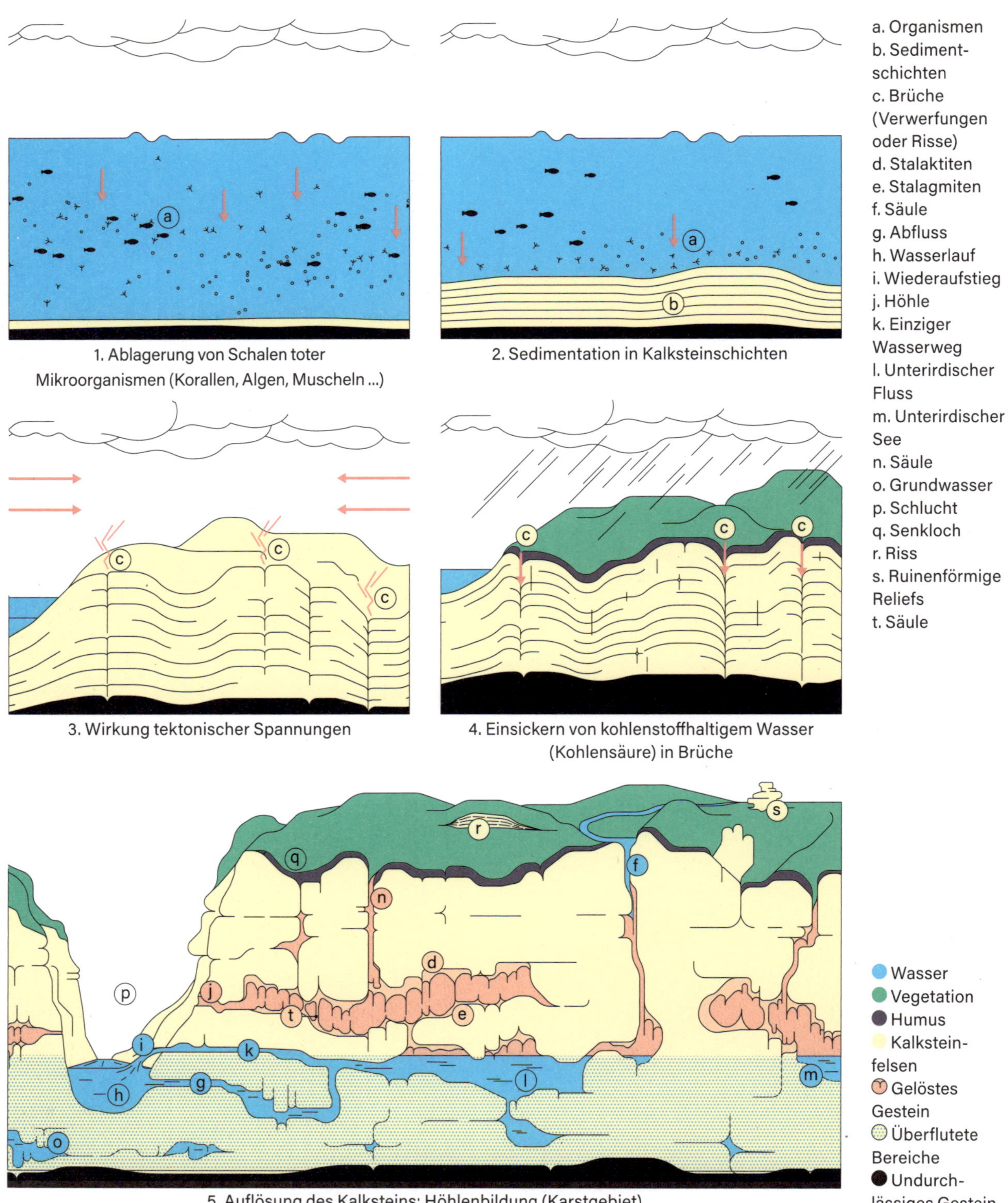

1. Ablagerung von Schalen toter Mikroorganismen (Korallen, Algen, Muscheln ...)

2. Sedimentation in Kalksteinschichten

3. Wirkung tektonischer Spannungen

4. Einsickern von kohlenstoffhaltigem Wasser (Kohlensäure) in Brüche

5. Auflösung des Kalksteins: Höhlenbildung (Karstgebiet)

a. Organismen
b. Sedimentschichten
c. Brüche (Verwerfungen oder Risse)
d. Stalaktiten
e. Stalagmiten
f. Säule
g. Abfluss
h. Wasserlauf
i. Wiederaufstieg
j. Höhle
k. Einziger Wasserweg
l. Unterirdischer Fluss
m. Unterirdischer See
n. Säule
o. Grundwasser
p. Schlucht
q. Senkloch
r. Riss
s. Ruinenförmige Reliefs
t. Säule

Wasser
Vegetation
Humus
Kalksteinfelsen
Gelöstes Gestein
Überflutete Bereiche
Undurchlässiges Gestein

HÖHLEN ENTSTEHEN vor allem, wenn Wasser Gestein auflöst. Meist bilden sich diese unterirdischen Hohlräume in **Kalkstein**, der aus dem löslichen Mineral Calcit besteht. Dieses Gestein entstand durch die Ablagerung der **Schalen** von **Mikroorganismen** (**1**), die vor Jahrmillionen in den Ozeanen lebten, also durch **Sedimentation** (**2**). Durch **tektonische Verschiebungen**, der sogenannten Kontinentaldrift, wird das Kalkgestein an die Oberfläche gehoben und bildet dort Hügel, Berge und Gipfel (**3**). Diese Bewegungen führen zu **Rissen**, **Brüchen** und **Verwerfungen**, **Wasser dringt ein** und beginnt das Gestein zu lösen (**4**). Im Lauf der Zeit erodiert das mit **Kohlensäure** (gelöstem CO_2) angereicherte Wasser den Kalkstein und schafft dabei Hohlräume und unterirdische Gänge. In diese Hohlräume dringt kalziumhaltiges Wasser ein, das als Calcit ausschwemmt. Es bilden sich **Stalaktiten** (an der Höhlendecke), **Stalagmiten** (am Boden) und **Säulen**, wenn diese beiden Tropfsteine zusammenwachsen (**5**). Eine **undurchlässige Tonschicht** sorgt dafür, dass das Wasser in den unteren Teilen des Massivs bleibt, wodurch ein regelrechtes Wasserreservoir entsteht. ●

Natürliche Edelsteine

1. EDELSTEINE

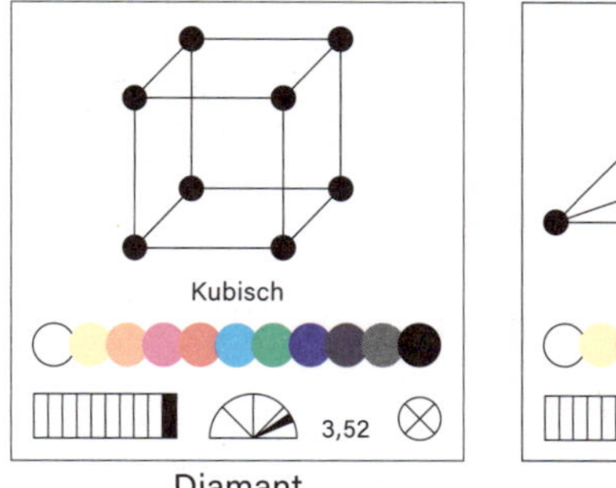

Diamant

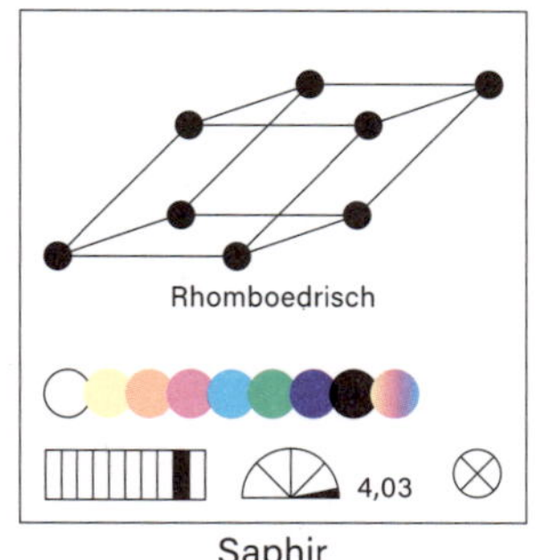

Saphir

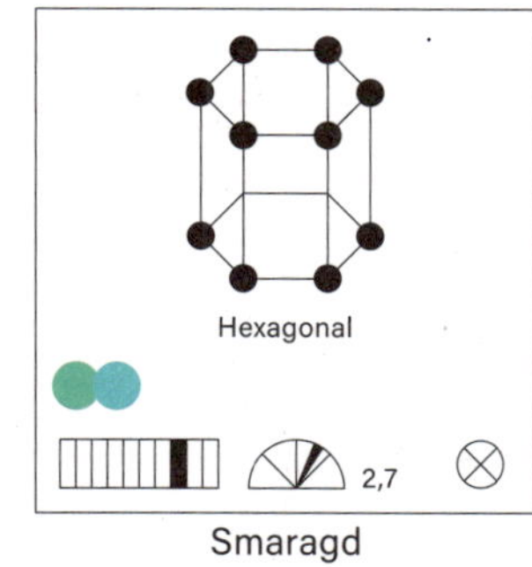

Smaragd

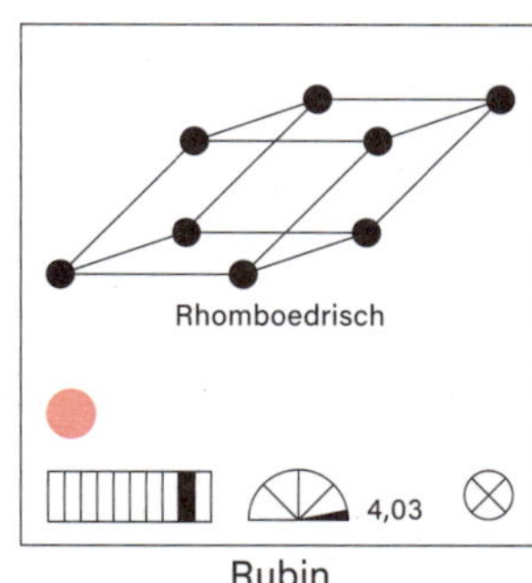

Rubin

2. HALBEDELSTEINE

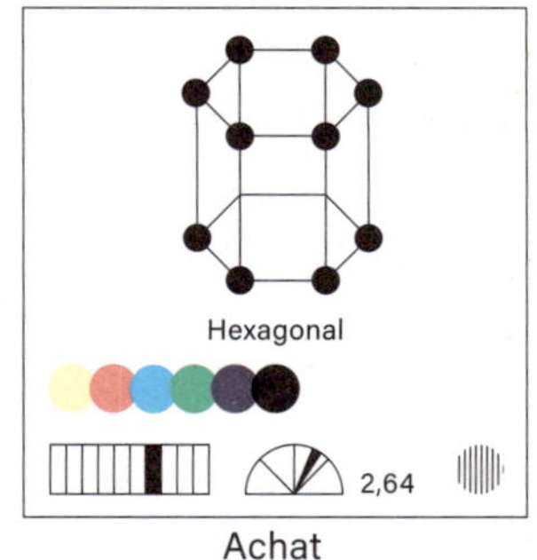

Achat

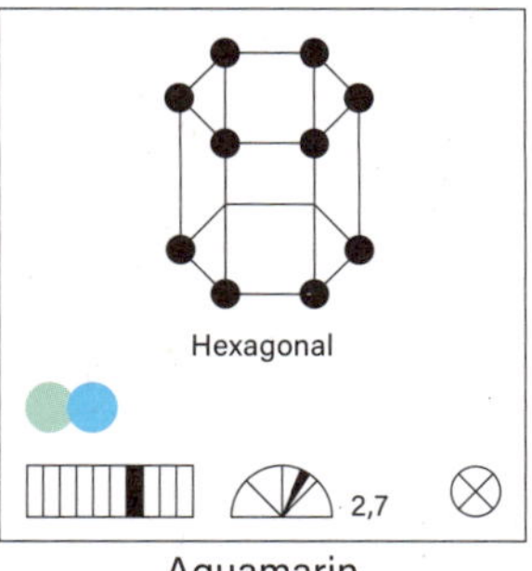

Aquamarin

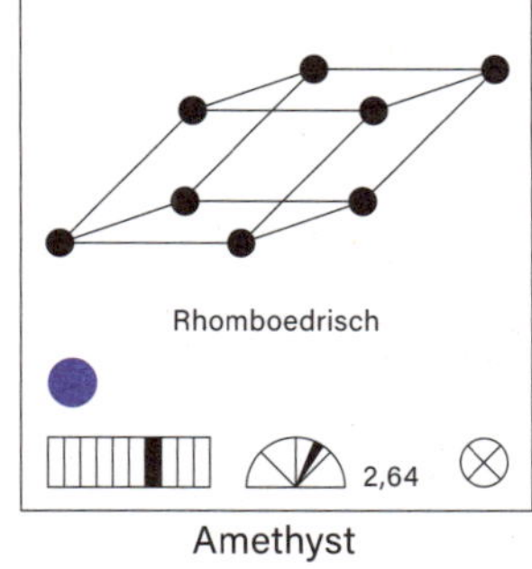

Amethyst

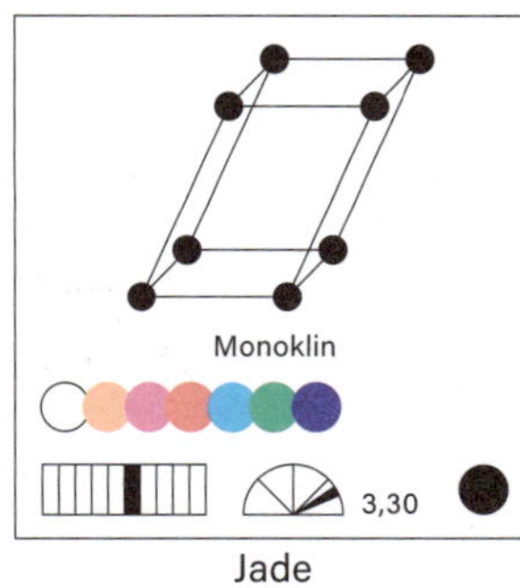

Jade

Kubisch
2,5
Lapislazuli

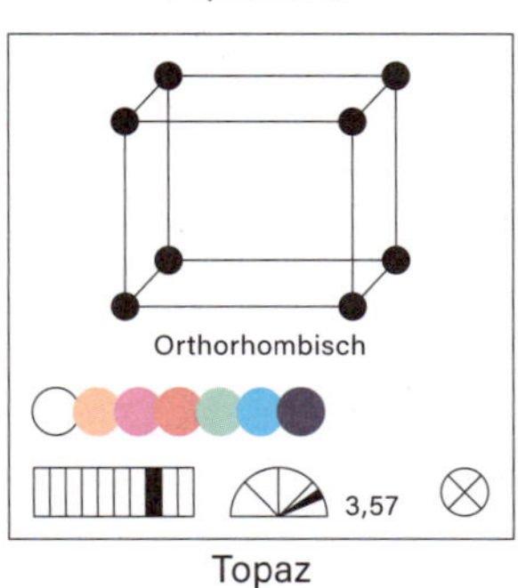

Topaz

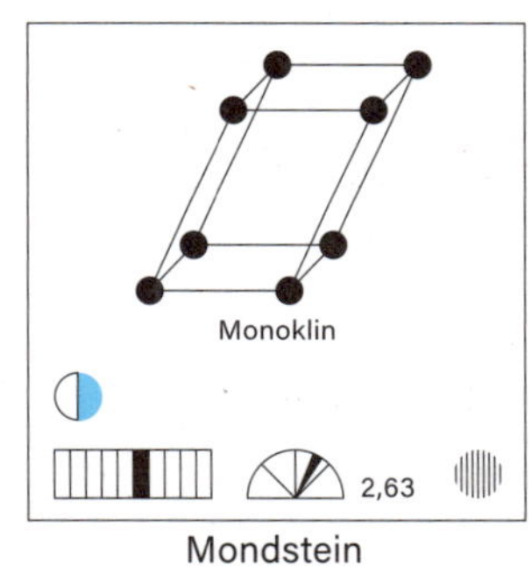

Mondstein

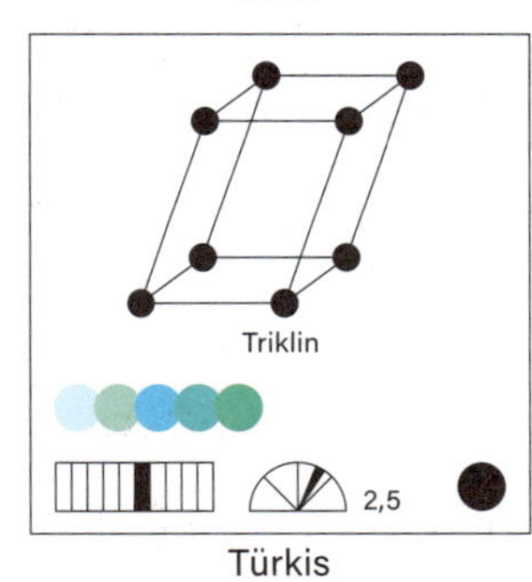

Türkis

3. ORGANISCHE HALBEDELSTEINE

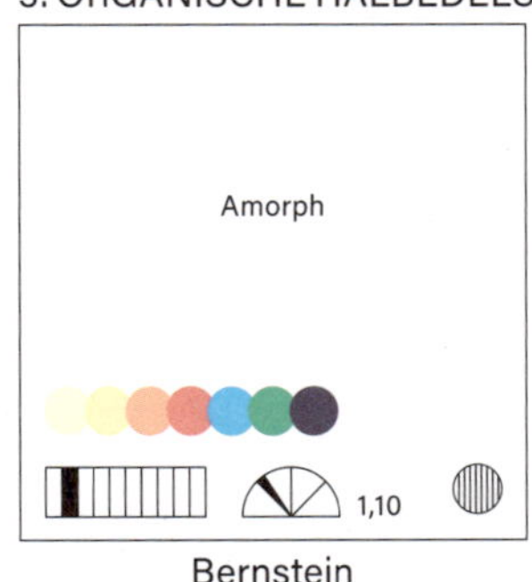

Bernstein

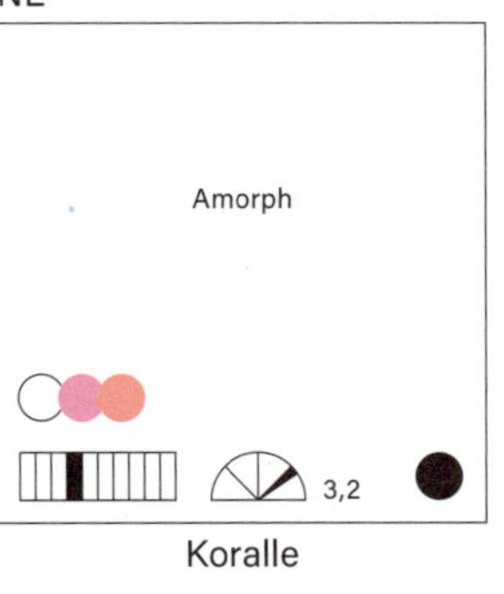

Koralle

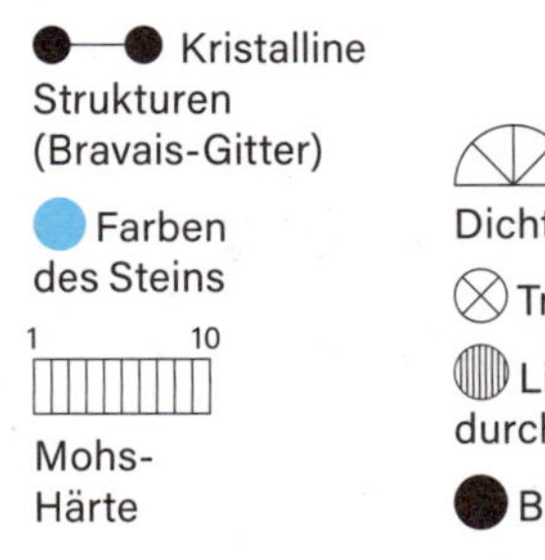

MANCHE DIAMANTEN ENTSTANDEN vor 3 Mrd. Jahren im Inneren der Erdkruste, Perlmutt im Inneren von Muschelschalen. Natürliche Edelsteine werden oft in drei große Familien eingeteilt: **Edelsteine (1)**, **Halbedelsteine (2)** und **organische Edelsteine (3)**.

Organische Edelsteine sind **amorph**. Alle anderen können auch nach ihrer **Kristallstruktur**, also der geometrischen Anordnung ihrer Atome eingeteilt werden.

Was einen Stein zu einem »Edelstein« macht, ist zunächst sein Material: Es muss schön, selten und beständig sein. Seine Qualität wird anhand verschiedener Kriterien beurteilt: Farbe, Größe, Härte – also seine Fähigkeit zu kratzen oder zerkratzt zu werden – sowie Masse und Reinheit. »Kristallisationsunfälle« wie Einschlüsse von Fremdkörpern in diesen natürlichen Steinen tragen – je nach Mode und Geschmack – zur Ästhetik bei und geben Auskunft über ihr Alter und ihre Entstehung. In einigen Fällen sind diese Einschlüsse auch für die Farbe der Edelsteine verantwortlich. •

Nr. 61

Überwintern

WINTERSCHLAF

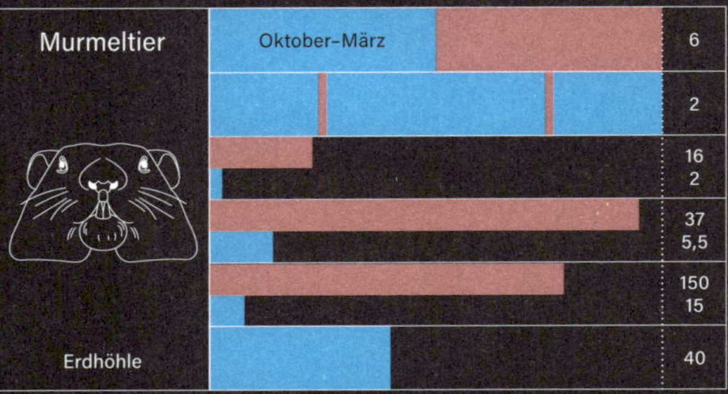

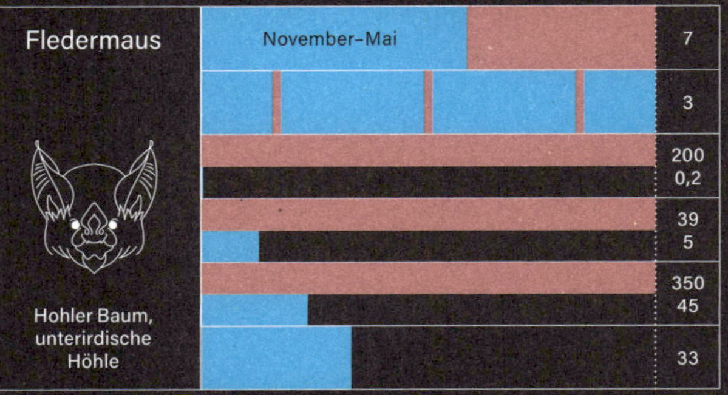

WINTERRUHE

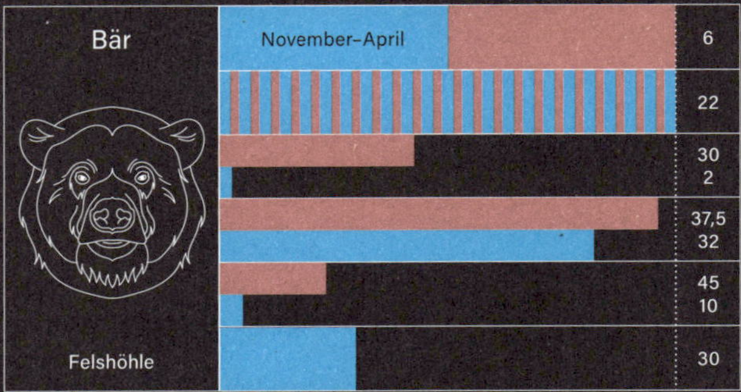

WINTERSTARRE

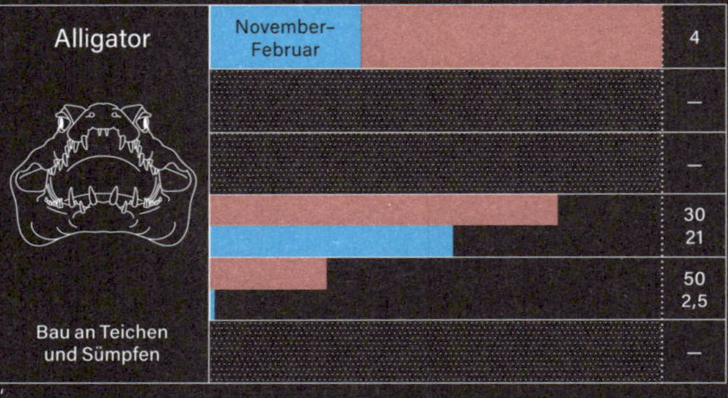

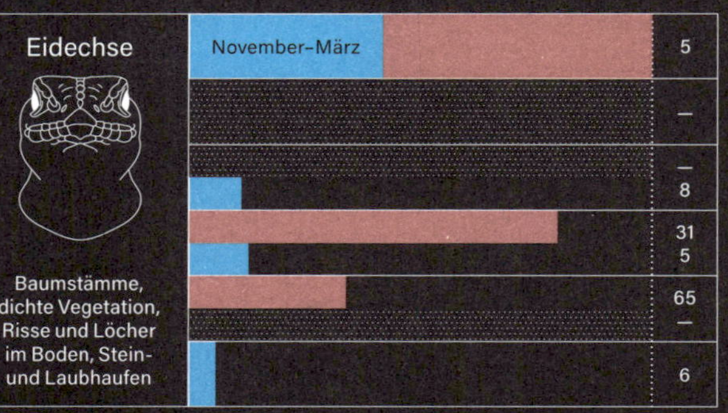

Unterbrechung von Winterschlaf/ Winterruhe Winterstarre

in Winterschlaf/ Winterruhe/ Winterstarre

Daten unbekannt

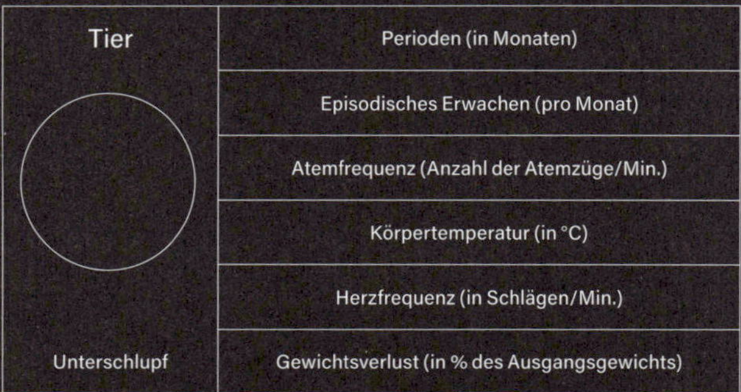

SOBALD ES WINTER WIRD, kämpfen viele Tierarten darum, mit den sinkenden Temperaturen zurechtzukommen und Energie zu sparen. Beim **Winterschlaf** senken betroffene Arten – meist kleine Säugetiere wie **Murmeltiere** oder **Fledermäuse** – ihre Körpertemperatur und verfallen in einen lethargischen Zustand: **Herzschlag** und **Atmung** verlangsamen sich, bestimmte Hirnareale werden völlig inaktiv. Dieser Schlaf kann mehrere Monate dauern und reicht oft von Mitte November bis Mitte Februar. Man geht davon aus, dass der Winterschlaf viel tiefer ist als der Schlaf von Tieren in **Winterruhe**. Letztere unterbrechen ihre Ruhephasen durch Phasen der Aktivität, in denen sie sich weiter bewegen, fressen oder sogar Junge gebären. Dies ist zum Beispiel bei **Bären** oder **Waschbären** der Fall. Wie die Winterschläfer erleiden auch sie einen erheblichen **Gewichtsverlust**, halten aber ihre **Körpertemperatur** auf einem »mittleren« Niveau und alle Lebensfunktionen bleiben aktiv. **Kaltblüter** wie **Eidechsen** oder **Alligatoren** verbringen die kältesten Monate in einer **Winterstarre**, die dem Winterschlaf sehr ähnlich ist. ●

Ursache des Schnarchens

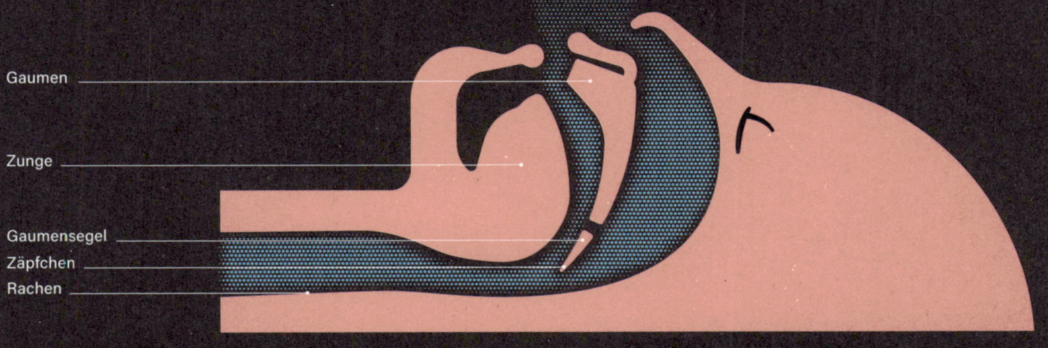

Normale Atmung

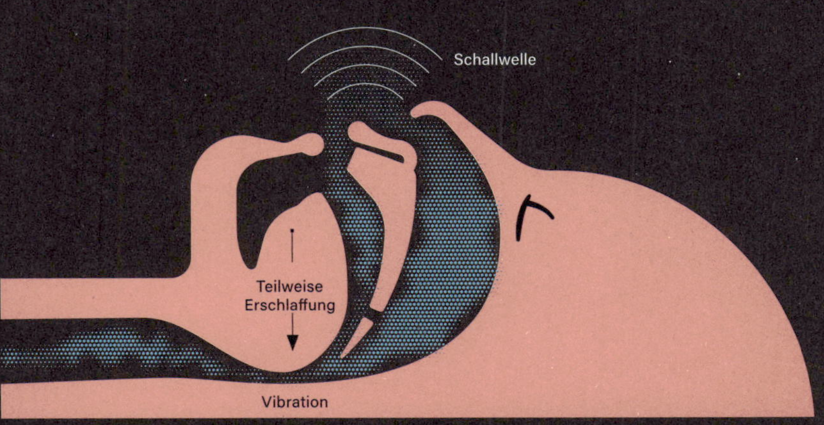

Schnarchen

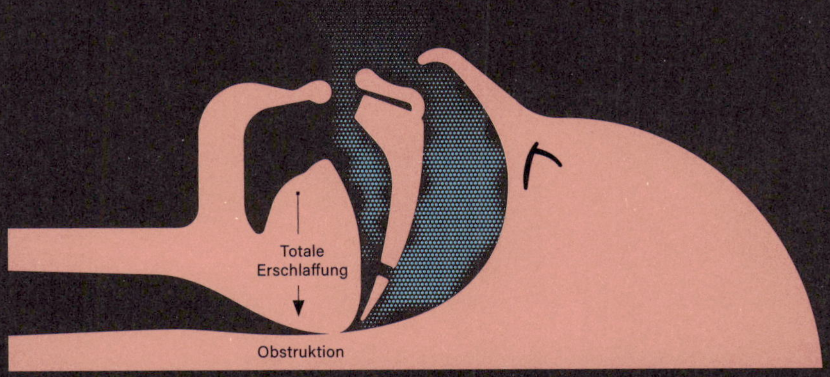

Schlafapnoe

Luft

IM GEGENSATZ ZUM SCHNURREN EINER KATZE ist das menschliche Schnarchen kein willentlicher Ausdruck des Wohlbefindens. Es entsteht während des Tiefschlafs: In dieser sogenannten »Erholungsphase« erschlaffen die Muskeln der Atemwege (Gaumen, Zunge, Gaumensegel und Zäpfchen) und verengen sich. Dadurch wird der Weg für die eingeatmete Luft behindert, was zu Vibrationen des Weichgewebes (Muskeln und Schleimhäute im Rachen) führt und ein Geräusch von bis zu 100 Dezibel (dB) verursachen kann. Zum Vergleich: Dies entspricht der Lautstärke eines Presslufthammers in 2 m Entfernung vom Ohr. Die meisten Schläfer erreichen jedoch einen niedrigeren Schallpegel von 45–60 dB, vergleichbar mit Verkehrslärm hinter Doppelverglasung, einem lebhaften Gespräch oder einem laufenden Staubsauger.

In Mitteleuropa leiden 40 % der Erwachsenen über 50 Jahren an **Ronchopathie**, also an krankhaftem Schnarchen. Diese anormalen Vibrationen im **Rachenraum** können problematisch sein, da sie soziale Auswirkungen haben und die Partnerschaft beeinträchtigen können. Wenn sie die Atemwege blockieren, können sie sogar zu Atemstörungen wie **Schlafapnoe** führen. ●

Nr. 63

Gesang der Dünen

DYNAMIK

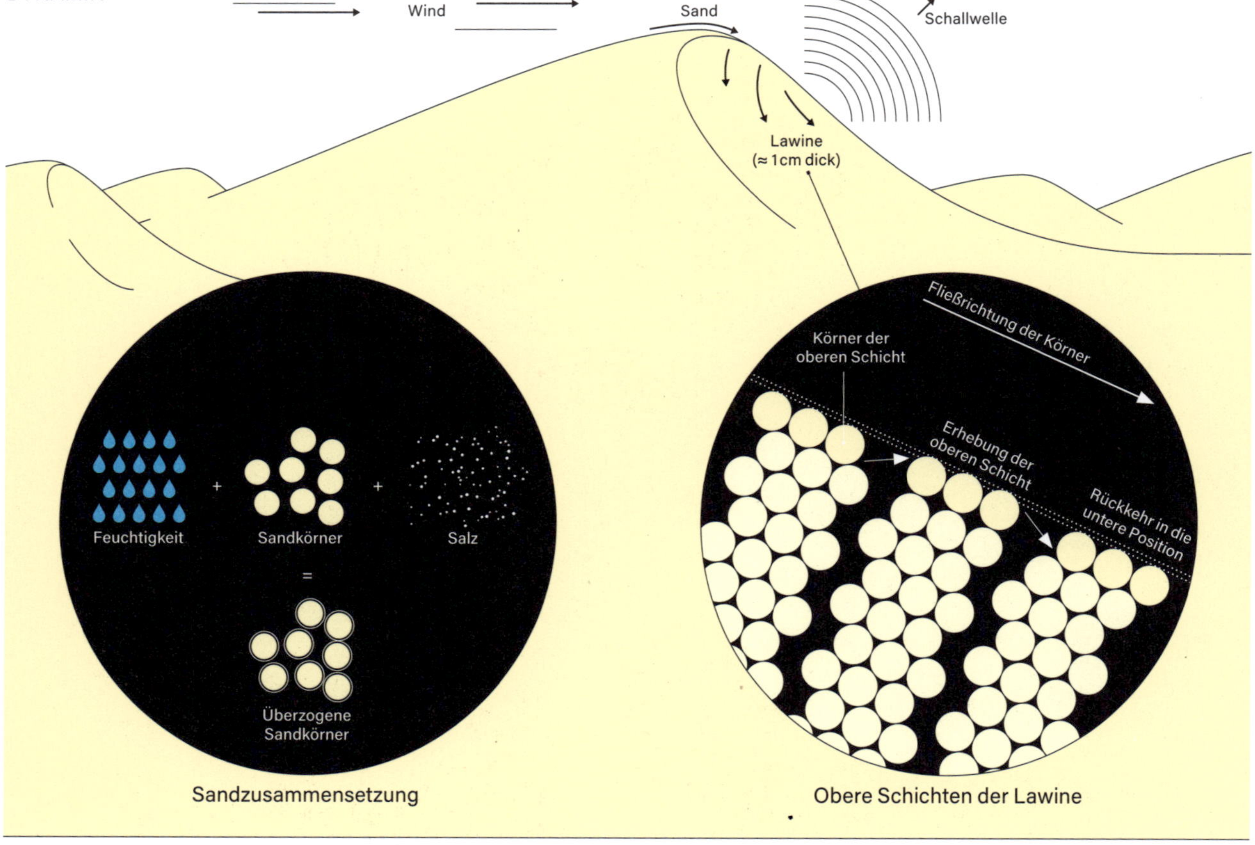

Wind
Sand
Schallwelle
Lawine (≈ 1 cm dick)

Körner der oberen Schicht
Fließrichtung der Körner
Erhebung der oberen Schicht
Rückkehr in die untere Position

Feuchtigkeit + Sandkörner + Salz = Überzogene Sandkörner

Sandzusammensetzung

Obere Schichten der Lawine

FREQUENZEN

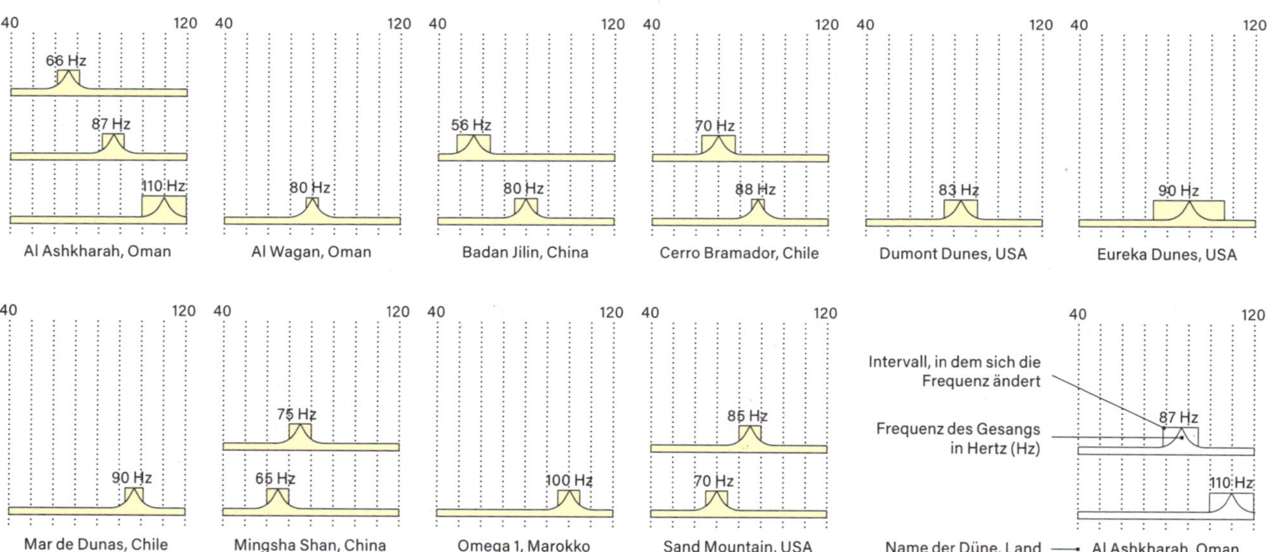

DAS VON EINIGEN DÜNEN auf der Erde ausgehende Grollen oder gar »Brüllen« ist ein seltenes und geheimnisvolles akustisches Phänomen. Es wurde schon vor Jahrtausenden von Wüstenbewohnern und später von Marco Polo beschrieben. Er hielt über die chinesische Taklamakan-Wüste fest: »Der Sand, der manchmal singt, erfüllt die Luft mit den Klängen aller Arten von Musikinstrumenten, auch mit dem Geräusch von Trommeln und aufeinanderprallenden Waffen« (*Die Wunder der Welt*, 1298). Dieser »Gesang der Dünen« kann bis zu 15 Minuten andauern und ist bis zu 10 km weit zu hören. Heute werden diese Gesänge vor Ort analysiert und im Labor modelliert. Neueste Untersuchungen zeigen, dass es auf der Erde etwa 30–50 solcher Dünen gibt, jede mit einer anderen **Tonfrequenz** und **Sandzusammensetzung**. Der »Gesang« wird durch eine vom Wind verursachte Lawine ausgelöst. Beim Abrutschen führen die **Körnchen der oberen Schicht** eine periodische **Sprungbewegung** auf den **Körnchen der unteren Schicht** aus. Diese vertikale Bewegung erzeugt eine Schwingung, die an der Luft eine **Schallwelle** erzeugt. Auch die Zusammensetzung des Sandes spielt bei der Entstehung des **»Dünengesangs«** eine Rolle. Wichtig sind hier insbesondere der **Salz-** und **Feuchtigkeitsgehalt.** •

Sand und Geopolitik

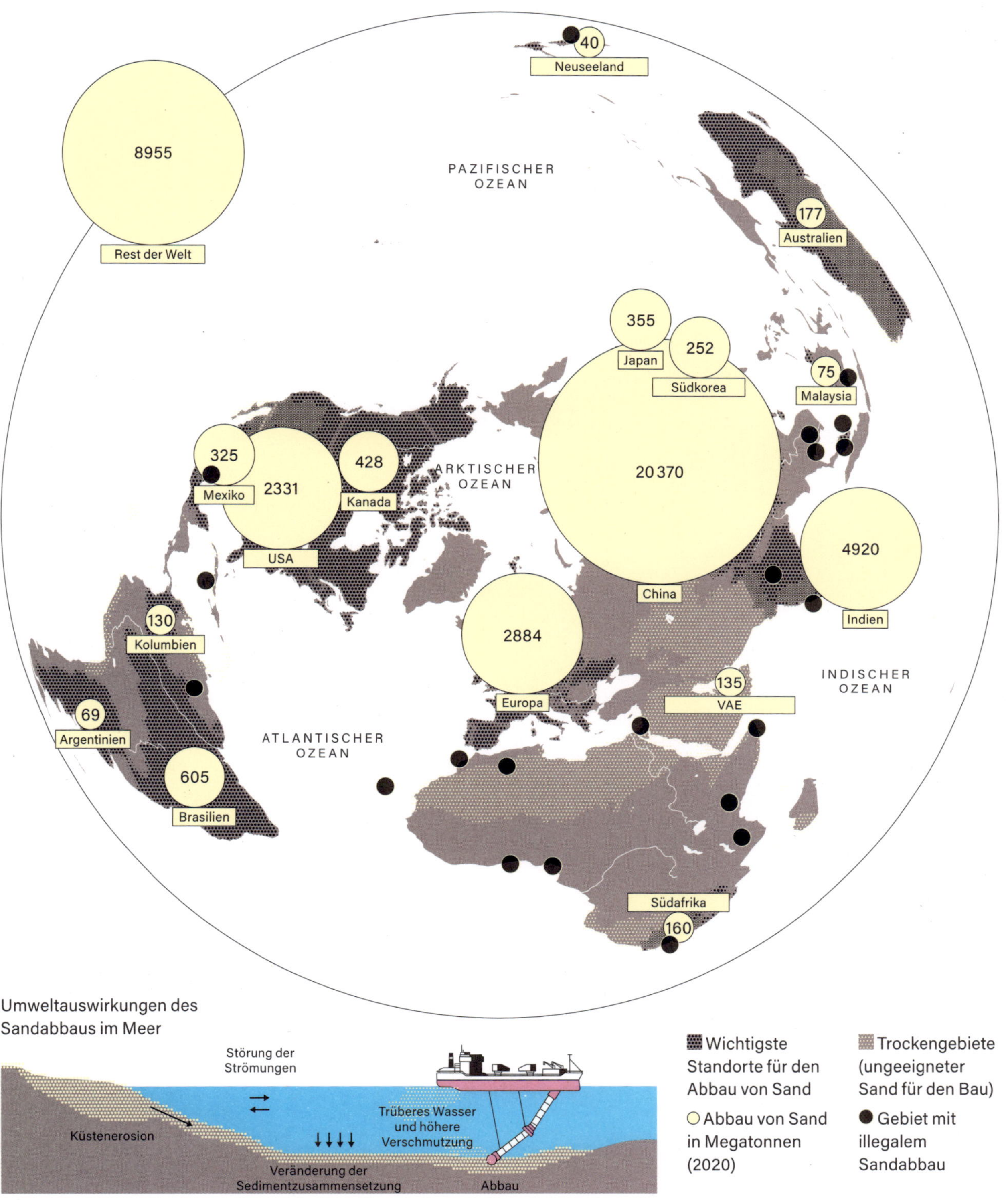

SAND IST NACH LUFT UND WASSER die am dritthäufigsten genutzte Ressource der Erde – 50 Mrd. Tonnen pro Jahr werden abgebaut. Für den Bau von Gebäuden und Straßen oder die Herstellung vieler Produkte des täglichen Bedarfs ist er unverzichtbar, und sein Verbrauch nimmt stetig zu, obwohl die Ressource immer knapper wird. Genauer gesagt ist das begehrte Material ein **Granulat**, also um natürliche oder zerkleinerte Gesteinsbrocken mit einem Durchmesser von weniger als 125 mm. Dieses abbaubare Material macht jedoch nur 5 % des weltweiten Sandvorkommens aus, da beispielsweise Sandkörner aus **Trockengebieten** zu fein und zu glatt sind und daher für die Verarbeitung nicht infrage kommen. Um den Bedarf zu decken, werden Meeresböden **abgebaut** und Flussbetten mit Baggern ausgehoben. Diese Verfahren zerstören aquatische Lebensräume und beschleunigen unaufhaltsam die **Küstenerosion**, was sich wiederum negativ auf das Grundwasser und damit auf die Wasserqualität und die landwirtschaftlichen Nutzflächen auswirkt. Trotz dieser Gefahren ist die Nachfrage nach Sand so groß, dass sich eine regelrechte Mafia gebildet hat. Kriminelle Banden umgehen Verbote und vorsichtige Regulierungsversuche und bauen in mindestens einem Dutzend Ländern **illegal** Sand ab und beliefern damit den Schwarzmarkt. •

Nr. 65

Tierische Felle und Häute

FUNKTION	FEDERN	HAARE	SCHUPPEN
Regelung der Temperatur	1. Rotkehlchen	5. Eisbär	9. Bartagame
Anziehung eines Sexualpartners	2. Pfau	6. Pfauenspinne	10. Tropischer Fisch
Nachahmung zur Täuschung	3. Wechselkuckuck	7. Junger Gepard	11. Dreiecksnatter
Tarnung	4. Alpenschneehuhn	8. Hermelin	12. Gespenst-Plattschwanzgecko

DIE KÖRPERBEDECKUNG (Haut, Haare, Federn, Schuppen) erfüllt im Tierreich sehr unterschiedliche Funktionen. **1.** Das **Rotkehlchen** zerzaust sein Gefieder, um möglichst viel warme Luft am Körper einzuschließen. **2.** Je länger die Schwanzfedern des **Pfauenmännchens** sind, desto erfolgreicher ist es bei der Brautwerbung. **3.** Das Gefieder des **Wechselkuckucks** hat sich so entwickelt, dass es dem des Schikrasperbers ähnelt. **4.** Das braungraue Gefieder des **Alpenschneehuhns** wird weiß, wenn der erste Schnee fällt. **5.** Die weißen Haare des **Eisbären** ermöglichen es ihm, die Sonnenenergie auf seine schwarze Haut zu leiten. **6.** Bei der **Pfauenspinne** wirbt das Männchen mit schillernden Farben am Hinterleib um die Gunst des Weibchens. **7.** Das lange Fell auf dem Rücken des jungen **Geparden** soll das Fell eines aggressiven Raubtiers imitieren, um andere Raubtiere abzuschrecken. **8.** Der **Hermelin** wird weiß, wenn die Temperatur sinkt. **9.** Die **Bartagame** verändert ihre Hautfarbe, um ihre Körpertemperatur zu regulieren. **10.** Die leuchtenden Farben **tropischer Fische** ermöglichen es ihnen, sich innerhalb einer Art zu unterscheiden. **11.** Der Rücken der **Dreiecksnatter** ahmt das Muster bestimmter Giftschlangen nach, um Fressfeinde zu täuschen. **12.** Der Körper des **Gespenst-Plattschwanzgeckos** ähnelt einem Blatt bis hin zur Imitation der Blattadern. ●

Atmosphären im Sonnensystem

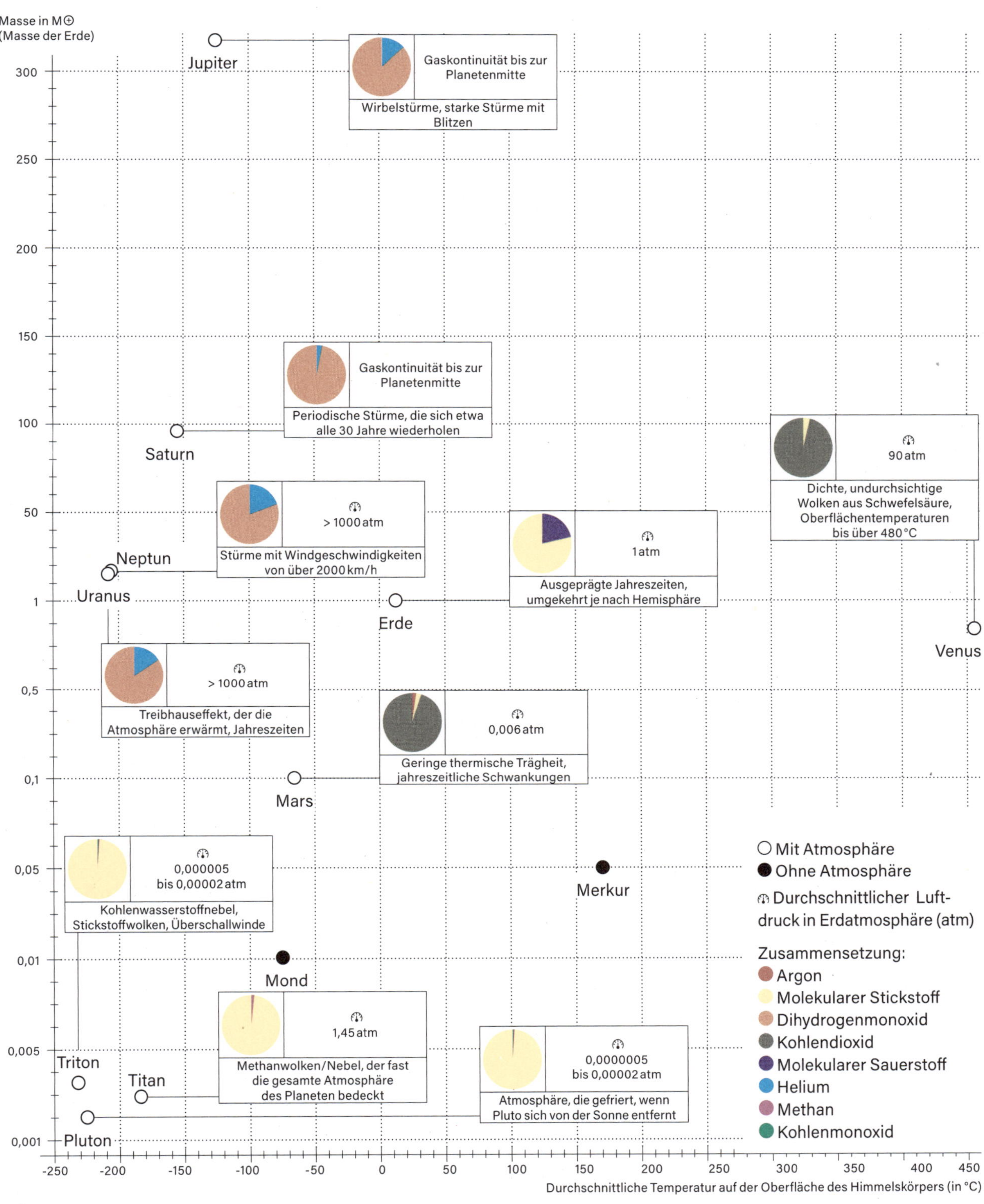

FAST ALLE PLANETEN des Sonnensystems und einige ihrer Trabanten besitzen eine Atmosphäre – nur **Merkur** hat keine und die des **Mondes** ist so gering, dass sie zu vernachlässigen ist. Die Atmosphären bestehen aus Gasen und werden durch die Schwerkraft stabilisiert. Sie entstanden vor Milliarden Jahren durch frühen Vulkanismus oder durch Einschläge von Asteroiden oder Kometen auf der Oberfläche der Himmelskörper. Ihre Zusammensetzung und ihr Druck richten sich nach der Masse und der Temperatur des jeweiligen Himmelskörpers, aber auch nach einer endogenen oder exogenen Gaszufuhr. Auf der **Venus** – zum Teil auch auf dem **Mars** – hat sich Wasser in Wasserstoff und Sauerstoff umgewandelt. Die Entfernung zur Sonne ermöglicht es den äußeren Himmelskörpern wie **Titan**, **Triton** und **Pluto** trotz ihrer geringen Schwerkraft ihre Atmosphäre aufrechtzuerhalten. Die Atmosphäre der **Erde** ist etwa 800 km dick und verdankt ihre heutige Zusammensetzung zum Teil der Entwicklung des Lebens und der Anreicherung von Sauerstoff durch Fotosynthese. Sie schützt die Erde vor Sonnenwinden (→ Bildtafel Nr. 51) und -strahlung, ermöglicht Lebewesen die Atmung, hält durch den Treibhauseffekt die Temperatur konstant bei durchschnittlich 15 °C und bildet einen relativ wirksamen Schutzschild gegen den Einschlag von Meteoriten oder Weltraumschrott. ●

Kommunikation der Bäume

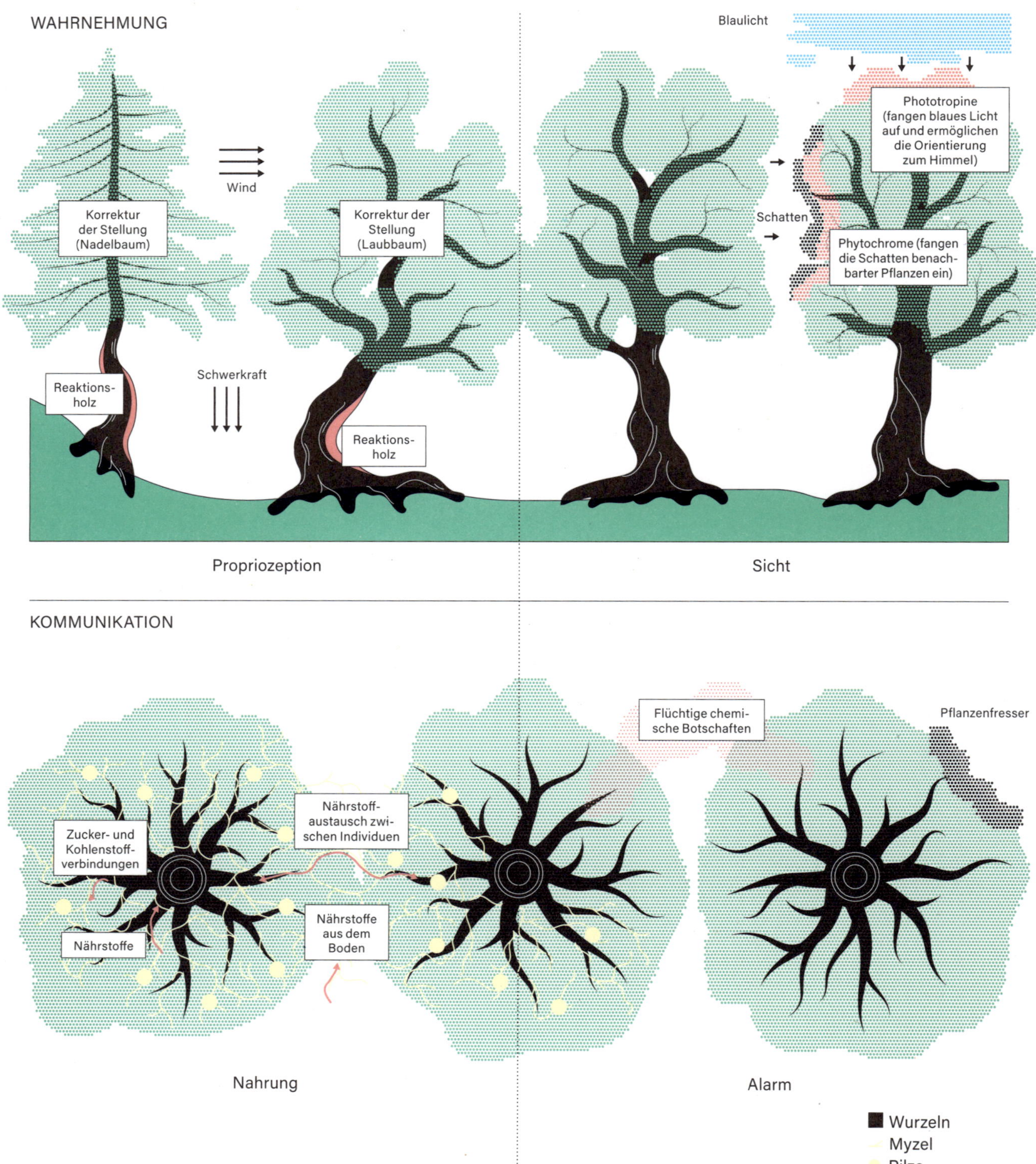

BÄUME KÖNNEN »wahrnehmen« und »sehen«: Sie kommunizieren und interagieren mit ihrer Umwelt, was zu mehr oder weniger sichtbaren Bewegungen in kurzen Zeitabständen führt. Im Inneren des Stamms nehmen die Kambiumzellen (auch »innere Rinde« genannt) den mechanischen Druck von **Wind** und **Schwerkraft** wahr. Wenn sie sich dehnen oder verkürzen, geben sie Informationen über das Wachstum in Durchmesser und Höhe an den Stamm und die Wurzeln weiter. Bäume, die dem Wind ausgesetzt sind, werden »härter« und krümmen sich, wie etwa Seekiefern. **Phytochrome** ermöglichen die Ausrichtung von Zweigen und Blättern in Abhängigkeit von der Verfügbarkeit von Licht im Verhältnis zum Schatten der umgebenden Pflanzen. Durch diese Mechanismen können Bäume »dort wachsen, wo sie wachsen sollen«. Sie sind für ihr Überleben unerlässlich: Ohne sie wäre kein Baum das, was er ist.

Bäume sind auch in der Lage, Signale auszutauschen, die bei benachbarten Individuen eine Reaktion auslösen. Durch den Austausch von Nährstoffen und Kohlenstoff fördern oder hemmen die **Wurzeln** und das **Myzelgeflecht** das Wachstum einzelner Individuen. **Flüchtige chemische Botschaften**, die in die Luft abgegeben werden, **warnen** vor Angriffen, etwa wenn Tiere an den Blättern fressen. ●

Unterseekabel

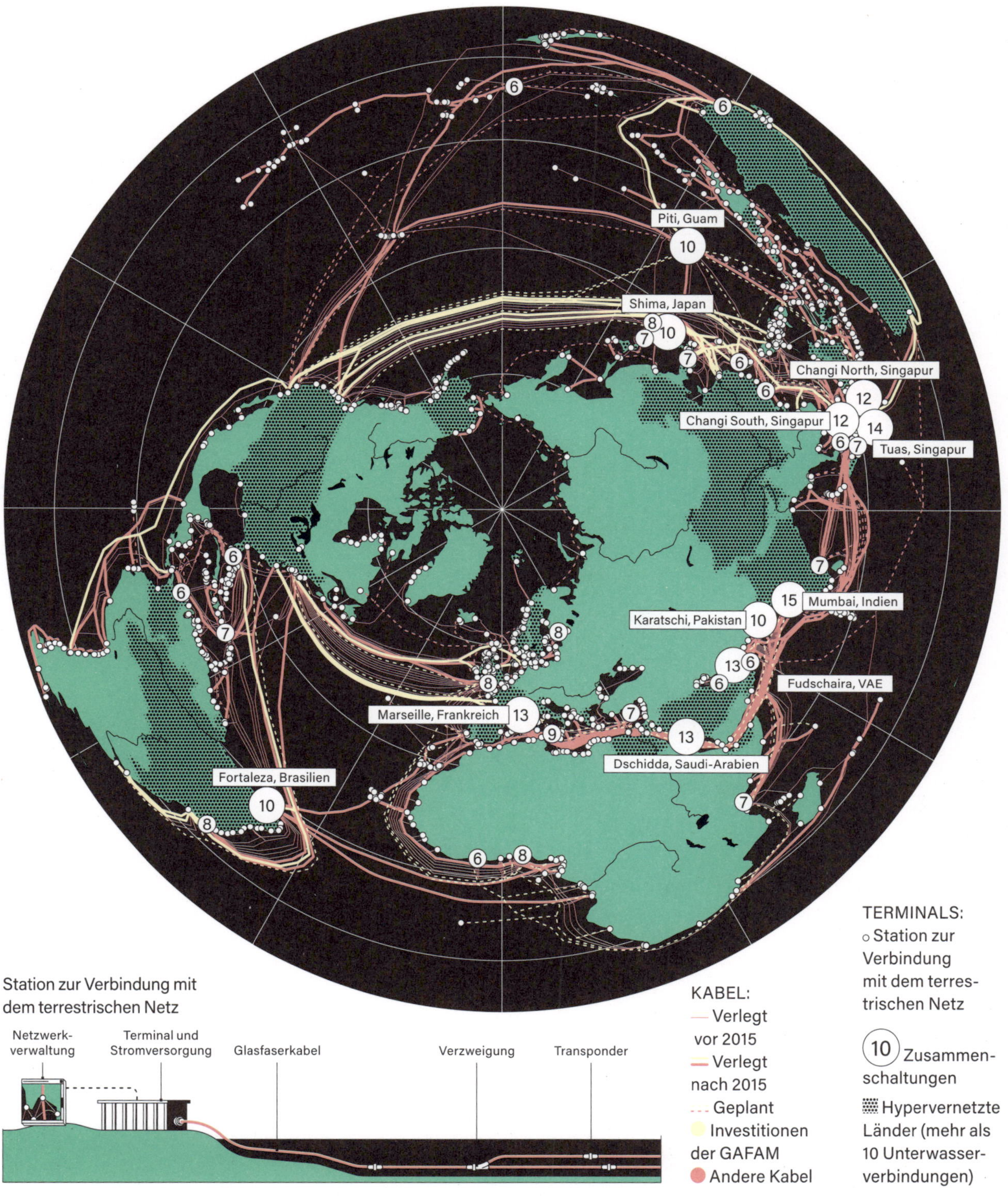

DAS ERSTE TRANSATLANTISCHE UNTERSEEKABEL wurde im Jahr 1858 von Foilhommerum Bay (Irland) nach Trinity Bay (Kanada) verlegt. Die erste Nachricht wurde in 67 Minuten übermittelt, anstatt der zehn Tage, die zuvor für die Übermittlung per Schiff zwischen Europa und Nordamerika benötigt wurden. Seitdem wurden immer mehr Unterseekabel verlegt, und durch den Einsatz von **Glasfaserkabeln** sind die Datenübertragungsraten in die Höhe geschnellt.

Diese Unterseekabel führen Internet-, Telefon- und Digitalfernsehnetze über den Meeresboden. Im Jahr 2023 waren mehr als 500 Kabel mit einem Durchmesser von etwa 69 mm über eine Strecke von 1,4 Mio. Kilometern verlegt, um **Endgeräte** miteinander zu verbinden. Diese Infrastruktur ist wichtig und empfindlich und kann absichtlich oder versehentlich beschädigt werden, z. B. wenn die Kabel von den Schleppnetzen der Fischereischiffe zerrissen werden, was zu Unterbrechungen mit erheblichen wirtschaftlichen und sogar geopolitischen Folgen führen kann. Die Übernahme strategischer Unterseekabel durch die **GAFAM** (Google, Amazon, Facebook, Apple und Microsoft), die damit die Datenrouten auf Kosten der traditionellen Telekommunikationsbetreiber kontrollieren können, gibt zunehmend Anlass zur Sorge. ●

Entstehung von Gewittern

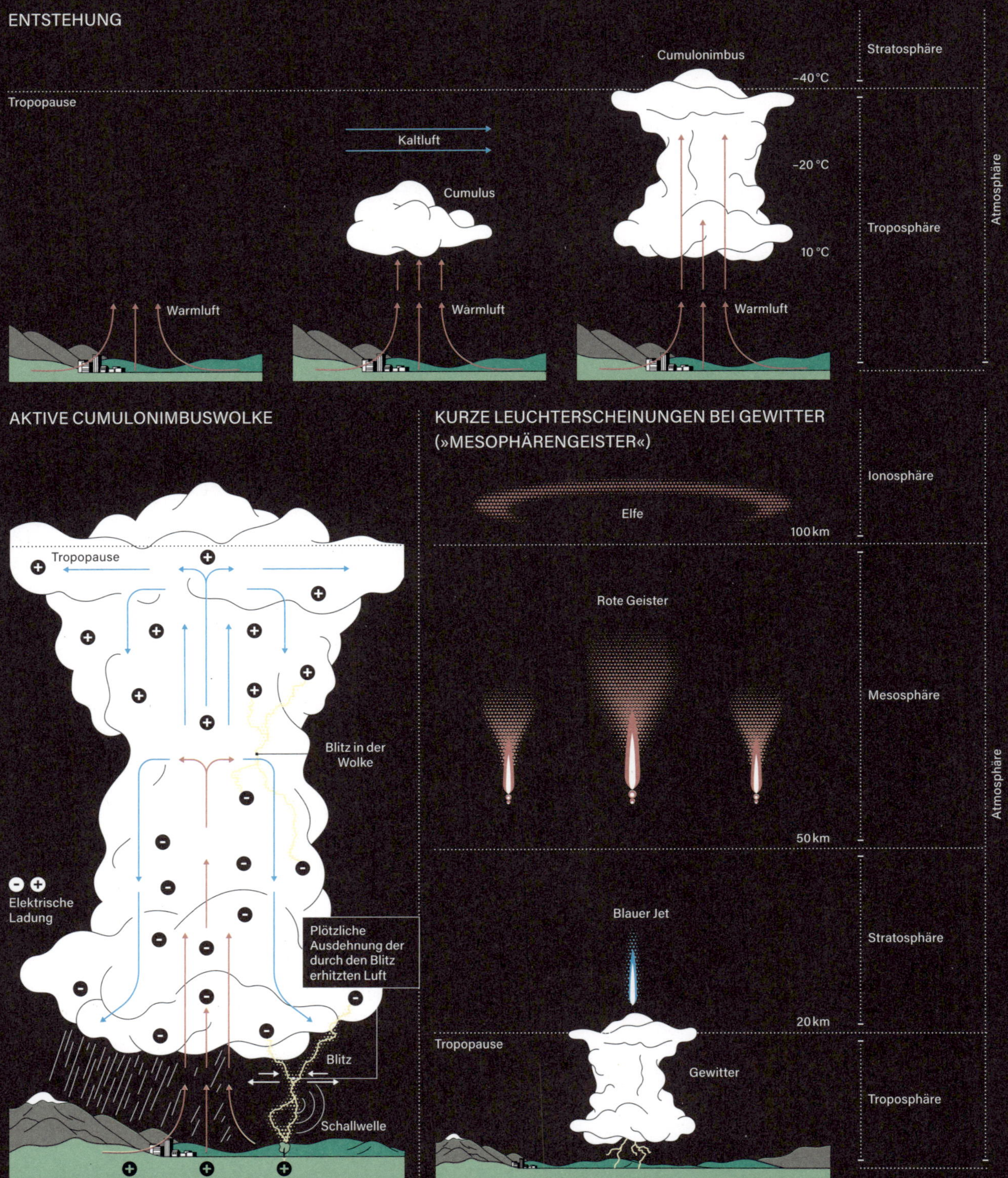

GEWITTER ENTSTEHEN durch eine atmosphärische Instabilität. Eine **Cumuluswolke** entsteht durch das Zusammentreffen von warmer Luft am Boden und kälterer Luft in höheren Luftschichten. Dabei wächst sie in die Höhe, wo die obersten Wassertröpfchen zu Eiskristallen werden. Die Wolke lädt sich **elektrisch** auf und wird zu einer **Cumulonimbuswolke**. Wenn sie aktiv ist, erzeugt sie Blitze, Regen, Hagel und manchmal Tornados. Der **Blitz** ist das sichtbare Ergebnis der Freisetzung atmosphärischer Elektrizität: Die elektrische Ladung in der Wolke erzeugt einen Blitz, der in die Erde einschlägt, und den Donner, die **Schallwelle** des Blitzes, die uns einige Sekunden später erreicht, da die Schallgeschwindigkeit geringer ist als die Lichtgeschwindigkeit. Aus der Zeit, die zwischen der Wahrnehmung des Blitzes und der des Donners vergeht, lässt sich die Entfernung zum Gewitter berechnen.

Die als **»mesosphärische Geister«** bezeichneten Leuchterscheinungen bei Gewittern, deren Mechanismen noch nicht vollständig erforscht sind, wurden erstmals 1989 fotografiert: **Blaue Jets** gehen von der Wolkenoberseite aus und erreichen eine Höhe von bis zu 60 km, **Rote Geister** treten bei starken Gewittern auf und **Elfen** sind schwach leuchtende Scheiben mit einem Durchmesser von etwa 500 km. ●

Spinnennetze

GEOMETRISCHE NETZE

Anatomie

Netztypen

UNREGELMÄSSIGE NETZE

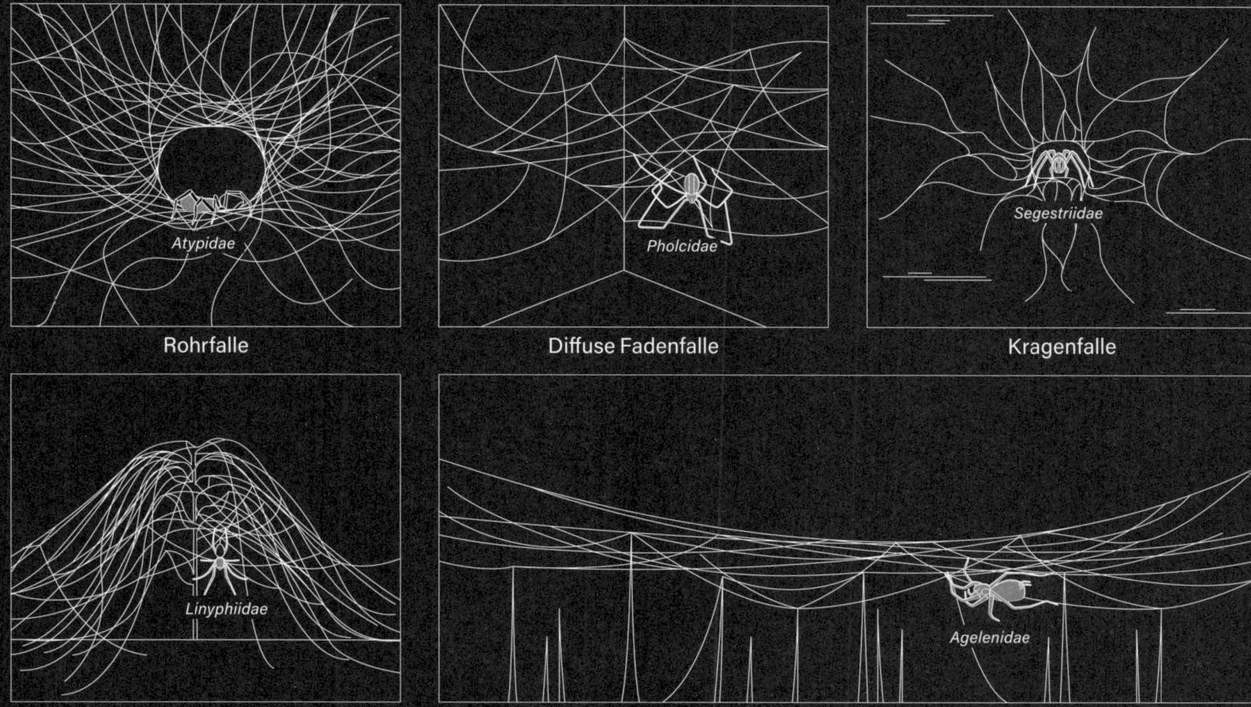

Rohrfalle

Diffuse Fadenfalle

Kragenfalle

Kuppelfalle

Mattenfalle

SCHON VOR DER ZEIT DER Dinosaurier stellten Spinnen alle Arten von sehr widerstandsfähigen Netzen her. Sie dämmen damit die Insektenpopulation ein, von der sie sich ernähren – bis zu 800 Mio. Tonnen pro Jahr. Die Form eines Netzes, ob **geometrisch** oder **unregelmäßig**, variiert dabei je nach der Art der Spinne, den Umweltbedingungen und seiner Funktion (Falle, Schutz ...).

Spinnennetze bestehen aus Eiweißfäden, die der gesamten Konstruktion Festigkeit und Elastizität verleihen und diesen Tieren den Ruf von wahren Baumeistern eingebracht haben. In ihrem Hinterleib produzieren verschiedene Drüsen flüssige Seide, die zuerst im Körper zirkuliert, um sich dann an der Luft zu verfestigen. Je nach Bedarf können Spinnen verschiedene Arten von Seidenfäden produzieren – im Durchschnitt sechs. So können sie einen steifen Faden zum Weben eines Netzes herstellen, einen anderen für Knoten, einen klebrigen zum Fangen von Beutetieren, einen weiteren zum Einwickeln der Beute, einen für den Kokon ihrer Eier und sogar einen »Sicherheitsfaden«. Dieser wird von der Spinne in die Luft geworfen und dort von den Spinnwirbeln gehalten, sodass die Spinne nicht herabfällt. ●

Natürliche psychotrope Wirkstoffe

VIELE PSYCHOTROPE SUBSTANZEN – chemische Stoffe, die die Gehirnfunktion beeinträchtigen können – sind natürlichen Ursprungs. **1.** Die beruhigenden Eigenschaften von **Mohn**, einer einjährigen Pflanze, die dem Klatschmohn ähnelt, wurden bereits 4000 Jahre vor unserer Zeitrechnung in Mesopotamien genutzt. **2.** Im Mittelalter wurden Hexen beschuldigt, ihren Körper mit **Alraune** zu bedecken, um in Trance zu fallen. **3. Hanf** war eine der ersten Pflanzen, die von den Menschen in der Jungsteinzeit angebaut und später für Bestattungsrituale und zur Kommunikation mit den Toten verwendet wurde. **4. Kokablätter** wurden von den Inkas bei rituellen Zeremonien gekaut. **5. Bufotenin**, das von der Haut einiger Kröten abgesondert wird, wird in der Traditionellen Chinesischen Medizin und bei Voodoo-Riten verwendet. **6.** Der **Fliegenpilz**, der den Mayas und den Ojibwe-Indianern bekannt war, wird wegen seiner Giftigkeit und der Unvorhersehbarkeit seiner Wirkung kaum noch genutzt. **7. Peyote** ist ein halluzinogener Kaktus, der von amerikanischen Ureinwohnern und Schamanen in Mexiko konsumiert wird und starke visuelle Flashs hervorruft. **8. Götter-Salbei** ist eine halluzinogene Pflanze, die noch heute von den Mazateken in Mexiko konsumiert wird. **9. Ayahuasca** ist zugleich die Bezeichnung für eine Pflanze und ein Getränk, das von den Schamanen des Amazonasgebiets als heilig angesehen wird. •

Schlafzyklen

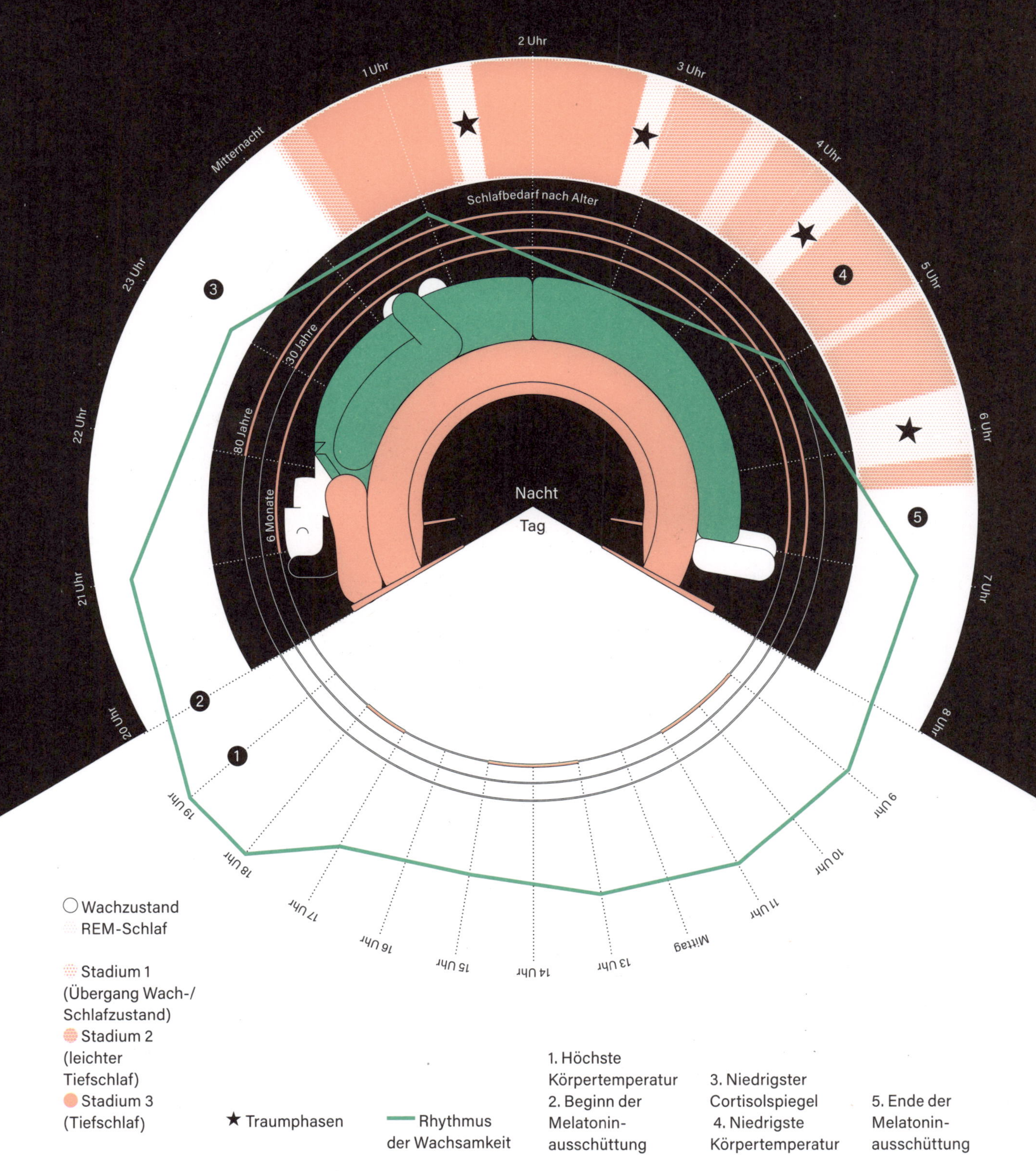

Wachzustand
REM-Schlaf

Stadium 1 (Übergang Wach-/Schlafzustand)
Stadium 2 (leichter Tiefschlaf)
Stadium 3 (Tiefschlaf)

★ Traumphasen

Rhythmus der Wachsamkeit

1. Höchste Körpertemperatur
2. Beginn der Melatoninausschüttung
3. Niedrigster Cortisolspiegel
4. Niedrigste Körpertemperatur
5. Ende der Melatoninausschüttung

DER SCHLAF-WACH-ZYKLUS bei Menschen und tagaktiven Tieren dauert 24 Stunden und ist mit dem Tag-Nacht-Wechsel und dem natürlichen Licht synchronisiert. Er wird im Schlafzentrum des Gehirns durch die zirkadiane biologische Uhr reguliert. Nachtaktive Tiere hingegen haben einen umgekehrten Zyklus (→ Bildtafel Nr. 79).

Während des Schlafs gibt es einen ultradianen Rhythmus, der dem Wechsel zwischen **Tiefschlaf** und **REM-Schlaf** (**Traumschlaf**) entspricht. Der Körper durchläuft verschiedene Stadien, der **Rhythmus der Schlafs** wird bestimmt von der **Körpertemperatur** oder der Wirkung von Hormonen wie **Melatonin** oder **Cortisol**. Jede Nacht wird das Gehirn aktiv und steuert Träume, Erinnerungen, hypnopompöse Zustände (Halbbewusstheit beim Aufwachen) und sogar Schlafwandeln oder Bruxismus (Zähneknirschen). Auch die Regeneration der Muskeln, die Entgiftung des Gehirns oder die Aktivierung des Immunsystems werden im Schlaf in Gang gesetzt. Dauer, Qualität und Zeitpunkt des Schlafs hängen vom **Alter** und von den Ereignissen des Tages ab: der körperlichen Aktivität (Sport, Essen und Aufputschmittel), der geistigen Aktivität (kognitive Leistung, Emotionen) und äußeren Umweltbedingungen (Temperatur, Licht, Lärm usw.). ●

Kanalisation von Paris

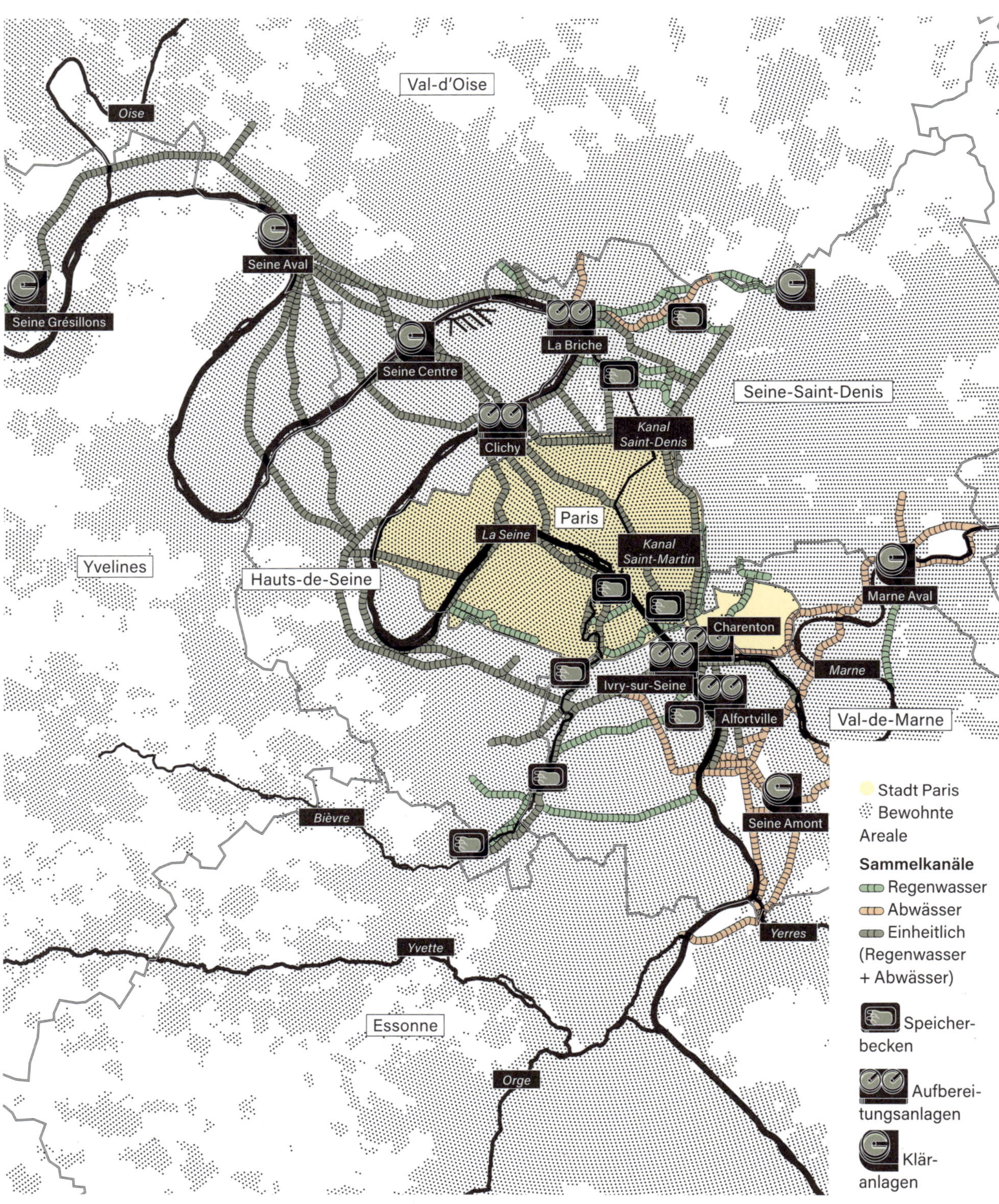

SEIT DEM 3. JAHRTAUSEND v. Chr. wurden Kanalisationen gebaut, um Regenwasser abzuleiten, Städte vor Überschwemmungen zu schützen und Abwässer zu entsorgen. Unter den ersten groß angelegten Kanalisationssystemen dient Paris als Beispiel für solche städtebauliche Entwicklungen, die sich im 19. Jahrhundert in Europa nach Epidemien wie der Cholera aus hygienischen Erwägungen ergaben. Auf Betreiben des Präfekten Haussmann bauten man unter jeder Straße einen Kanal, und schloss die Gebäude an. Paris sammelt **Regen-** und **Schmutzwasser** in einem einzigen, **einheitlichen Kanalisationsnetz**, nicht in getrennten Netzen. Im Jahr 1930 wurden die ersten **Kläranlagen** an den Flüssen **Seine** und **Marne nördlich** und **südlich** der Stadt gebaut. Das heutige 2600 km lange Kanalisationsnetz funktioniert mithilfe der Schwerkraft über **Sammelkanäle** und transportiert täglich 2,3 Millionen m³ Abwasser, die gereinigt in die Seine geleitet werden. Die Abwässer werden nach Verschmutzungsgrad und Gefährlichkeit klassifiziert: Das häusliche Abwasser, »grau« genannt, ist nur leicht verschmutzt, das »schwarze« ist giftig und enthält Fäkalien, muss also aufbereitet werden. »Die Kanalisation ist das Gewissen der Stadt. Hier läuft alles zusammen und alles trifft aufeinander«, schrieb Victor Hugo sinngemäß im Jahr 1862 in *Die Elenden.* •

Exkremente

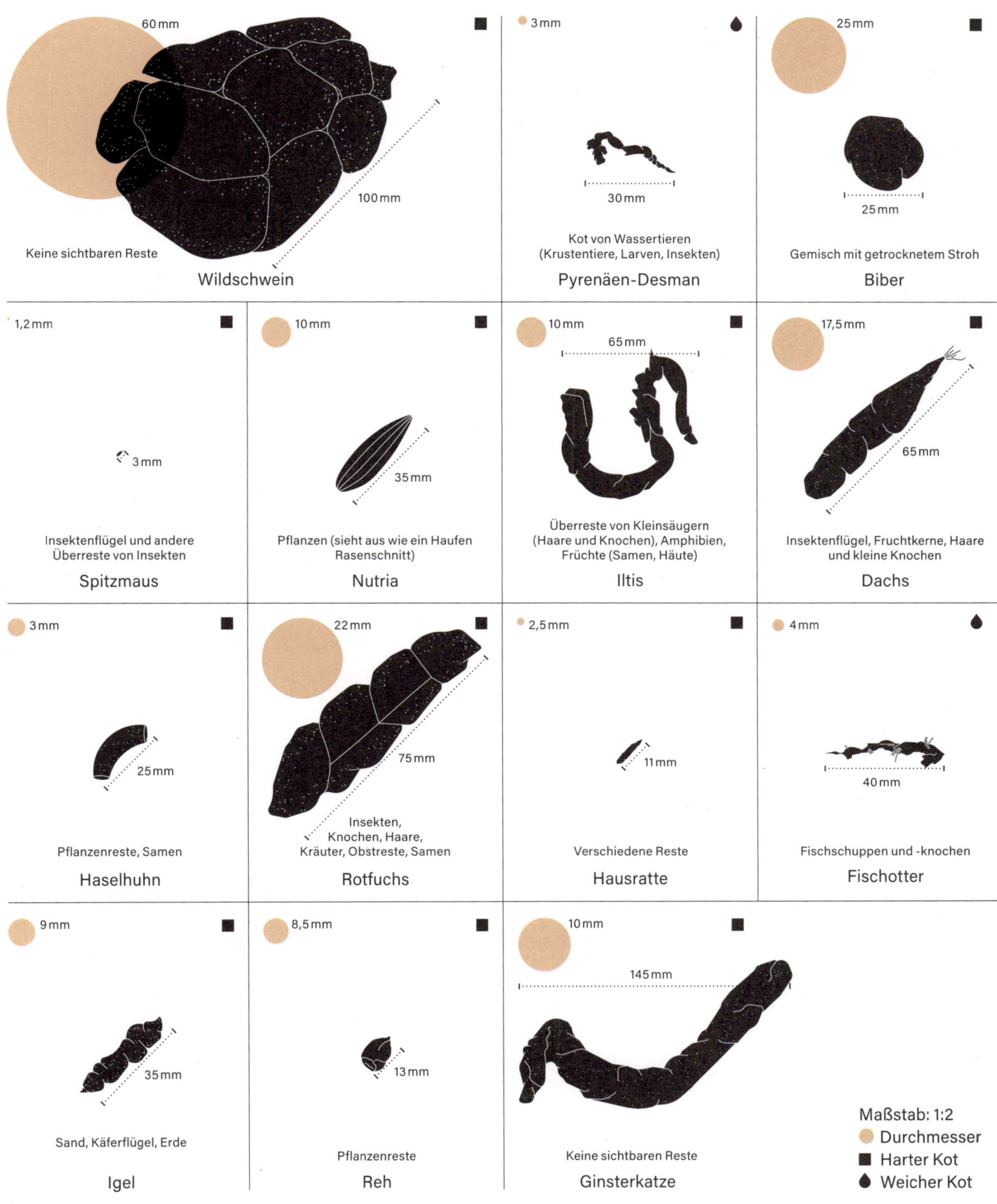

WIE BEI FUSSABDRÜCKEN (→ Bildtafel Nr. 1) ermöglichen **Größe**, **Konsistenz**, **Farbe** und **Form** der Exkremente die Identifizierung eines Tieres und geben Aufschluss über seinen Gesundheitszustand: So lässt sich feststellen, ob es Stress ausgesetzt war, sich in der Paarungszeit befand, jung war oder am Ende seines Lebens stand. Feste Exkremente sind direkte Zeugen der Ernährungsweise und ermöglichen die Rekonstruktion von Verhaltensmustern, Futtersuche, Jagd- oder Sozialverhalten der verschiedenen Arten.

Der Kot ist zudem Zeugnis artspezifischer Strategien: **Katzen** vergraben ihn, um sich vor Raubtieren zu schützen, **Rotfüchse** markieren mit ihrem Kot ihr Revier, Pflanzenfresser wie **Kaninchen** nehmen die noch nicht vollständig verdauten Nährstoffe wieder auf, **Dachse** bauen sich »Toiletten«, indem sie außerhalb ihres Reviers flache Gruben graben, und **Otter** deponieren ihren Kot an strategischen Stellen, um Artgenossen ihre Anwesenheit zu signalisieren. Schließlich ernähren sich auch einige sogenannte »koprophage« Insekten wie **Fliegen**, **Mistkäfer** oder **Schaben** von den Exkrementen anderer Tierarten. ●

Natürliche Pigmente

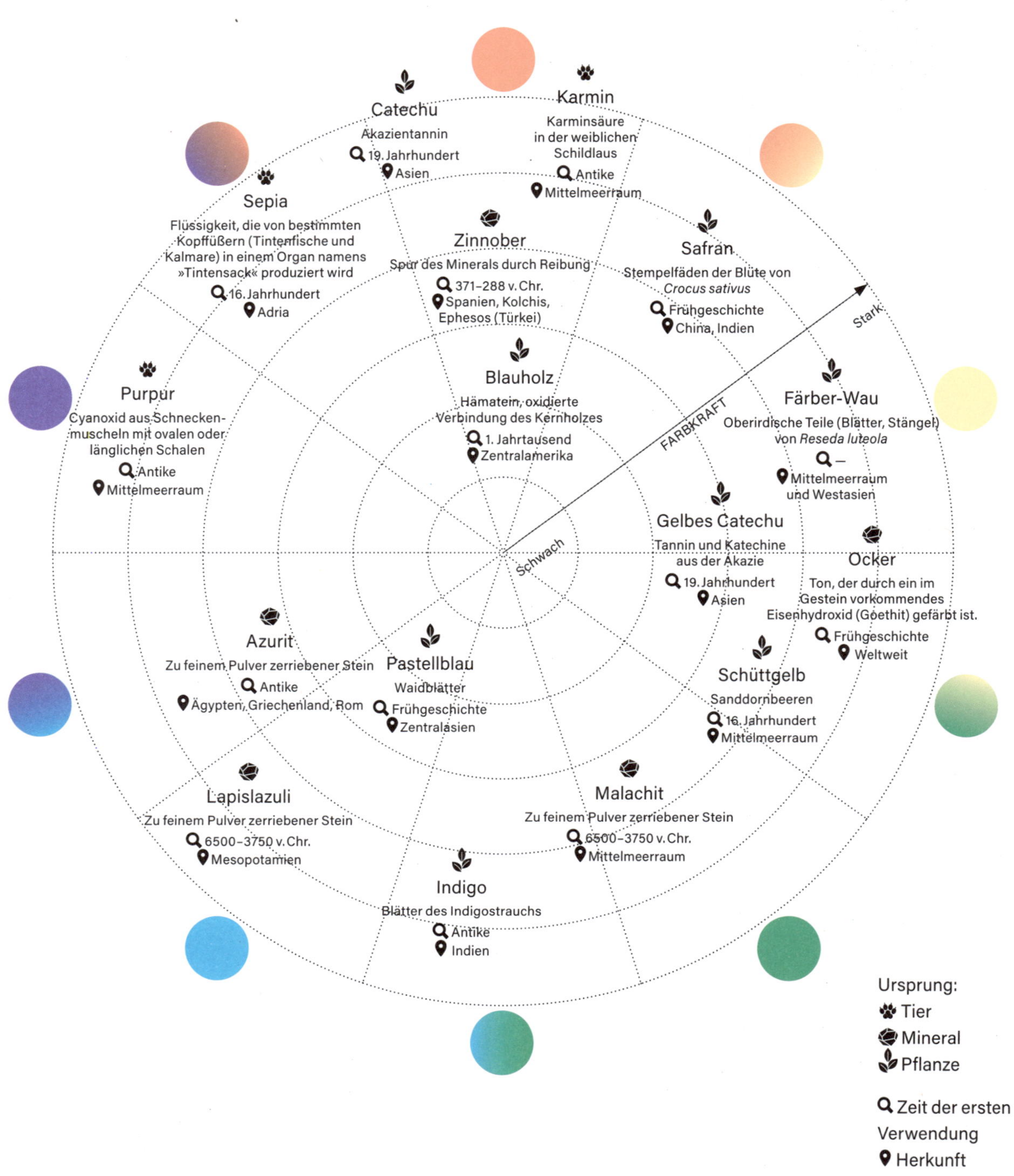

SCHON IN PRÄHISTORISCHEN ZEITEN verwendeten die Menschen Pigmente, also Farbpulver, die sie aus Mineralien, Pflanzen oder Tieren gewannen. Die Feinheit und Form ihrer Körner – kugelförmig, lamellenförmig, nadelförmig oder ohne definierte Form – bestimmen ihre Farbkraft. **Ocker** wird aus Ton gewonnen und ist das erste Pigment, das in der Höhlenmalerei eingesetzt wurde. **Karmin** dagegen wird durch das Zermahlen von Schildläusen gewonnen. Dieses Verfahren wird seit Jahrtausenden in Südamerika und Europa angewendet. **Catechu**, ein aus Akazien gewonnenes rotbraunes oder khakifarbenes Pigment, wurde in der zweiten Hälfte des 19. Jahrhunderts in Europa und im Fernen Osten genutzt, um Fischernetzen und Schiffssegeln eine rotbraune Farbe zu verleihen. **Sepia** oder Tintenfischtinte wird von Kopffüßern über ein Organ namens »Tintensack« abgesondert. Der drüsige Teil dieses Organs produziert das Pigment, während ein anderer Teil die Tinte bildet, die diese Tiere zur Verteidigung einsetzen und die der Mensch als schwarzen Farbstoff in der Küche oder in der Kunst einsetzt. Heutzutage werden jedoch die meisten Pigmente synthetisch hergestellt. ●

Horizont

ENTFERNUNG DES HORIZONTS

$d = \sqrt{(2hR + h^2)}$

d = Entfernung des Horizonts

R = Krümmung der Erde (6371 km)

h = Höhe des Betrachters

ABFLACHUNG DER UNTERGEHENDEN SONNE

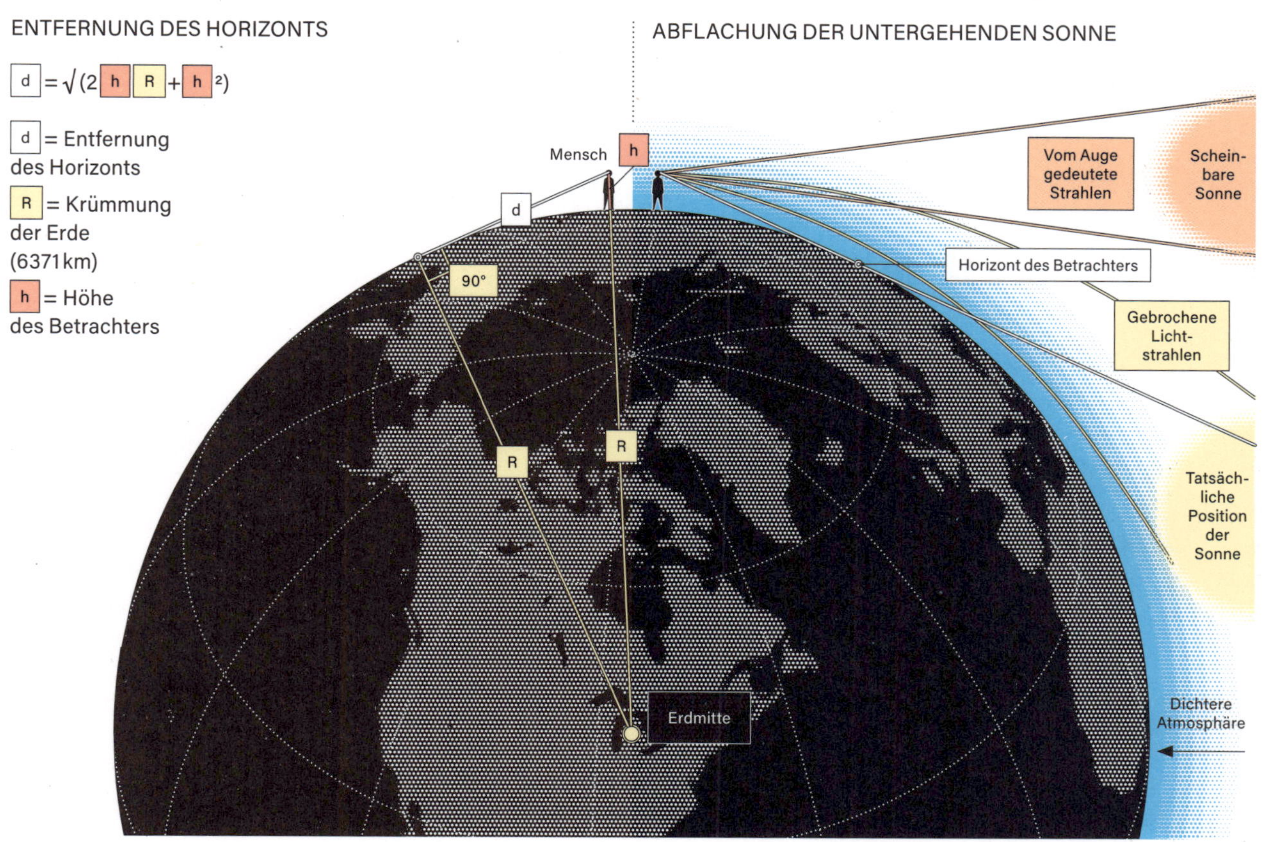

ERDKRÜMMUNG

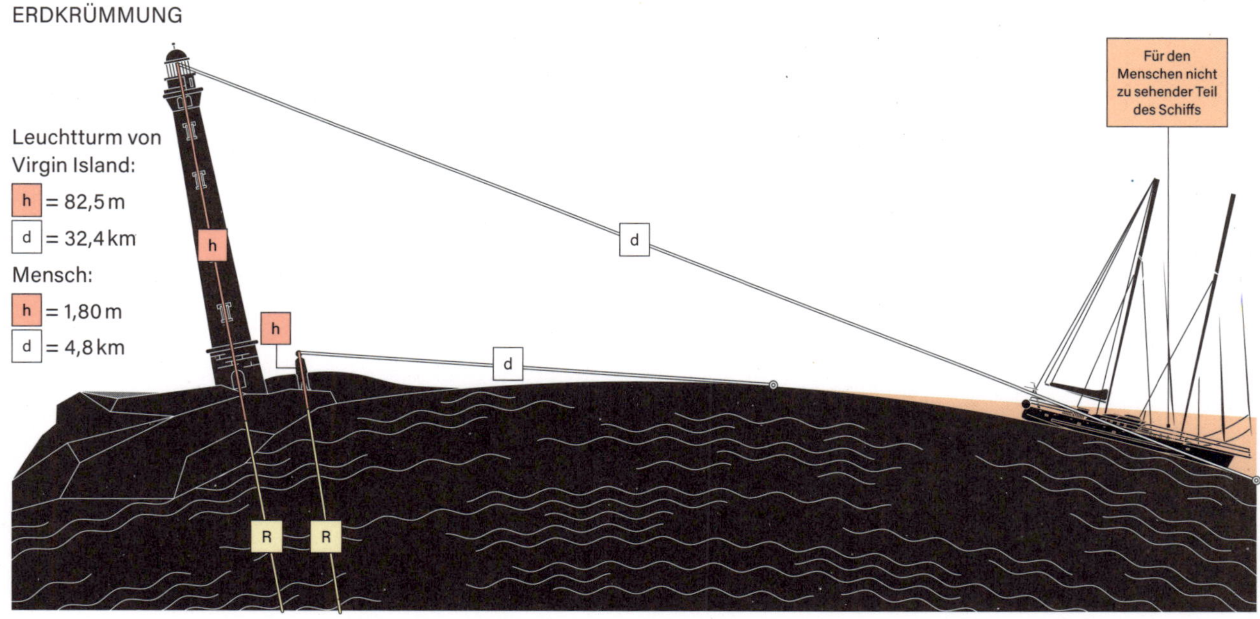

DER HORIZONT ist die Grenze zwischen Himmel und Erde oder zwischen Himmel und Meer. Er ist ein Ort der Verbindung und des Verschwindens, die physische Grenze unserer visuellen Wahrnehmung. Er macht die **Erdkrümmung** sichtbar, insbesondere von einem Berggipfel aus. Denn je höher der Standort des **Betrachters**, desto weiter entfernt ist der Horizont und desto leichter lässt sich erkennen, dass die Erde rund ist. In tieferen Lagen ist die Erdkrümmung nicht zu sehen, da die Entfernung des wahrnehmbaren Horizonts zu gering ist, um sie zu erkennen. Dennoch ist sie wahrnehmbar. Wenn man zum Beispiel auf das Meer blickt, führt das Phänomen des »Absinkens« des Horizonts zu der Wahrnehmung, dass der Horizont zum Meer hin abfällt: Von der Küste aus kann man in der Ferne noch den Mast eines **Schiffs** sehen, aber nicht mehr seinen Rumpf. Dies ist auch der Grund, warum die für die Küstenüberwachung notwendigen Beobachtungsposten, wie etwa **Leuchttürme**, auf einer Anhöhe stehen.

Wenn die **Sonne** am Horizont versinkt, durchdringen die Lichtstrahlen eine immer dichter werdende Luftschicht. Dabei werden sie gekrümmt – das ist das Phänomen der Lichtbrechung. Wir sehen dann die Sonne untergehen, aber in Wirklichkeit ist sie schon unter dem Horizont und erscheint uns wie abgeflacht. ●

Oortsche Wolke

ANSAMMLUNG VON KOMETEN

Oortsche Wolke
Umlaufbahn eines Kometen
Saturn
Erde
Jupiter
Kuipergürtel
Neptun
Uranus
Pluto
Weltraum
Heliosphäre
100000
100
10
1
0
Entfernung in AE

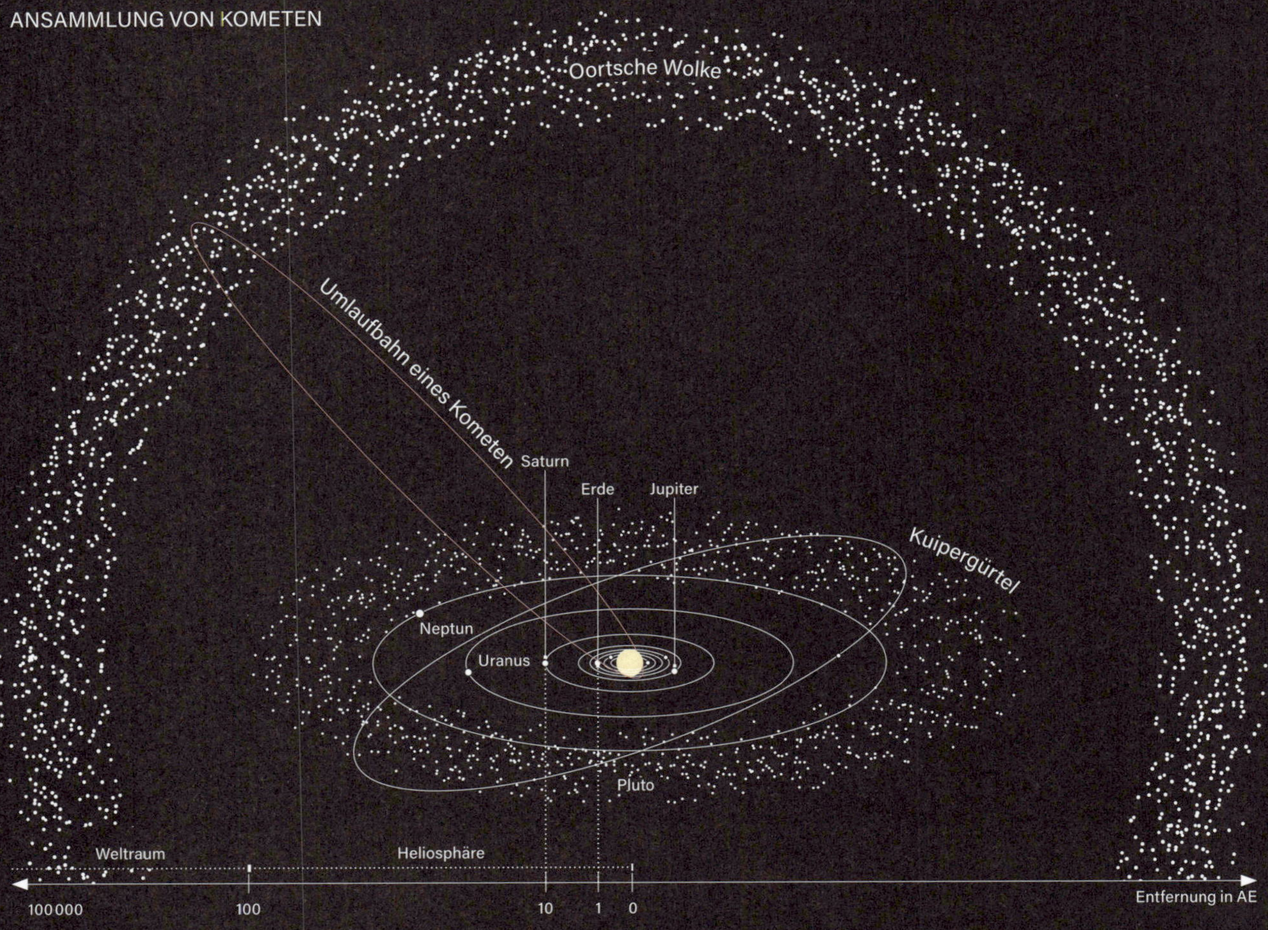

ENTSTEHUNG EINES KOMETEN

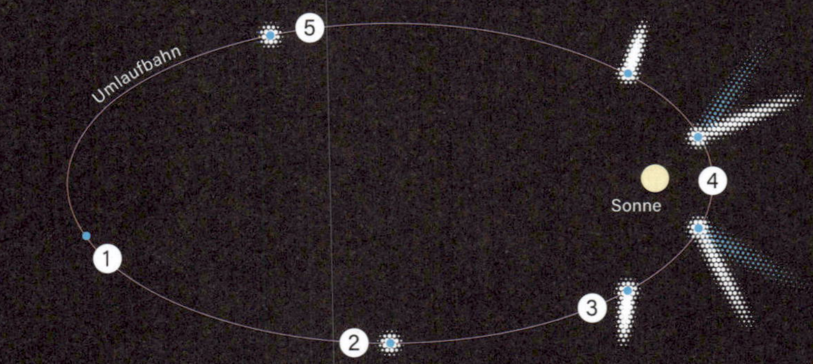

Umlaufbahn
Sonne

1. Ein aus der protoplanetaren Scheibe hervorgegangener Kern, der aus Eis und Staub besteht
2. Der Kometenkern beginnt sich zu erhitzen.
3. 5 AE von der Sonne entfernt nimmt das Koma Gestalt an.
4. Der Staubschweif wird durch das Sonnenlicht gebildet und der ionisierte Schweif durch den Sonnenwind.
5. Abkühlung: Koma und Schweif verschwinden.

AUFBAU EINES KOMETEN

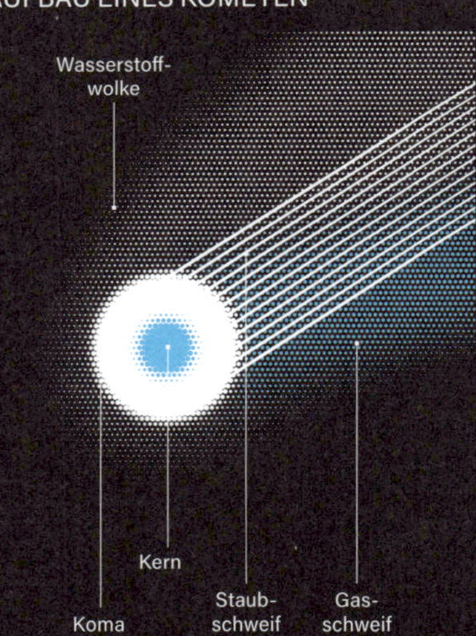

KOMETEN SIND KLEINE HIMMELSKÖRPER, die aus einem **Kern aus Eis**, einer leuchtenden Atmosphäre, der sogenannten »Koma«, und einem **Schweif aus Staub und ionisiertem Gas** bestehen. In unserem Sonnensystem stammen sie aus zwei »Reservoirs«, dem **Kuipergürtel** und der **Oortschen Wolke**. Der Kuipergürtel liegt jenseits der **Neptunbahn** und enthält kleine Körper, die bei der Entstehung des Sonnensystems übrig geblieben sind. Sie sind 20-mal größer und 20- bis 200-mal massereicher als die Körper im Asteroidengürtel. Die **Oortsche Wolke** ist noch nicht direkt beobachtet worden, aber Berechnungen der **Kometenbahnen**, auf denen Kometen Komas und Schweife bekommen und wieder verlieren, deuten auf eine große Ansammlung von **Kometenkernen** am Rande des Sonnensystems hin, etwa 100 000 AE (Astronomische Einheit, die der Entfernung der **Erde** von der **Sonne** entspricht) von der Erde entfernt und weit außerhalb der Planetenbahnen. In ihrem Inneren befinden sich mehrere Milliarden Kometenkerne. Sie sind Überreste der Scheibe, die die Sonne bei ihrer Entstehung vor 4,6 Milliarden Jahren umgab (→ Bildtafel Nr. 29). Durch andere Sterne in ihrer Bahn gestört, wurden diese Kerne in unser inneres Sonnensystem geschleudert und bildeten die Kometen, die wir heute beobachten. •

Bestäubung

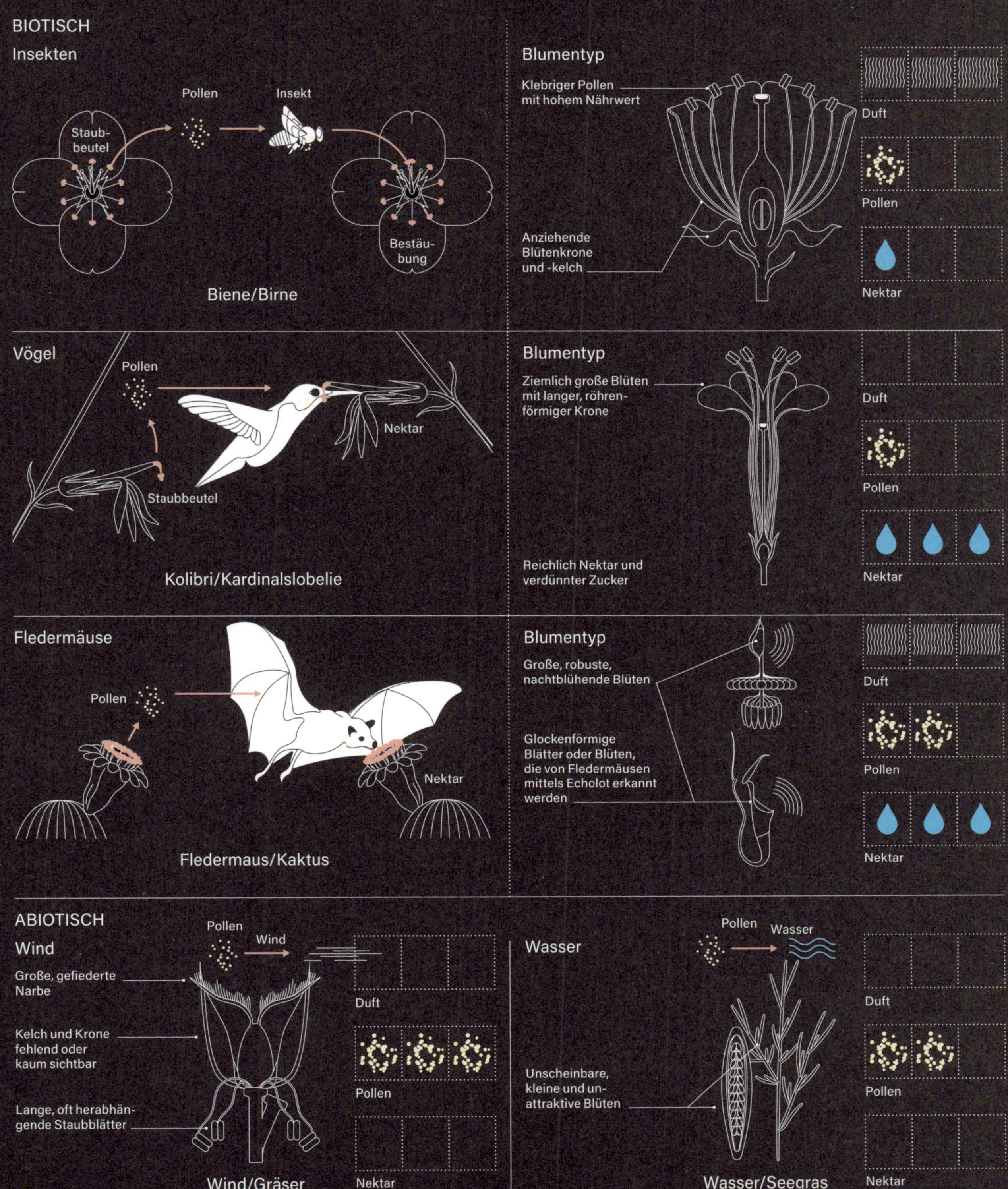

DER POLLEN VON SAMENPFLANZEN besteht aus winzigen Körnern mit einem Durchmesser von 10–150 Mikrometern und befindet sich an der Spitze der **Staubbeutel**, den Antheren. Er ist das bewegliche Element, das die Befruchtung des Stempels, des weiblichen Fortpflanzungsapparats, der in der **Narbe** einer benachbarten Blüte endet, ermöglicht. Da Pflanzen unbeweglich sind, haben sie Fortpflanzungsstrategien entwickelt, bei denen entweder Tiere – bei der **biotischen Bestäubung** – oder andere natürliche Faktoren wie Wind oder Wasser – bei der **abiotischen Bestäubung** – zum Einsatz kommen. Der Aufbau der **Blüte**, ihr **Duft** und die Menge an **Pollen** und **Nektar** sind an diese verschiedenen Strategien angepasst. **Bienen** werden zum Beispiel von blauen und gelben Blüten angezogen. Rote, röhrenförmige Blüten mit reichlich Nektar ziehen eher **Vögel** an. Als nachtaktive Tiere (→ Bildtafel Nr. 79) finden **Fledermäuse** in der Dunkelheit weiße Blüten leichter. Diese allgemeinen Strategien sind die häufigsten, doch daneben gibt es eine Vielzahl von Interaktionen zwischen Pflanzen und Bestäubern, die auf andere Weise funktionieren. So gehen manche Pflanzen und Tiere Beziehungen ein, die beiden Seiten nutzen: Die Pflanzen füttern die Bestäuber mit Nektar (Zucker) und Pollen (Eiweiß), die Bestäuber transportieren im Gegenzug den gesammelten Pollen zu einer anderen Pflanze. •

Nachtaktive Tiere

EULE

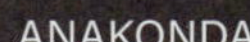

ANAKONDA

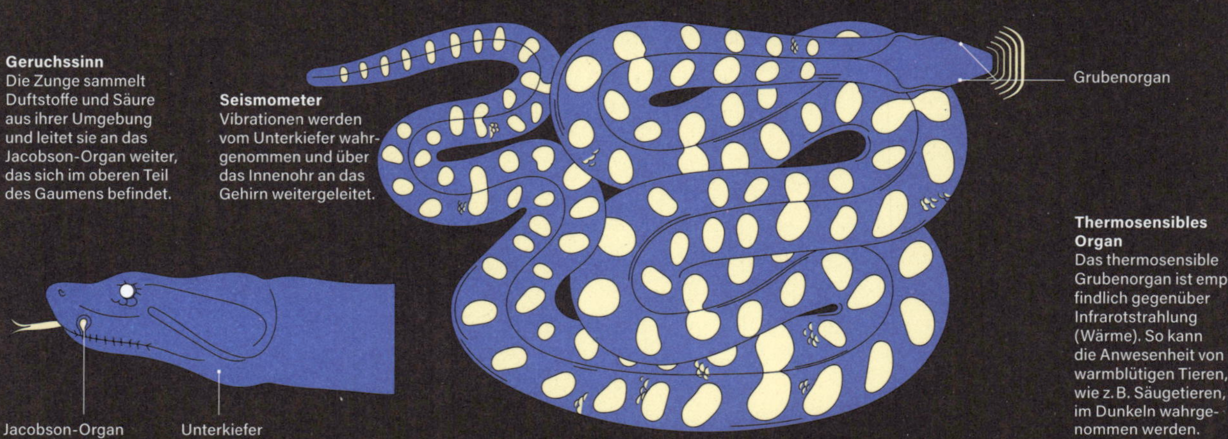

FLEDERMAUS

NACHTAKTIVE TIERE haben gegenüber tagaktiven evolutionäre Vorteile. So gehen sie zum Beispiel etwaigen Raubtieren aus dem Weg, begrenzen den Wettbewerb mit tagaktiven Arten um Ressourcen oder vermeiden zu starke Hitze. Um sich an die Dunkelheit anzupassen, haben nachtaktive Tiere besondere Fähigkeiten entwickelt, um zu überleben, sich zu orientieren, zu jagen oder Gefahren zu erkennen. Die Nachtsicht einiger dieser Arten ist viel besser als die des Menschen. Einige nachtaktive Tiere nehmen auch **Infrarotstrahlung** wahr, sie identifizieren und lokalisieren ihre Beute also durch die von ihr ausgestrahlte Wärme. Ein ausgeprägter **Gehör-** und **Geruchssinn** hilft ihnen, kleinste Bewegungen wahrzunehmen.

Viele nachtaktive Arten vor allem in städtischen Gebieten sind heute durch Lichtverschmutzung (→ Bildtafel Nr. 58) bedroht, die u. a. dazu führt, dass ihr Lebensraum und ihre Jagdgebiete immer weiter eingeschränkt werden.

Von den streng nachtaktiven Tieren unterscheiden sich die dämmerungsaktiven Tiere wie Katzen und viele Insekten. Sie werden kurz vor der Morgen- und in der Abenddämmerung aktiv. ●

Gespenster und Geister

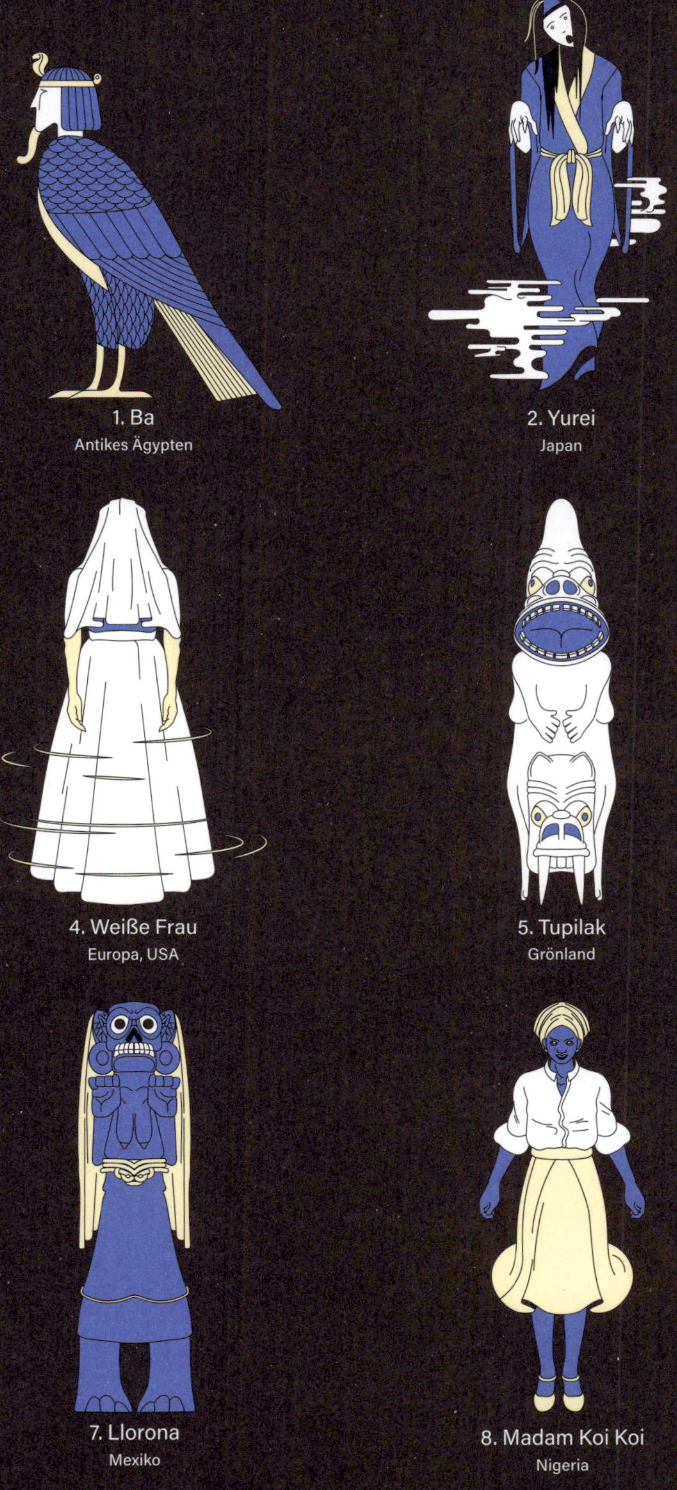

1. Ba
Antikes Ägypten

2. Yurei
Japan

3. Dorlis
Karibik

4. Weiße Frau
Europa, USA

5. Tupilak
Grönland

6. Hungriger Geist
China

7. Llorona
Mexiko

8. Madam Koi Koi
Nigeria

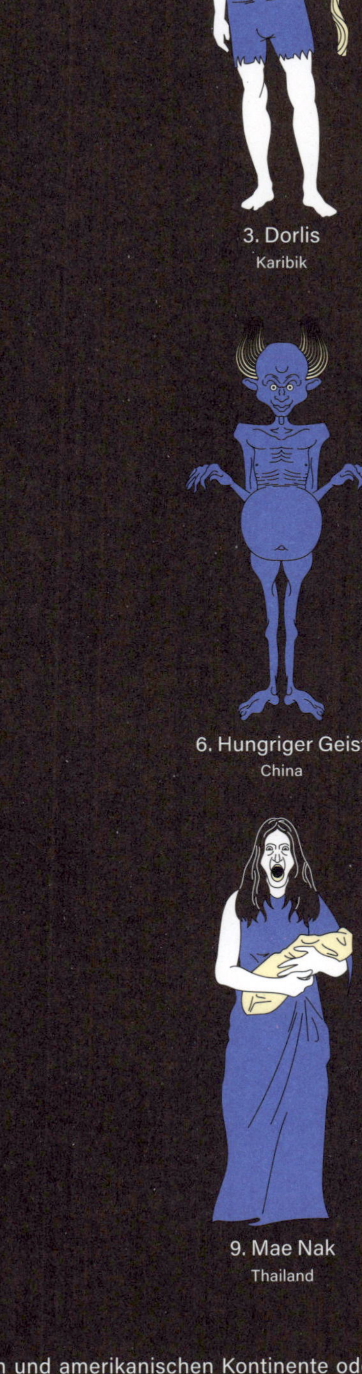

9. Mae Nak
Thailand

GESPENSTER UND ANDERE RACHEGEISTER sind fester Bestandteil vieler Volksglauben und ihre Legenden werden von Generation zu Generation weitergegeben. **1.** Als transformative Kraft im alten Ägypten symbolisiert **Ba** den Moment, in dem die Seele des Verstorbenen den Körper verlässt und ins Jenseits geht. **2.** In Japan entsteht **Yurei** durch einen gewaltsamen Tod. Weil die verstorbene Seele keine Ruhe finden kann, verwandelt sie sich in ein rachsüchtiges Gespenst. **3.** Auf Martinique ist der **Dorlis** eine männliche Kreatur, die sich nachts anschleicht und schlafende Frauen sexuell belästigt. **4.** Halb Fee, halb Hexe, bevölkert die **Weiße Frau** die Wälder der europäischen und amerikanischen Kontinente oder spukt als geisterhafte Anhalterin auf den Straßen. **5.** Den Legenden der Inuit zufolge wird der **Tupilak** von einem Zauberer beschworen, um eine bestimmte Person zu töten. **6.** Jedes Jahr kehren **Hungrige Geister** in die Welt der Lebenden zurück, um zu essen und ihre Angehörigen zu besuchen. **7.** Untröstlich, nachdem sie ihre Kinder getötet hat, irrt **Llorona** an Seen und Flüssen umher und schreit ihre Trauer heraus. **8.** Der Geist von **Madam Koi Koi**, einer ehemaligen Lehrerin, spukt in den Schlafsälen und Fluren der Schulen. **9. Mae Nak** ist der Geist einer Frau, die im Kindbett starb, während sie auf ihren Mann wartete, der in den Krieg zog. ●

Feuerwerk

DIE ENTDECKUNG DES SCHWARZPULVERS, einer explosiven Mischung aus Schwefel, Salpeter und Holzkohle, wird den Chinesen des 9. Jahrhunderts zugeschrieben. Mit **Schwarzpulver** gefüllte Bambusrohre gelten als die ersten Schusswaffen überhaupt. Nach dem Jahr 1886 wurde Schwarzpulver durch das wesentlich bessere und weniger rauchende Weißpulver ersetzt und nur noch für antike Waffen, Böller und Feuerwerkskörper verwendet.

Seit der Entwicklung der Pyrotechnik im 19. Jahrhundert ist das Prinzip der **Feuerwerksrakete** gleich geblieben (**A**), doch dank des technischen Fortschritts bei Zusammensetzung und Struktur der verschiedenen Sprengstoffe kann man heute verschiedene **Formen** (**B**), **Farben** und **Effekte** (**C**) erzeugen. Feuerwerke, die oft von Tanz und Musik begleitet werden, sind mit vielen festlichen Anlässen verbunden (Neujahr, Nationalfeiertage usw.). Ihre Auswirkungen auf die Umwelt sind zwar wesentlich geringer als die anderer anthropogener Emissionen (wie Waldbränden oder Vulkanausbrüchen), dennoch sind sie beachtlich: Große Feuerwerke verursachen Spitzenbelastungen, die mehrere Tage anhalten können, und setzen giftige und nicht abbaubare Metalle in die Atmosphäre frei. •

Sternkarte

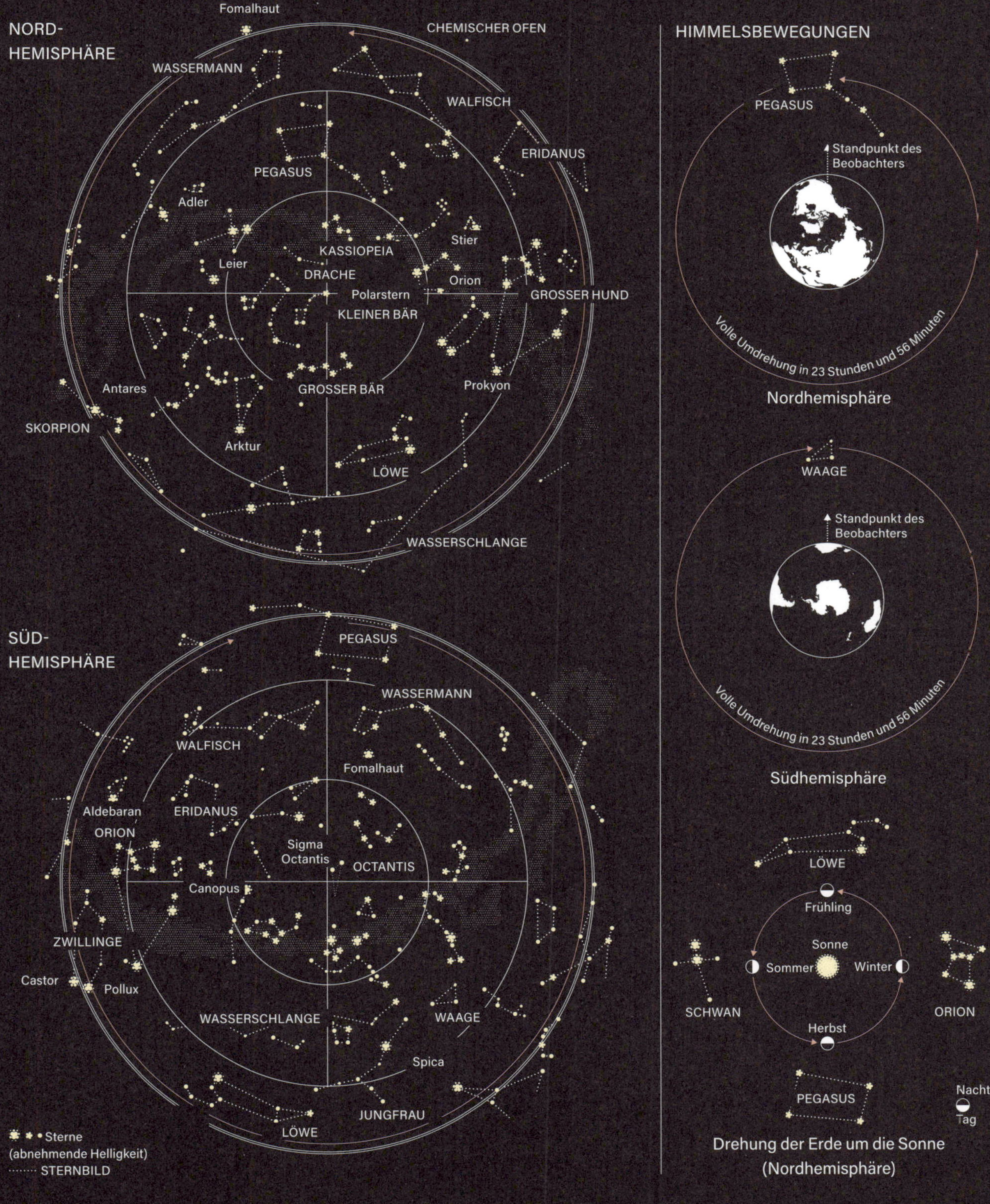

EIN STERNBILD am Nachthimmel ist eine Gruppe Sterne, die durch gedachte Linien miteinander verbunden sind. Die erste umfassende Darstellung der Sternbilder stammt von Hipparchos von Nicäa aus dem 2. Jahrhundert v. Chr. Oft mit Mythen verbunden, wie dem des Großen Bären (→ Bildtafel Nr. 37), bewegen sich die Sternbilder im Verlauf der Nacht und zeichnen die **Bewegungen des Himmels** nach. Da die Erde kugelförmig ist, können wir nur eine Hälfte des Himmels beobachten. Daher sind Sternbilder auf der Nordhalbkugel für einen Beobachter auf der Südhalbkugel nicht zu sehen und umgekehrt. Einige Sternbilder gehen im Osten auf und im Westen unter, während andere, nämlich die zirkumpolaren Sternbilder, nie unter den Horizont gelangen. Auf den Sternkarten steht der **Polarstern** in der Mitte und entspricht dem Nordpol. Das Sternbild **Sigma Octantis** liegt so nah wie möglich am Südpol. Die Umlaufbahn der Erde um die Sonne beeinflusst die Sichtbarkeit einiger Sternbilder: Je nach Jahreszeit kann man das Sternbild **Schwan** oder **Löwe** sehen. Seit dem Jahr 1925 teilt die Internationale Astronomische Union den Himmel in 88 Sternbilder mit genauen Grenzen ein: 44 auf der **Nordhemisphäre** (borealis), weitere 44 auf der **Südhemisphäre** (australis). ●

Nr. 83

Brieftauben

EXPERIMENTE MIT MAGNETREZEPTION (Walcott, 1980)

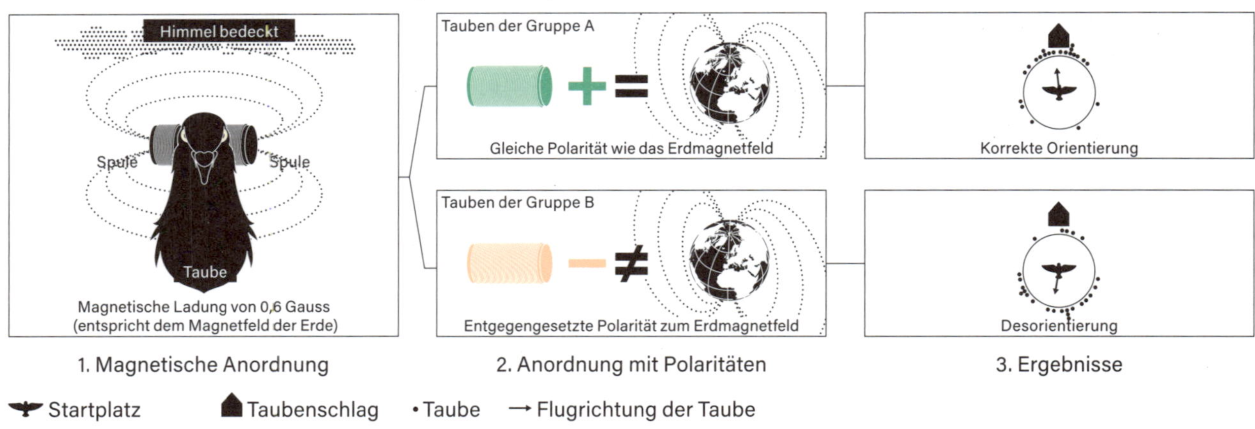

1. Magnetische Anordnung — 2. Anordnung mit Polaritäten — 3. Ergebnisse

EXPERIMENTE MIT DER ERDANZIEHUNGSKRAFT (Karevsky et al., 1985)

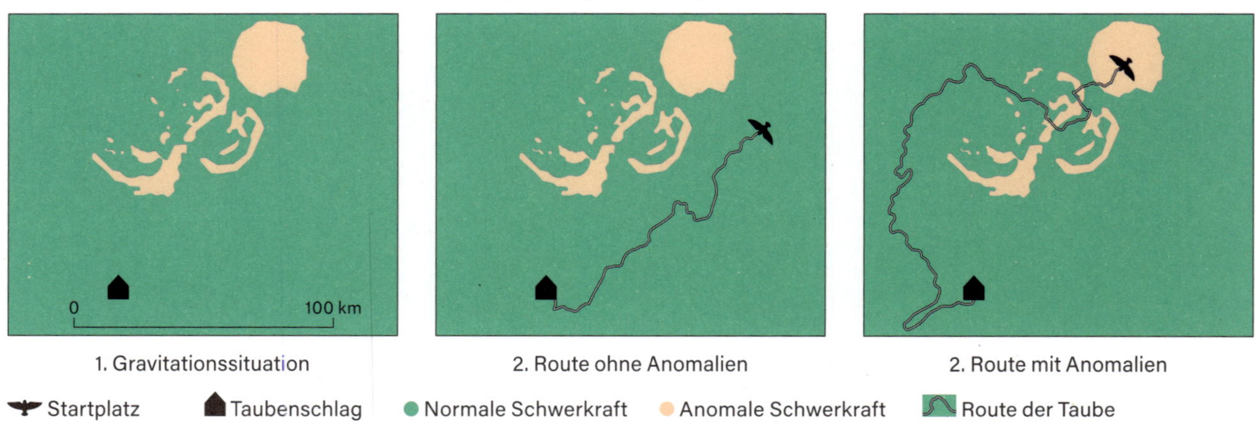

1. Gravitationssituation — 2. Route ohne Anomalien — 2. Route mit Anomalien

EXPERIMENTE MIT GERUCH (Gagliardo et al., 2020)

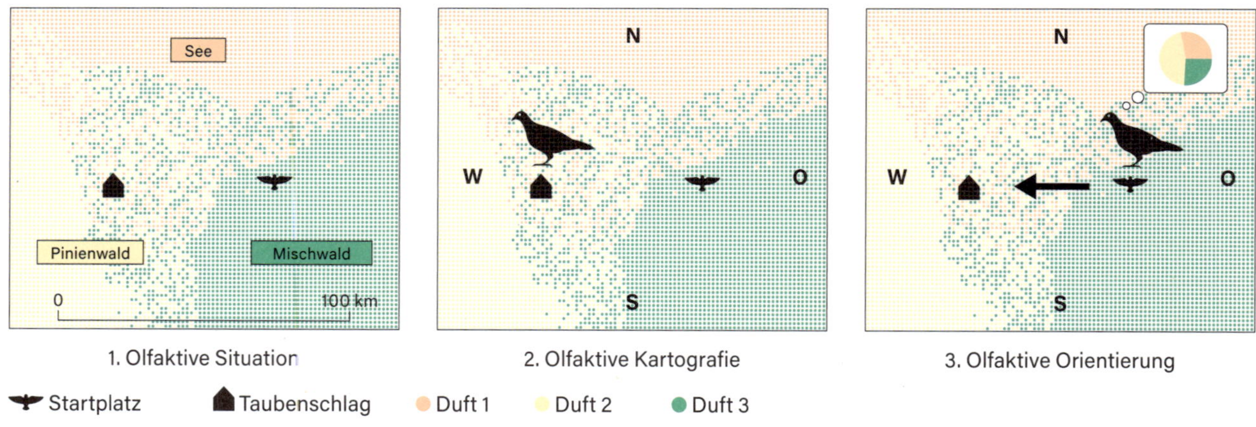

1. Olfaktive Situation — 2. Olfaktive Kartografie — 3. Olfaktive Orientierung

BRIEFTAUBEN FLIEGEN nur in eine Richtung, und zwar in die ihres **Taubenschlags**. Die Fähigkeit dieser Vögel, Hunderte von Kilometern zurückzulegen und sich dabei genau zu orientieren, wurde früher militärisch genutzt, um Nachrichten aus dem Feld an den Generalstab zu übermitteln. Dank ihres guten Gedächtnisses können Tauben eine Art Landkarte erstellen, auf der sie sich nach dem Stand der Sonne und der Sterne orientieren.

Auch wenn ihre Orientierungsmechanismen noch immer Rätsel aufgeben, haben verschiedene Experimente etwas Licht ins Dunkel gebracht. Das Experiment zur **Magnetrezeption** hat gezeigt, dass sich Tauben ähnlich wie Zugvögel mithilfe des Erdmagnetfelds orientieren (→ Bildtafel Nr. 97). Lange Zeit glaubte man, dass diese Empfindlichkeit mit kleinen Kristallen aus Magnetit (einem Eisenoxid) im Schnabel der Tauben erklärt werden könnte, doch diese Theorie wurde inzwischen verworfen, da die Kristalle keine Verbindung zum Nervensystem aufweisen. Neuere Forschungen haben zudem gezeigt, dass Tauben empfindlich auf die **Erdanziehungskraft** reagieren und sich ihre Umgebung auf einer Art selbst erstellten inneren **Geruchskarte** zuverlässig merken und anhand dieser orientieren können. •

Nachrichtendienste am Beispiel Frankreichs

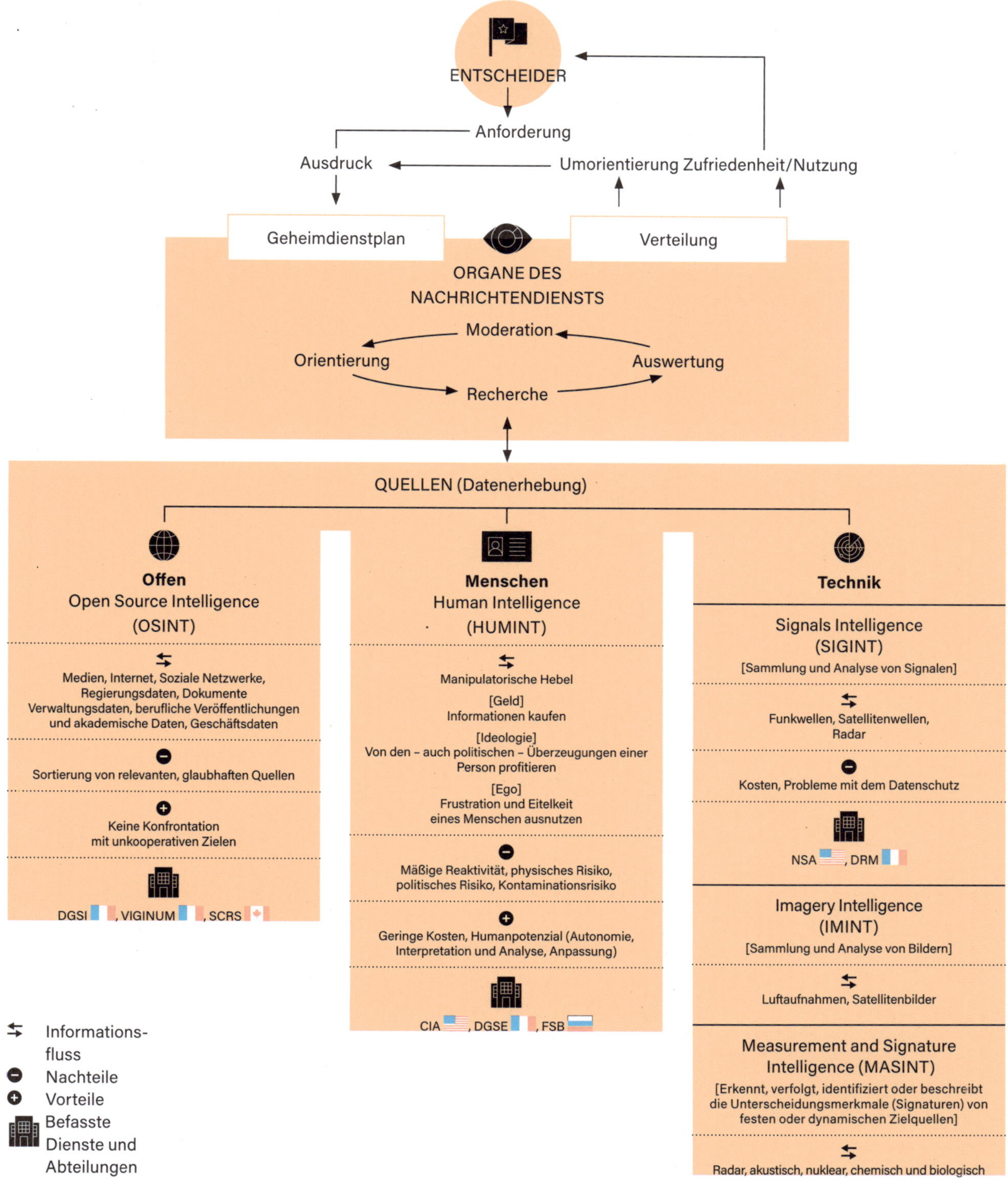

»AUGEN UND OHREN ÜBERALL« – so könnte man die Arbeitsweise und Organisation von Nachrichtendiensten grob definieren, die weltweit im Laufe der Jahrhunderte parallel zu militärischen Strategien etabliert wurden. Sie haben sich in den letzten Jahrzehnten ständig weiterentwickelt, um Daten für geopolitische, wirtschaftliche oder militärische Strategien zu sammeln, auszuwerten und zu analysieren. Ausgangspunkt ist stets die Anfrage eines **Entscheidungsträgers**, die ein nationaler **Nachrichtendienst** durch die Auswertung verschiedener, meist öffentlich zugänglicher Quellen zu beantworten versucht. **Offene Quellen** – Zeitungsartikel, Verwaltungsberichte oder Online-Veröffentlichungen – stellen die einzige operationelle Grenze für die Verarbeitung dieser Daten dar. Sie werden auch als »Big Data« (→ Bildtafel Nr. 108) bezeichnet. Die **menschlichen Quellen** haben dabei die Fiktion der »Spionage« mit ihren Agenten und Geheimtreffen genährt, während die Nutzung **technischer Quellen** nicht erst heutzutage zahlreiche ethische Fragen aufwirft. So enthüllte der Whistleblower und ehemalige Analyst der amerikanischen National Security Agency (NSA) Edward Snowden im Jahr 2013 unter anderem die Existenz eines umfassenden Systems zur Überwachung von Telefonen und elektronischen Geräten. Dies war das größte Leak in der Geschichte der US-Geheimdienste. •

Überleben in feindlicher Umgebung

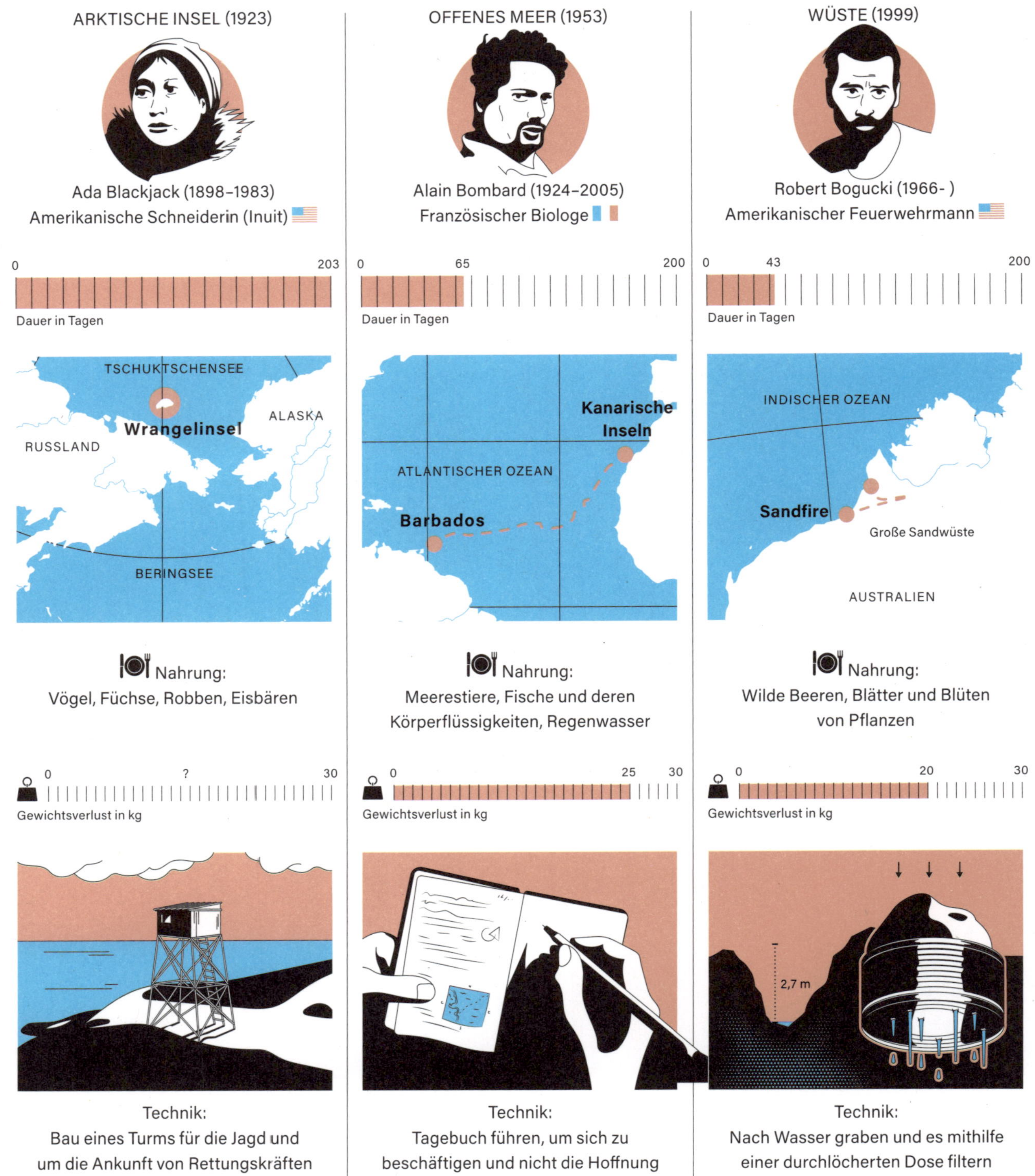

IN ÜBERLEBENSKRITISCHEN SITUATIONEN geht es um die Fähigkeit, sich zu behaupten: Man muss einen sicheren Unterschlupf finden, lernen, wie man jagt und sammelt, sich wärmt oder Wasser reinigt.

Die Expedition mit vier britischen Forschern und der einheimischen Schneiderin **Ada Blackjack** hatte das Ziel, die Wrangelinsel im Nordpolarmeer zu erkunden. Da die Vorräte knapp wurden, wurde Blackjack am Bett eines Kranken, der fünf Monate später starb, zurückgelassen, während die anderen aufbrachen, um Hilfe zu holen. Sie kehrten nie zurück, aber Blackjack überlebte sechseinhalb Monate, bevor sie gerettet wurde. Der Arzt und Biologe **Alain Bombard** überquerte den Atlantik in einem Schlauchboot. Mit seinem Experiment wollte er beweisen, dass Schiffbrüchige auf See überleben können. Dazu stellte er einige Regeln auf: Fisch und Plankton essen; kleine Mengen Meerwasser, Regenwasser oder Wasser aus ausgepressten Fischen trinken; einen Tagesrhythmus einhalten; sich vor Schwertfischen, Haien und vor allem vor der Verzweiflung in Acht nehmen. Der amerikanische Feuerwehrmann **Robert Bogucki** verirrte sich mit dem Fahrrad in der australischen Wüste, grub 43 Tage lang im Sand nach Wasser, ernährte sich von Pflanzen und verlor dabei 20 kg an Gewicht. ●

Domestizierung des Feuers

Nr. 86

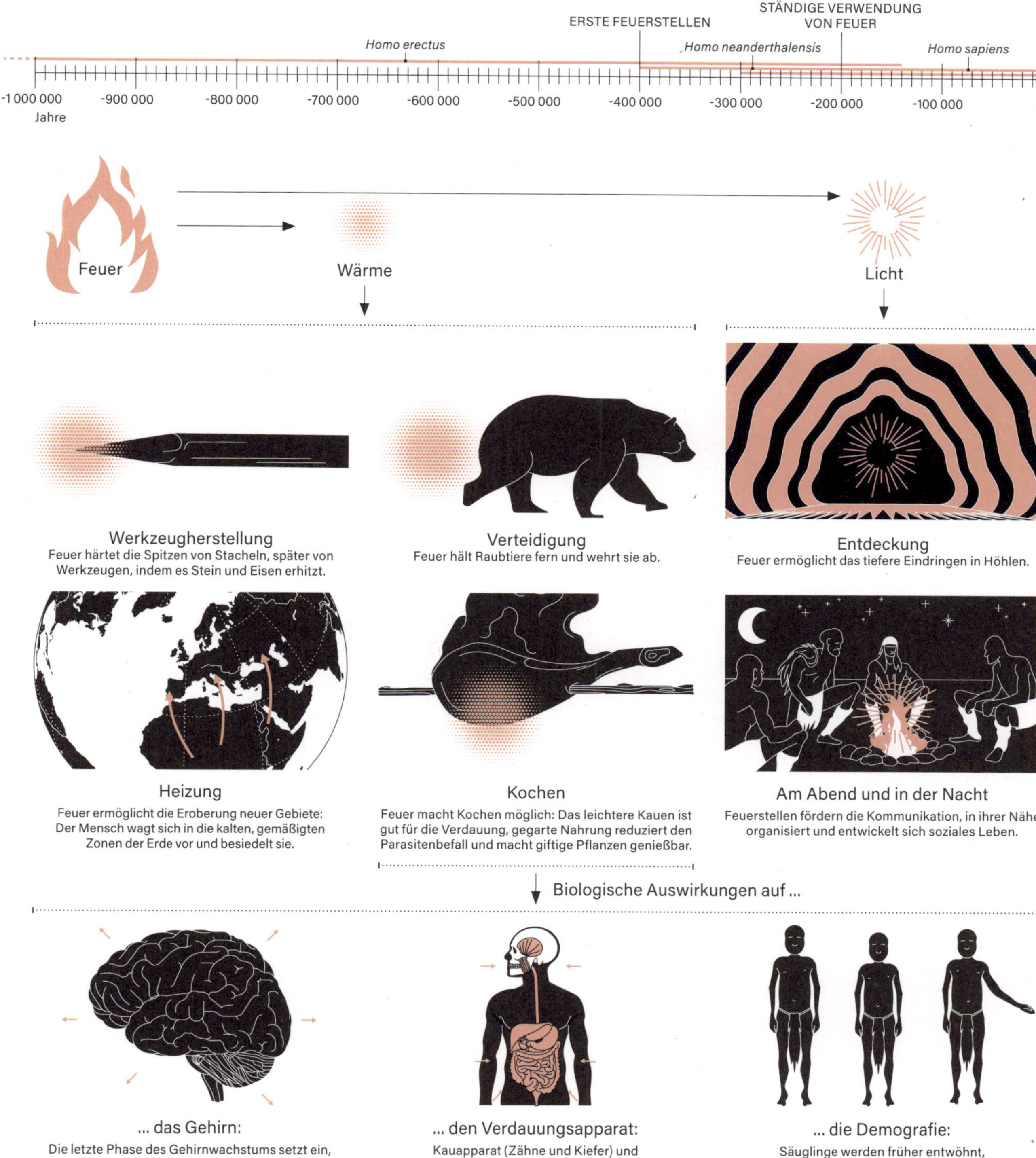

270 VERBRANNTE KNOCHEN wurden in der Swartkrans-Höhle in Südafrika gefunden. Diese ältesten, etwa 1–1,5 Mio. Jahre alten Feuerspuren belegen, dass die Gattung *Homo* das Feuer zunächst unkontrolliert nutzte, vermutlich durch natürliche Glutnester. In der Tat fand man in Swartkrans keine Spuren von absichtlich angefachtem Feuer oder Holzkohle: **Feuerstellen** wurden erst vor **400 000 Jahren** bewusst angelegt. Die Domestizierung des Feuers ermöglichte zahlreiche Entwicklungen: Feuer verlängerte die Tage, schützte vor **Raubtieren**, förderte das **soziale Leben**, den künstlerischen Ausdruck und die **Erkundung neuer Gebiete**. Im chinesischen Zhoukoudian, wo Knochen des ***Homo erectus*** gefunden wurden, bezeugen Tierkadaver und Asche die Nutzung des Feuers zum **Kochen**. In Djebel Irhoud (Marokko), einer Siedlung des ***Homo sapiens***, fand man Feuersteinklingen, die erhitzt worden waren, was auf die **Herstellung von Werkzeugen** hindeutet. In Frankreich gilt eine Eisenkugel aus Menez Dregan als der älteste Anzünder. Sie weist Schlagspuren eines Feuersteins auf. Diese Verhaltensentwicklungen hatten einen erheblichen Einfluss auf die Biologie der menschlichen Spezies, wie etwa das Wachstum des **Gehirns**, die Verkleinerung des **Verdauungstrakts** oder das **Bevölkerungswachstum**. ●

Nr. 87

Zeitmessung

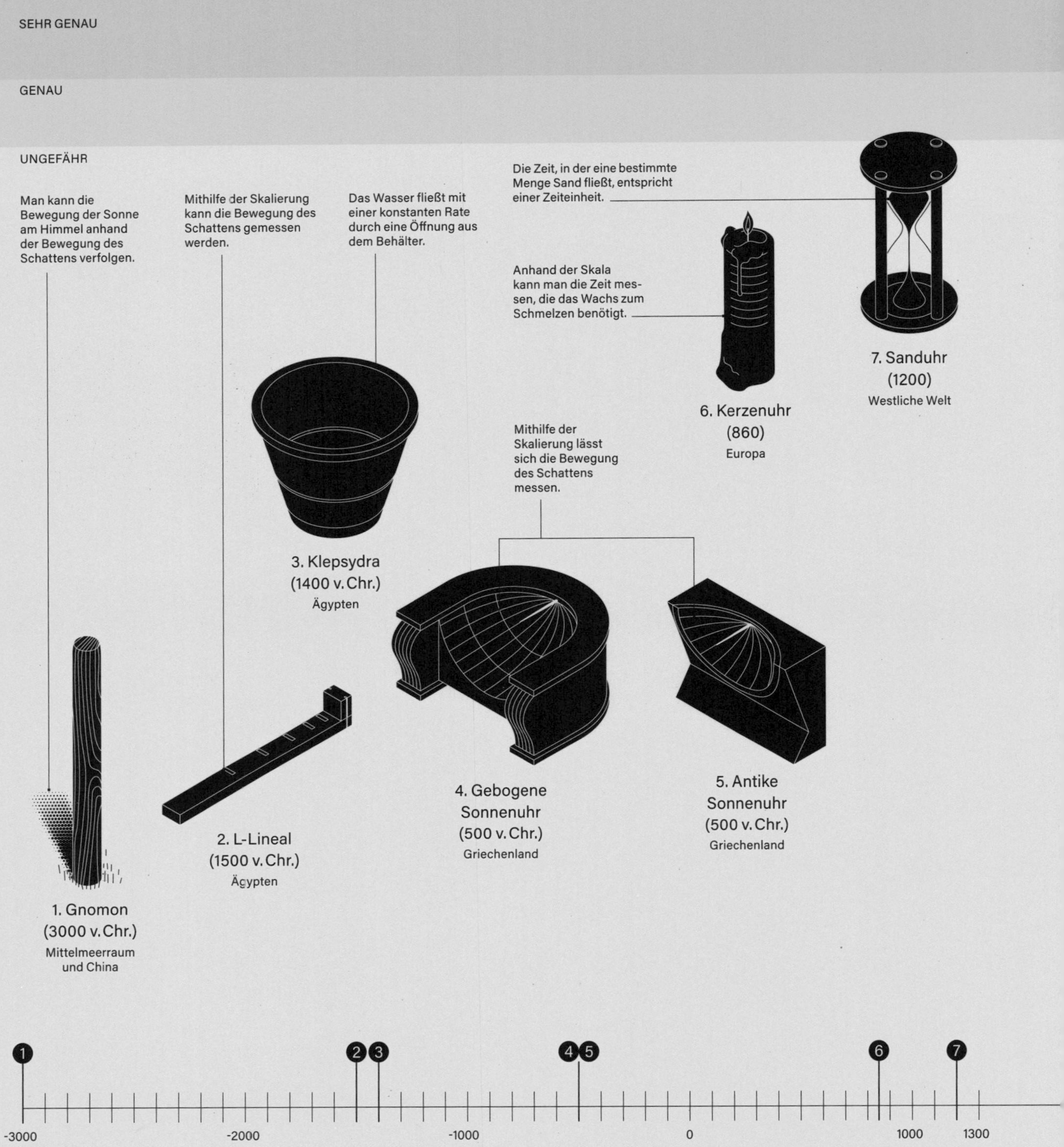

SEHR GENAU

GENAU

UNGEFÄHR

Man kann die Bewegung der Sonne am Himmel anhand der Bewegung des Schattens verfolgen.

Mithilfe der Skalierung kann die Bewegung des Schattens gemessen werden.

Das Wasser fließt mit einer konstanten Rate durch eine Öffnung aus dem Behälter.

Die Zeit, in der eine bestimmte Menge Sand fließt, entspricht einer Zeiteinheit.

Anhand der Skala kann man die Zeit messen, die das Wachs zum Schmelzen benötigt.

7. Sandhuhr
(1200)
Westliche Welt

6. Kerzenuhr
(860)
Europa

Mithilfe der Skalierung lässt sich die Bewegung des Schattens messen.

3. Klepsydra
(1400 v. Chr.)
Ägypten

4. Gebogene Sonnenuhr
(500 v. Chr.)
Griechenland

5. Antike Sonnenuhr
(500 v. Chr.)
Griechenland

2. L-Lineal
(1500 v. Chr.)
Ägypten

1. Gnomon
(3000 v. Chr.)
Mittelmeerraum und China

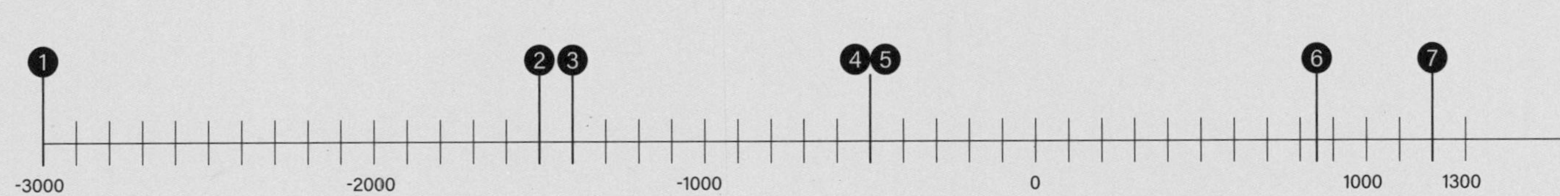

DIE QUANTIFIZIERUNG VON ZEIT, also ihre Messung in **Einheiten**, war schon in den frühen Zivilisationen eines der Hauptanliegen der Menschheit, um ihre jeweiligen Gesellschaften zu organisieren. Die Zeit für soziale Ereignisse, wirtschaftliche Belange und religiöse Rituale setzt gemeinsame Bezugspunkte, voraus, die man mithilfe verschiedenster Instrumente maß. Die ältesten bekannten Uhren, die auf 3000 v. Chr. datiert werden, beruhten auf periodischen Naturphänomenen wie der **Bewegung der Sonne und des Schattens** auf dem Boden (**1**, **2**, **4**, **5**), den Zyklen der Jahreszeiten und des Mondes, dem **Fließen von Wasser** (**3**), **Sand** (**7**) oder dem Schmelzen des Wachses einer **Kerze** (**6**). Obwohl der Begriff »Uhr« seit der Antike verwendet wird, insbesondere für die **Wasseruhr**, entstand die moderne Uhr erst mit der Mechanisierung um 1300. Nach und nach wurden **Räderuhren** (**8**), **Pendeluhren** (**9**) und schließlich **Spiralfederuhren** (**10**) eingeführt, um die Zeitmessung zu präzisieren. Mit dem Aufkommen der Elektronik in der zweiten Hälfte des 20. Jahrhunderts wurden die mechanischen Regulatoren durch **Quarz** ersetzt, einen Kristall, der mit einer bestimmten Frequenz schwingt, wenn er elektrisch stimuliert wird (**11**, **13**), und durch das **Atom** (**12**), dessen Frequenz beim Übergang zwischen zwei Energieniveaus unveränderlich ist und es ermöglicht, die Sekunde zu definieren.

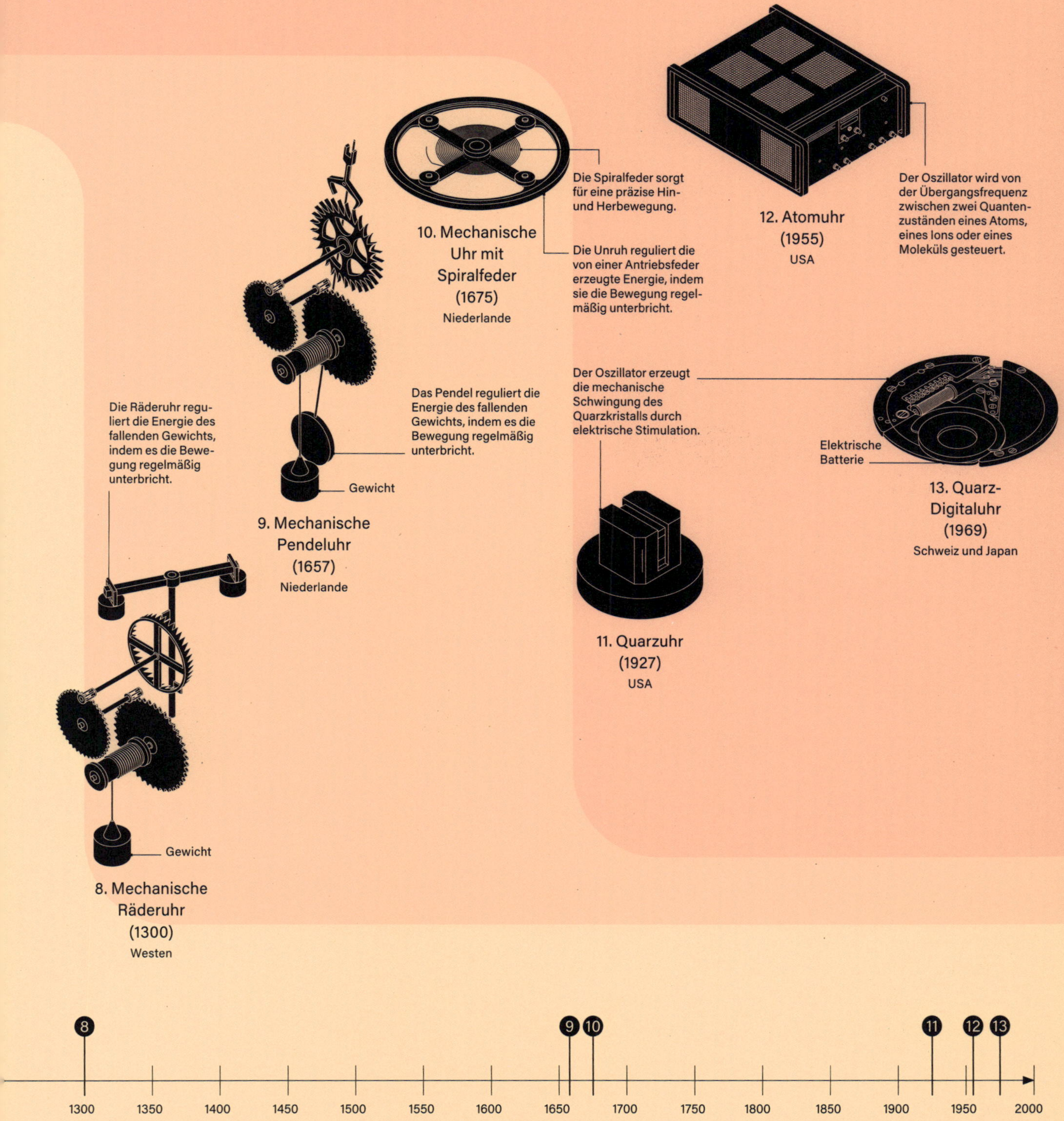

10. Mechanische Uhr mit Spiralfeder (1675)
Niederlande

Die Spiralfeder sorgt für eine präzise Hin- und Herbewegung.

Die Unruh reguliert die von einer Antriebsfeder erzeugte Energie, indem sie die Bewegung regelmäßig unterbricht.

12. Atomuhr (1955)
USA

Der Oszillator wird von der Übergangsfrequenz zwischen zwei Quantenzuständen eines Atoms, eines Ions oder eines Moleküls gesteuert.

Das Pendel reguliert die Energie des fallenden Gewichts, indem es die Bewegung regelmäßig unterbricht.

Gewicht

9. Mechanische Pendeluhr (1657)
Niederlande

Der Oszillator erzeugt die mechanische Schwingung des Quarzkristalls durch elektrische Stimulation.

Elektrische Batterie

13. Quarz-Digitaluhr (1969)
Schweiz und Japan

11. Quarzuhr (1927)
USA

Die Räderuhr reguliert die Energie des fallenden Gewichts, indem es die Bewegung regelmäßig unterbricht.

Gewicht

8. Mechanische Räderuhr (1300)
Westen

8 9 10 11 12 13

1300 1350 1400 1450 1500 1550 1600 1650 1700 1750 1800 1850 1900 1950 2000

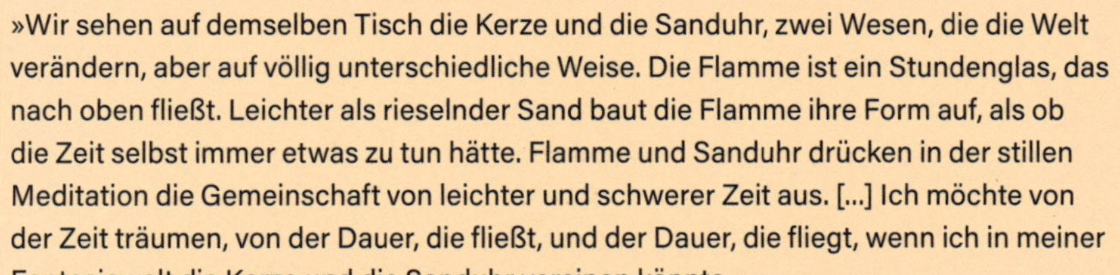

»Wir sehen auf demselben Tisch die Kerze und die Sanduhr, zwei Wesen, die die Welt verändern, aber auf völlig unterschiedliche Weise. Die Flamme ist ein Stundenglas, das nach oben fließt. Leichter als rieselnder Sand baut die Flamme ihre Form auf, als ob die Zeit selbst immer etwas zu tun hätte. Flamme und Sanduhr drücken in der stillen Meditation die Gemeinschaft von leichter und schwerer Zeit aus. [...] Ich möchte von der Zeit träumen, von der Dauer, die fließt, und der Dauer, die fliegt, wenn ich in meiner Fantasiewelt die Kerze und die Sanduhr vereinen könnte.«

Gaston Bachelard, *Die Flamme einer Kerze*, 1961 •

Nr. 88

Gigantismus und die Zeit der Dinosaurier

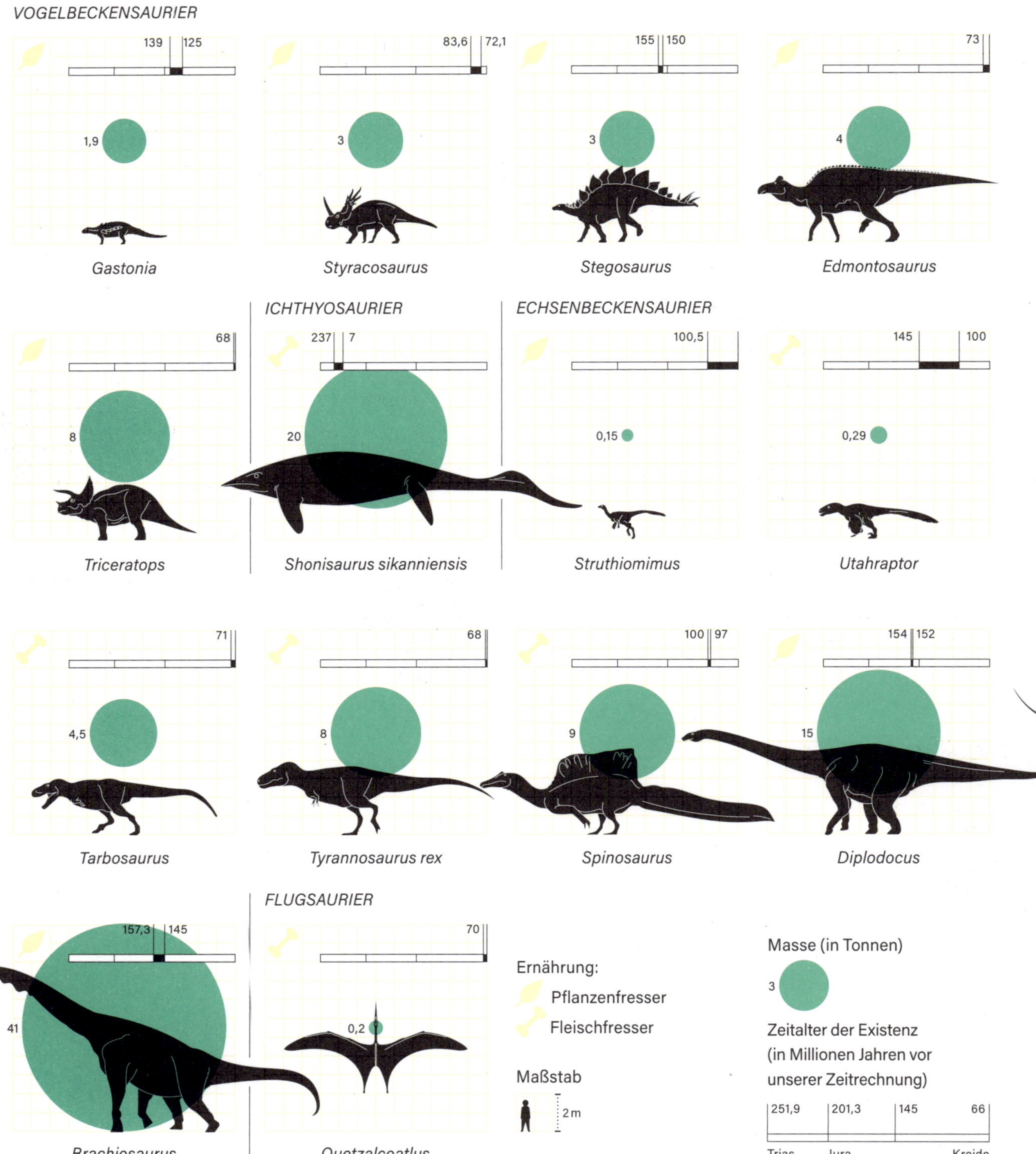

»SCHRECKLICH GROSSE ECHSE« ist die Wortbedeutung des Begriffs Dinosaurier, der im Jahr 1842 von dem englischen Paläontologen Richard Owen geprägt wurde, als er die Fossilien mehrerer großer Wirbeltiere untersuchte, die am Ende der **Kreidezeit** vor 66 Mio. Jahren ausgestorben waren (→ Bildtafel Nr. 114). Diese Landtiere waren Zwei- oder Vierbeiner, **Fleisch- oder Pflanzenfresser**, und sie hatten viele evolutionäre Besonderheiten wie Hörner, Kämme oder Federn, aber vor allem ihre Größe macht sie besonders bemerkenswert: Sie konnten mehr als 70 t wiegen und über 30 m lang werden.

Anhand der Form ihrer Beckenknochen lassen sich zwei Gruppen von Dinosauriern unterscheiden: die **Vogelbeckensaurier** und die **Echsenbeckensaurier**. Unter Letzteren gehörten die sauropoden Pflanzenfresser wie ***Diplodocus*** oder ***Brachiosaurus*** zu den größten. Es war das große Nahrungsangebot in den Baumwipfeln, das diesen Arten eine solche Entwicklung ermöglichte. Zeitgleich mit den Dinosauriern lebten die **Ichthyosaurier** in den Ozeanen, und die **Flugsaurier** waren die ersten fliegenden Wirbeltiere mit häutigen Flügeln, die manchmal mit Daunen bedeckt waren und eine Spannweite von 12 m erreichten. ●

Vogelflug

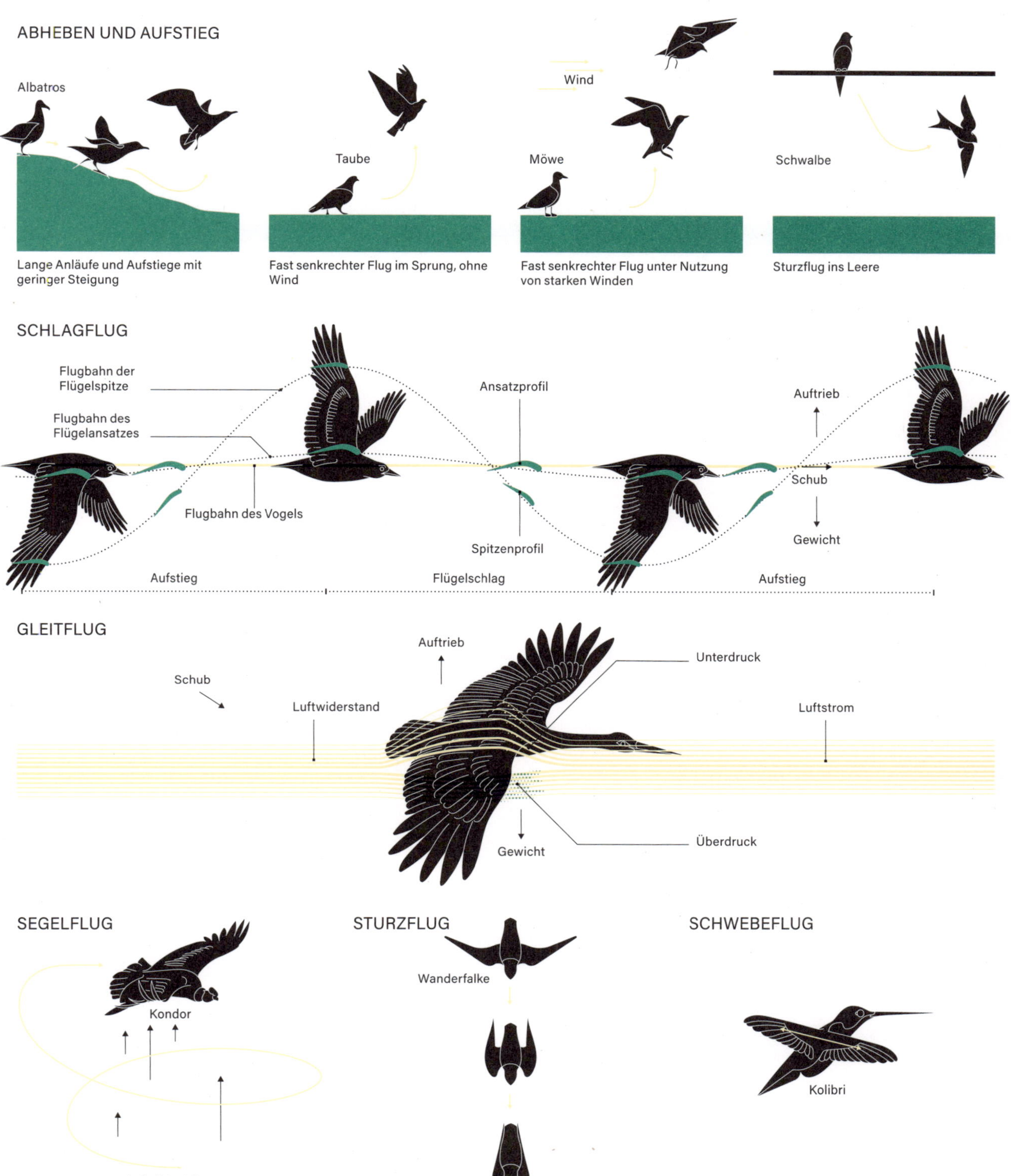

»ICH HABE DIE ABHANDLUNG ÜBER DIE VÖGEL in vier Bücher geteilt: Das erste handelt vom Fliegen durch Flügelschlag (Ruderflug), das zweite vom Fliegen durch die Gunst des Windes (Gleitflug), das dritte vom Fliegen der Fledermäuse, Fische und Insekten im Allgemeinen, das vierte vom künstlichen Fliegen«, schrieb Leonardo da Vinci in einer Notiz zu einer Abhandlung, die nie das Licht der Welt erblicken sollte. Erhalten geblieben ist jedoch sein Codex über den Vogelflug aus dem Jahr 1505, in dem er die Studien für seine berühmte Flugmaschine beschreibt, die allerdings nie funktionieren sollte. Die meisten Vögel fliegen mithilfe ihrer Schwungfedern. Diese langen, dünnen Federn, die an den oberen Gliedmaßen befestigt sind, ermöglichen das **Abheben**, den **Aufstieg** und den **Auftrieb** während des Flugs. Die spezifische Flügelform ist für jede Art charakteristisch und stellt wie auch der Gesang (→ Bildtafel Nr. 32) oder die Fußabdrücke (→ Bildtafel Nr. 1) ein Bestimmungsmerkmal dar. Die Form der Flügel entspricht der von der jeweiligen Art bevorzugte Flugart – **Schlag-**, **Gleit-**, **Sturz-**, **Segel-** oder **Schwebeflug** – und an einen bestimmten Verwendungszweck angepasst. Der **Kondor** nutzt den Segelflug, um auf der Suche nach Aas ein sehr großes Gebiet abzudecken und dabei möglichst wenig Energie zu verbrauchen. Der **Wanderfalke** nutzt die Geschwindigkeit seines Sturzflugs, um andere Vögel zu jagen. Der **Kolibri** sammelt den Nektar von Blüten (→ Bildtafel Nr. 78) im Schwebeflug. ●

Nr. 90

Gletscher

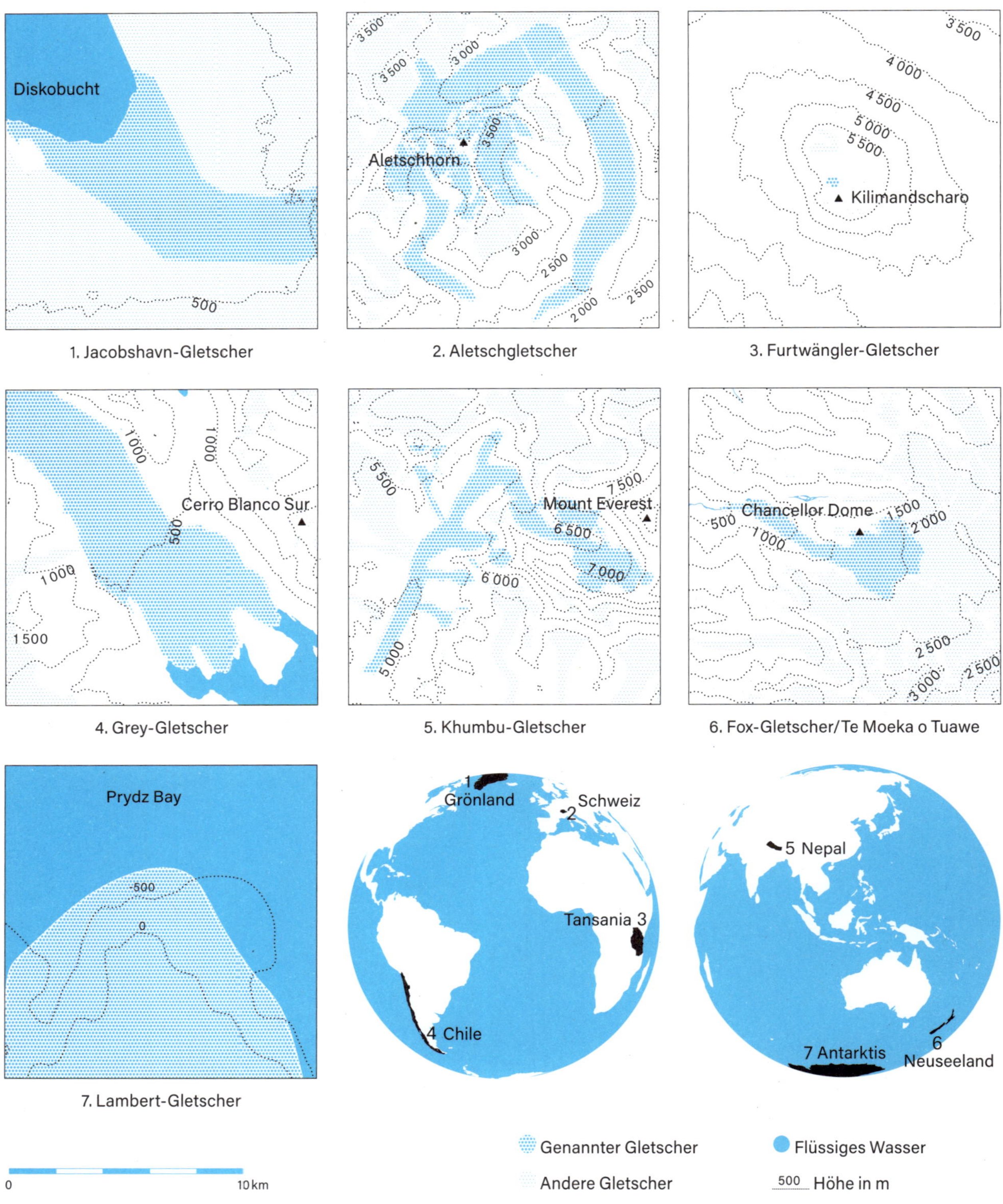

1. Jacobshavn-Gletscher

2. Aletschgletscher

3. Furtwängler-Gletscher

4. Grey-Gletscher

5. Khumbu-Gletscher

6. Fox-Gletscher/Te Moeka o Tuawe

7. Lambert-Gletscher

OB AM MEER (**1** und **4**) oder nicht, ob 40 000 km² wie in der **Antarktis** (**7**) oder 0,011 km² wie auf dem Gipfel des **Kilimandscharo** (**3**) – Gletscher sind kompakte Eismassen, die sich durch Schneefall über Jahrtausende angesammelt haben. Die jährlichen Schneeschichten verdichten sich unter ihrem eigenen Gewicht und werden zu Eis. Gletscher finden sich häufig in großen Höhen auf Berggipfeln, können aber auch flache Gebiete bedecken, wie z. B. in **Grönland** (**1**), wo sie eine Eiskappe bilden. Es gibt zwei typische Zonen: die **Akkumulationszone**, in der sich der ewige Schnee befindet, und die **Ablationszone**, die mit der Gletscherfront endet. Unter dem Einfluss der Schwerkraft fließen diese massiven Eisströme sehr langsam und zähflüssig die Hänge hinunter.

Der Klimawandel lässt die meisten Gletscher zurückgehen, manchmal auf sehr spektakuläre Weise, durch Abbruch (Kalben) und die Bildung von Eisbergen, wenn sie in Seen münden wie in **Chile** (**4**) oder in den Antarktischen Ozean (**7**). Andere sind relativ stabil, wie in der **Schweiz** (**2**), oder bewegen sich – in Ausnahmefällen – vorwärts, wie der Fox-Gletscher in **Neuseeland** (**6**). •

Im Kielwasser der Eisberge

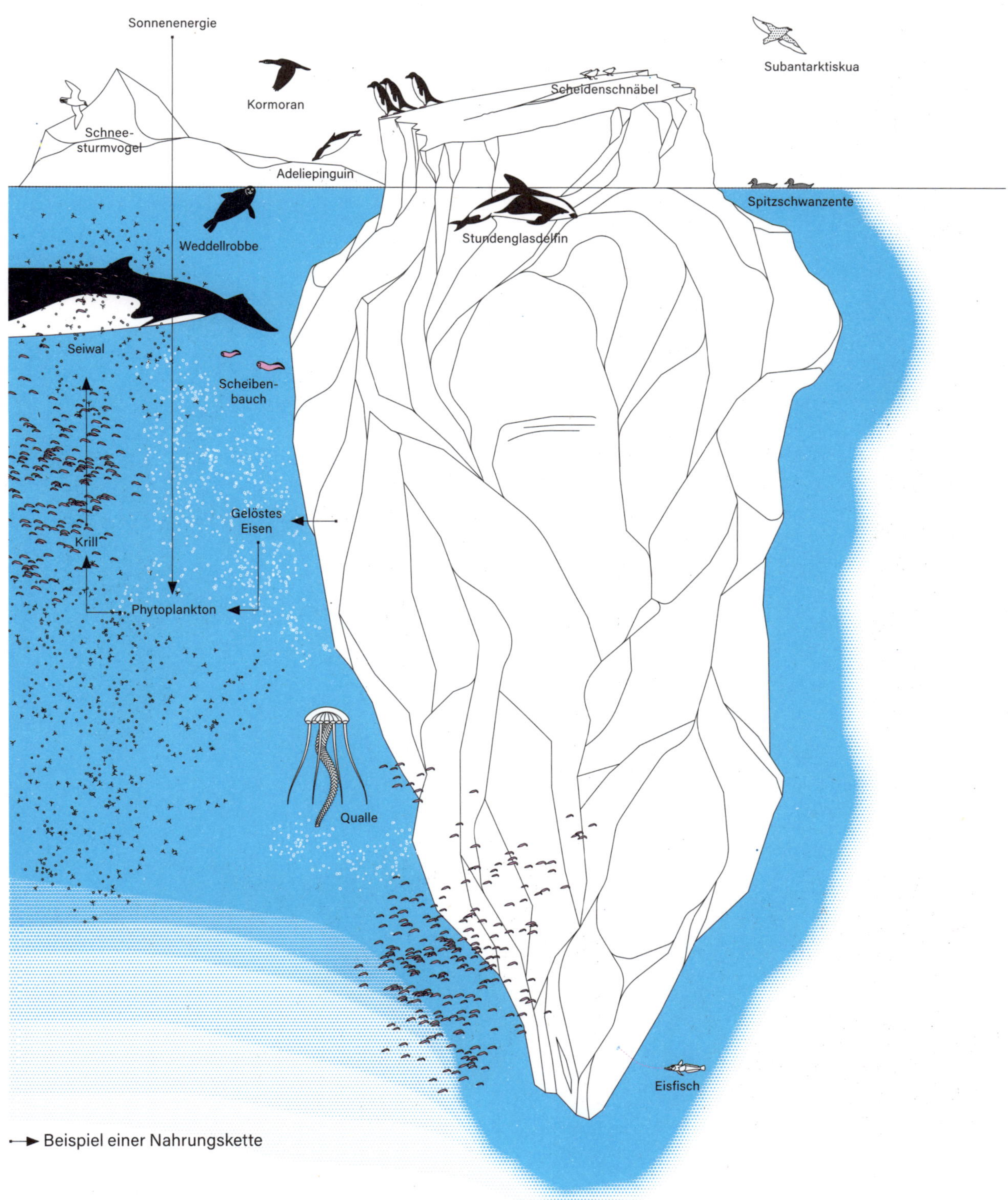

»AM 62. GRAD SÜDLICHE BREITE sahen wir unsere ersten Eisberge – sie waren wie Hochebenen mit senkrechten Wänden [...]. Ich litt sehr unter dem Temperatursturz nach unserer langen Reise durch die Tropen, aber ich versuchte, mich für das Schlimmste, was noch kommen würde, abzuhärten«, schrieb Howard Phillips Lovecraft im Jahr 1936 in *Berge des Wahnsinns*.

Im Antarktischen Ozean treiben Tausende Eisberge, die von den Eisschilden des Kontinents abgebrochen sind. Die Eisberge in der Arktis stammen dagegen von Gletschern, deren Schmelzwasser ins Meer fließt. Die Polarmeere sind reich an Nährstoffen und an **Eisen**, das sich in den Eisschichten angesammelt hat und im **Kielwasser der Eisberge** gelöst wird. Dieses Eisen fördert das Wachstum des **Phytoplanktons**, der Grundlage der antarktischen **Nahrungsketten** (→ Bildtafel Nr. 19). Zudem werden 75–90 % der Eisberge unter Wasser von Meeresströmungen bearbeitet, die das Eis aufwirbeln und aufbrechen, wodurch kleine Vertiefungen entstehen, Zufluchtsorte für viele Meerestiere. Sie werden von Nährstoffen, Eisen und Algen (→ Bildtafel Nr. 92) angezogen. Schließlich macht die Stabilität der Umwelt – Temperatur und Salzgehalt schwanken im Laufe der Jahreszeiten kaum – die Antarktis zu einem Reservoir für eine große Vielfalt an Meeres- und Luftlebewesen. ●

Algen

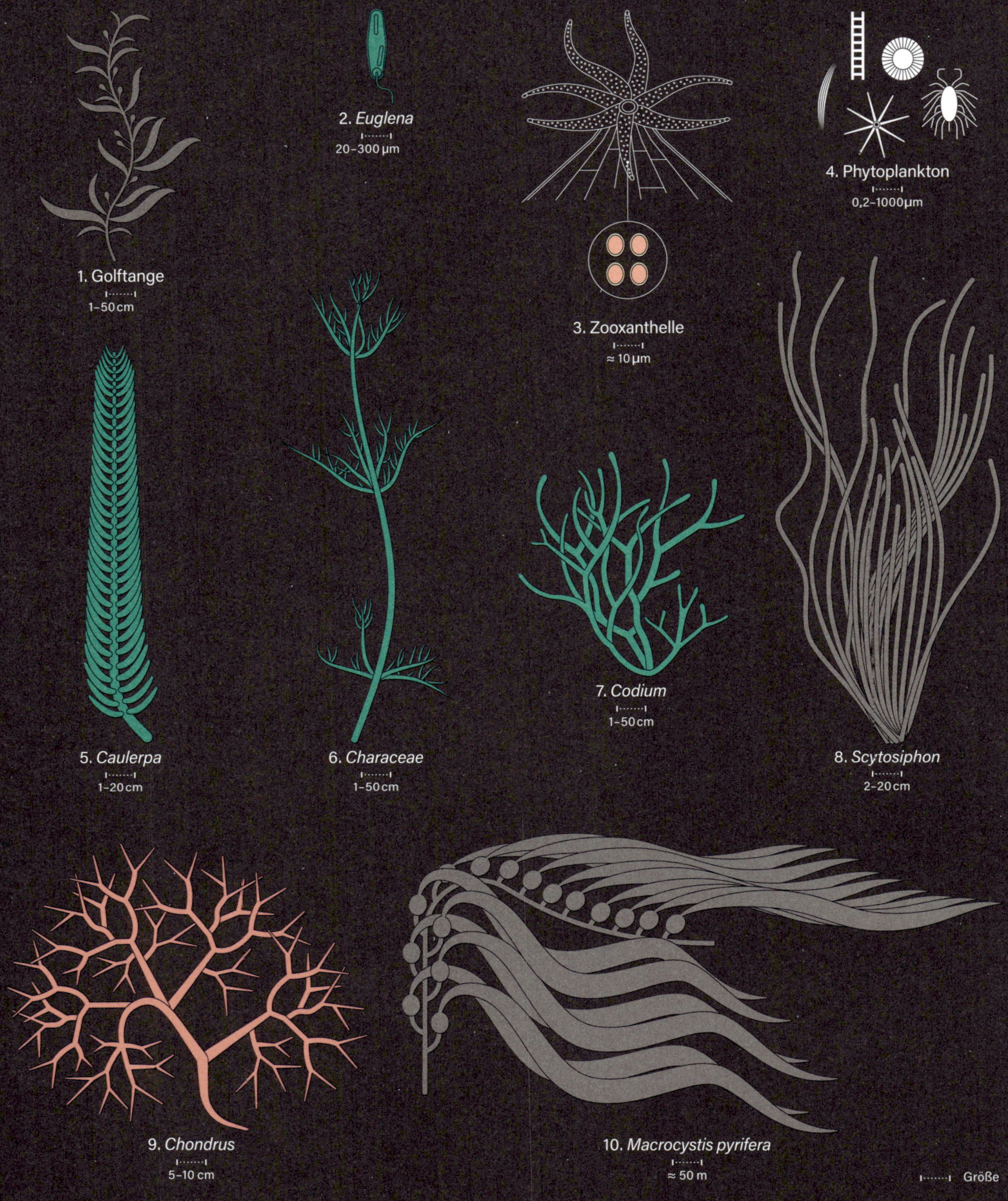

DER BEGRIFF ALGEN UMFASST VERSCHIEDENE aquatische Organismen, die Fotosynthese betreiben können und oft am Anfang von Nahrungsketten stehen (→ Bildtafel Nr. 19). **Braunalgen (1, 8, 10)** kommen in kalten und gemäßigten Gewässern reichlich vor und bilden Unterwasserwälder, die in den Ökosystemen der Küsten eine wichtige Rolle spielen. Sie werden als Industrierohstoff genutzt. Zu ihnen gehört auch die **Golftange (1)**, die durch sogenannte Pneumatozyten (Auftriebskörper) an der Oberfläche gehalten wird. ***Macrocystis pyrifera*** **(10)** bleibt hingegen mithilfe von Stempeln am Meeresboden haften. **Grünalgen (2, 6, 7)** und Rotalgen sind am nächsten mit Landpflanzen verwandt. **Rotalgen (9)** sind wahrscheinlich vor 1,4 Mrd. Jahren entstanden. Es gibt auch eine große Vielfalt an **Mikroalgen**, wie z. B. ***Euglena*** **(2)**, die hauptsächlich an der Oberfläche stehender Gewässer leben und manchmal als Biokraftstoff verwendet werden, oder die goldbraunen **Zooxanthellen (3)**, die in Symbiose mit Korallen leben und deren freigesetztes CO_2 aufnehmen. Die Gesamtheit der einzelligen Mikroalgen, die in den obersten Schichten des Meeres schweben, wird auch als **Phytoplankton (4)** bezeichnet. Wenn Algen in großen Mengen wachsen, färben sie das Wasser rot, grün oder braun. ●

Mangroven

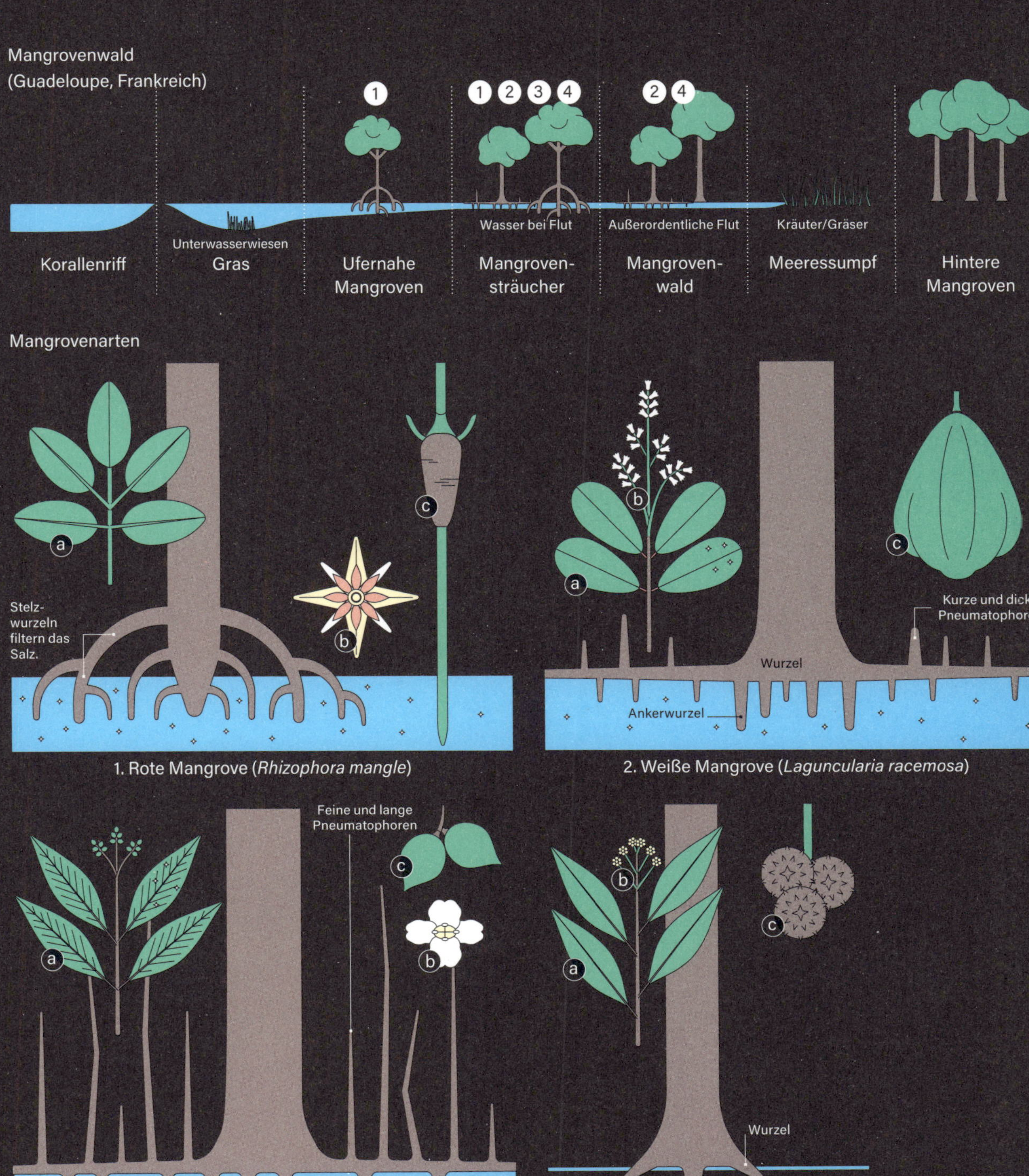

1. Rote Mangrove (*Rhizophora mangle*)

2. Weiße Mangrove (*Laguncularia racemosa*)

3. Schwarze Mangrove (*Avicennia germinans*)

4. Knopfmangrove (*Conocarpus erectus*)

ZWISCHEN LAND UND MEER, zwischen **Sümpfen** und **Korallenriffen** wachsen Mangroven in den brackigen Küstengewässern der Tropen und Subtropen. Insgesamt bedecken sie 150 000 km² schlammige und überflutete Flächen auf der Erde. Diese halb versunkenen Wälder mit ihren **Unterwasserwiesen** und **Luftwurzeln** beherbergen reiche Ökosysteme, die von Krustentieren, Vögeln und Insekten bewohnt werden. Totholz, das sich aufgrund des feuchten und sauerstoffarmen Bodens nur sehr langsam zersetzt, ist ein beeindruckender Kohlenstoffspeicher. Laut einer Studie, die im Jahr 2011 in der Wissenschaftszeitschrift *Nature* veröffentlicht wurde, speichern einige Mangrovenwälder in Indonesien so mehr als 1000 t Kohlenstoff pro Hektar. Die verschiedenen **Mangrovenarten** sind mit ihren **Stelz- oder Luftwurzeln**, den **Pneumatophoren**, mit denen sie sowohl atmen als auch das Salz aus dem Küstenwasser filtern können, an die Wasserumwelt gut angepasst. Die Unwirtlichkeit der Mangrovenwälder hat viele Mythen und Kuriositäten hervorgebracht: Sie lieferten Blätter für medizinische Zwecke, waren Zufluchtsort für Sklaven aus Guadeloupe und das Versteck der Dschinn, übernatürlicher Wesen aus der arabisch-muslimischen Mythologie. ●

Nr. 94

Chemie der Liebe

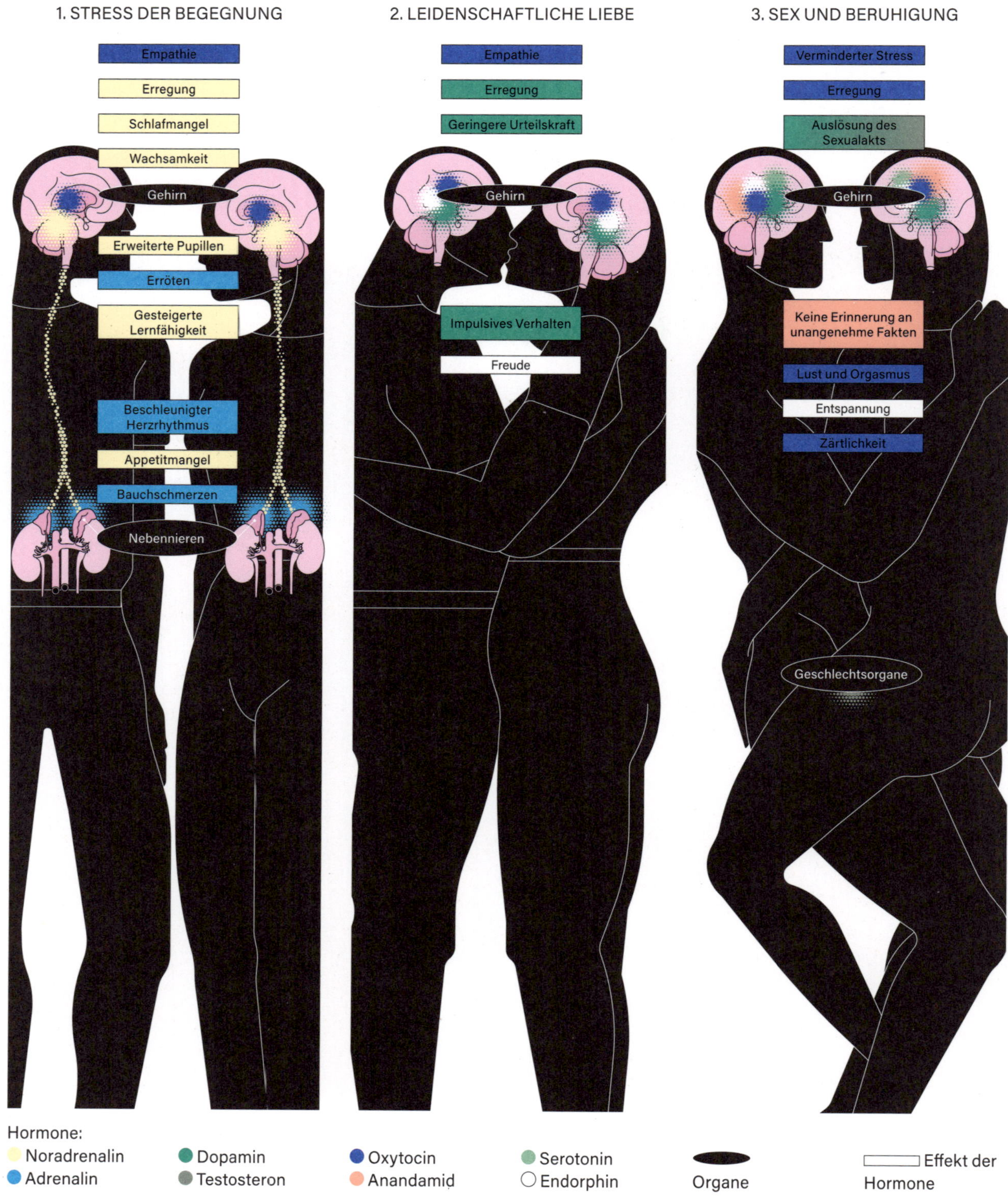

»ANDERE BRAUCHEN WOCHEN und Monate, um sich zu verlieben. [...] Nenne mich verrückt, aber glaube mir. Ein Schlag ihrer Augenlider, [...] und es war Freude und Frühling und Sonne und das warme Meer, sein Glitzern am Ufer, meine wiederkehrende Jugend und die Welt war geboren«, schrieb Albert Cohen in *Die Schöne des Herrn* (1968). Ob Liebe auf den ersten Blick, Romantik, platonische Liebe, Leidenschaft oder Spiritualität – die Liebe inspiriert Künstler und beschäftigt Soziologen und Psychologen seit jeher gleichermaßen. Sie ist aber auch eine Frage der Chemie: Im **Gehirn** werden ähnliche Neuronenbahnen aktiviert wie bei der Empathie (→ Bildtafel Nr. 16). Sie bringen einen explosiven **Hormoncocktail** ins Spiel. Die Begegnung löst zunächst die Ausschüttung von **Stresshormonen** aus, die Folge sind feuchte Hände und Herzklopfen. Dann steigt die Erregung unter dem Einfluss von **Dopamin**, dem »Lusthormon«, das auch bei der Drogen- oder Alkoholsucht eine Rolle spielt und zu »Entzugserscheinungen« und verändertem, mitunter zwanghaftem Verhalten führen kann. Beim **Geschlechtsverkehr** aktiviert es das Belohnungssystem im Gehirn bis zur Euphorie. Nach dem **Orgasmus** tritt durch die Ausschüttung von Serotonin eine Beruhigung ein: Blutdruck, Herzschlag und Atmung normalisieren sich wieder. ●

Würgefeige

DIE SAMEN der Würgefeige werden durch den **Kot** (→ Bildtafel Nr. 74) tropischer **Vögel** verbreitet. Manchmal landen sie auf einem Baum und keimen dort. Dieses scheinbar harmlose Phänomen ist in Wirklichkeit das Ergebnis einer unglaublichen Anpassung einiger Feigenarten der Gattung *Ficus*. In den Tropen ist das Kronendach, die oberste Schicht des Waldes, sehr dicht und bietet den untersten Pflanzen nur wenig Licht. Um zu überleben und ausreichend Sonnenlicht zu bekommen, hat die Würgefeige ihre Früchte so appetitlich, nahrhaft und farbenfroh wie möglich ausgebildet, um Tiere anzulocken, die ihre Samen verbreiten. Diese Pflanzen sind »Hemiepiphyten«: Nach der **Keimung** entwickeln sie ihre **Luftwurzeln** in Richtung Boden, winden sich um den Stamm und die Äste ihres **Wirts** und ziehen aus ihnen ebenso viele **Nährstoffe** wie aus dem Boden. Nach und nach bildet die Würgefeige ein eigenes **Wurzelgeflecht**, wächst wie ein Parasit und erstickt schließlich unweigerlich den Baum, den sie umschlingt. Nicht selten findet man diese *Ficus*-Arten auch an Mauern und Gebäuden. Sie haben beispielsweise die Tempelruinen von Angkor in Kambodscha überwuchert. ●

Wellen

ENTSTEHUNG

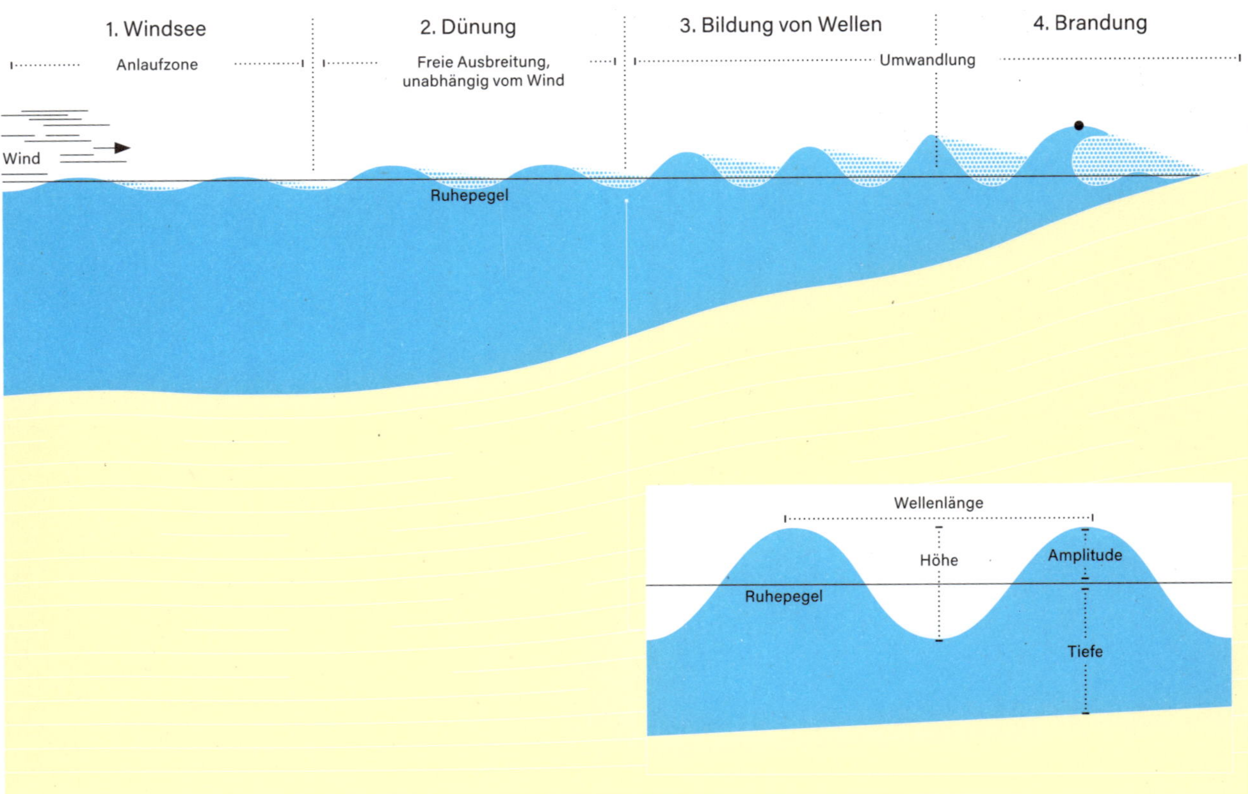

ARTEN DER BRANDUNG

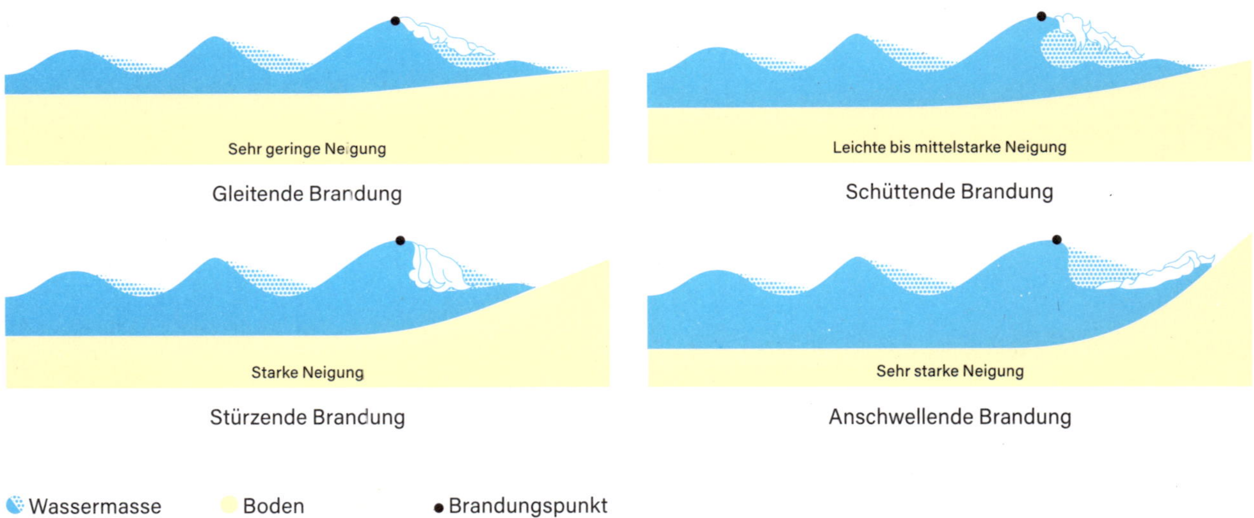

Wassermasse Boden • Brandungspunkt

»DAS MEER, DAS MEER, IMMER WIEDER NEU« – so beschwor Paul Valéry die stets wiederkehrenden **Meereswellen**. Die unberechenbaren, manchmal zerstörerischen und mörderischen Wellen entstehen meist durch die **Kraft des Windes** (→ Bildtafel Nr. 18), der seine Energie auf die Oberfläche einer **Wassermasse** überträgt und dort unregelmäßige Wellen, die Windsee, erzeugt. Sie breitet sich in alle Richtungen aus. Wenn der Wind lange genug über die Oberfläche weht, wird die Windsee größer, gewinnt an Kraft und Geschwindigkeit und kann sich zu einer Dünung entwickeln. Die Dünung kann sich über sehr weite Strecken (mehrere Tausend Kilometer) ausbreiten, ohne dass Wind nötig ist, um sie aufrechtzuerhalten. Wenn die **Dünung** auf die **Küste** trifft, unterscheidet man je nach **Wellenform** verschiedene Arten der **Brandung**. Form, Gestalt und Auswirkung dieser »Brecher« hängen von der **Tiefe** und der **Neigung des Meeresbodens** dort ab, wo sie auf das Land treffen. Der Wind ist aber nicht die einzige mögliche Quelle für Wellen, die unsere Küsten erreichen. Auch Naturereignisse wie Erdbeben, Vulkanausbrüche oder Meteoriteneinschläge können Wellen verursachen. Sind die Wellen sehr hoch, spricht man von einer Flutwelle oder einem Tsunami. •

Magnetische Pole

Nr. 97

MAGNETOSPHÄRE

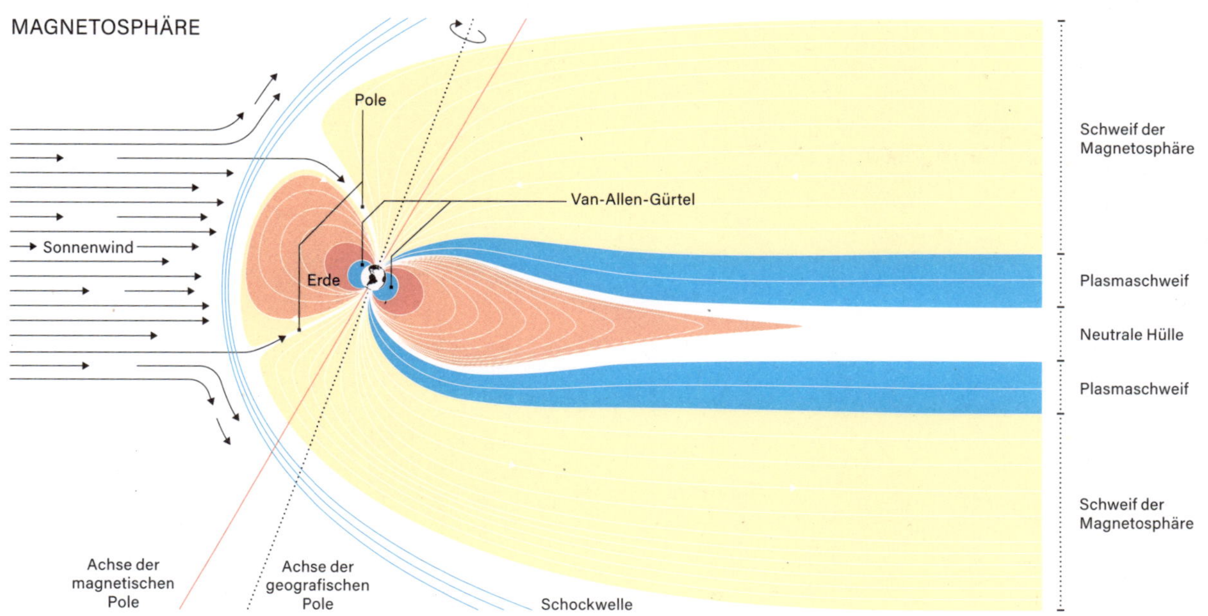

VERSCHIEBUNG DER MAGNETISCHEN POLE

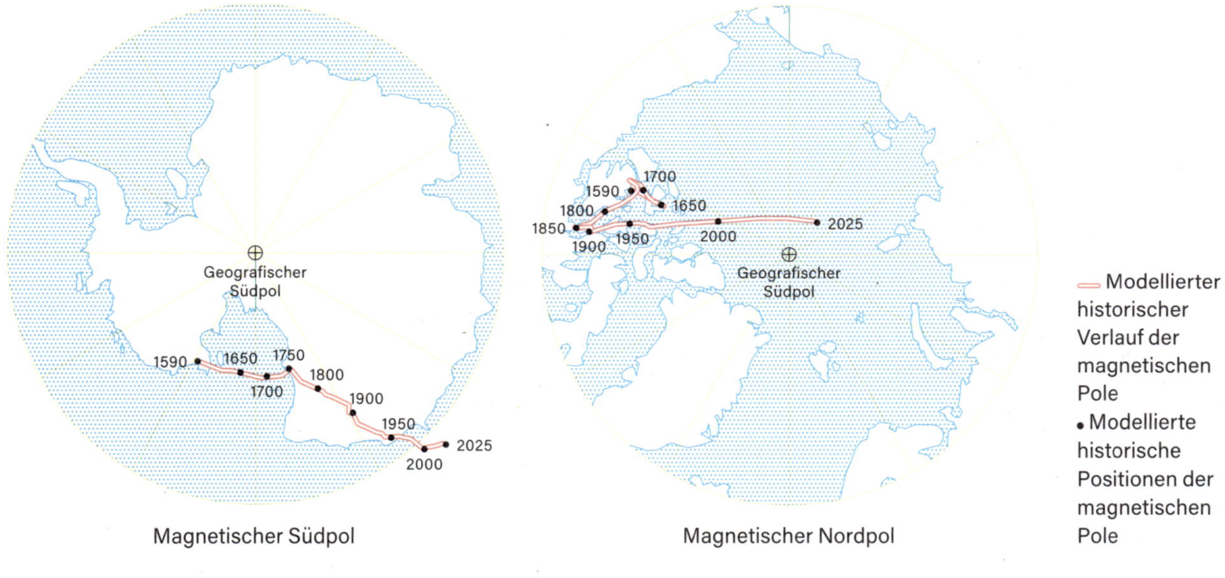

INVERSION DER MAGNETISCHEN POLE

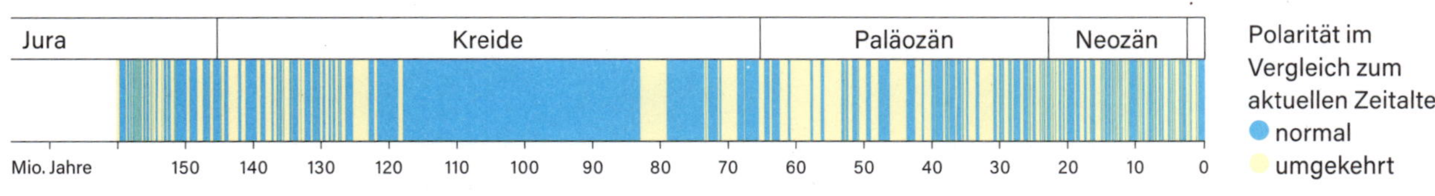

DAS MAGNETFELD DER ERDE wirkt wie ein Schild und erzeugt eine Schutzhülle um die Erde, die als **»Magnetosphäre«** bezeichnet wird. Die Magnetosphäre liegt über der Ionosphäre in 800 km Höhe und lenkt das lebensfeindliche **Sonnenplasma** ab, die geladenen Teilchen des Sonnenwinds. Der Sonnenwind verformt die Magnetosphäre und verleiht ihr das Aussehen eines Kometenschweifs. Die Polarlichter, die den Nachthimmel an den Polen mit grünen bis rosafarbenen Schleiern erhellen, sind die sichtbaren Erscheinungen geladener Teilchen des Sonnenwinds (→ Bildtafel Nr. 51). Der Ursprung des Erdmagnetismus liegt im Erdinneren unter dem Erdmantel im äußeren Erdkern. Er besteht aus einer flüssigen Legierung von Eisen, etwas Nickel und anderen leichteren Elementen, die durch Konvektionsbewegungen in Bewegung gehalten wird. Diese fortwährenden Bewegungen hängen mit der Abkühlung der Erde seit Urzeiten zusammen und werden auch durch die Erdrotation bestimmt. Sie erzeugen eine Art Dynamoeffekt, der wiederum ein zeitlich veränderliches Magnetfeld induziert, wobei sich die magnetischen Pole im Laufe der Zeit leicht verschieben. Im Lauf von Jahrtausenden können sich die Magnetpole sogar **umkehren.** •

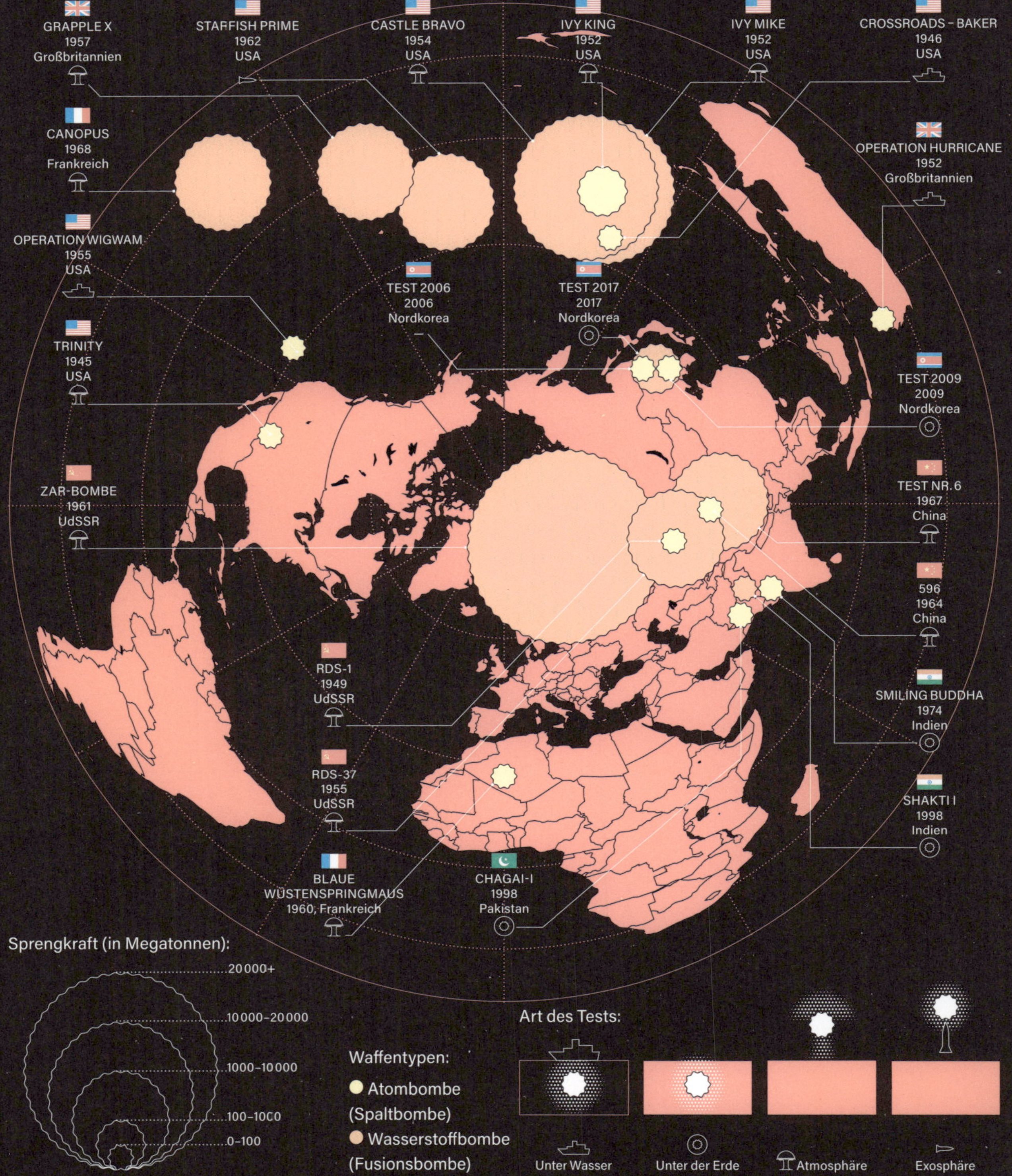

DIE BOMBEN VON HIROSHIMA und Nagasaki im Jahr 1945 (mit einer Sprengkraft von 0,015 bzw. 0,021 Megatonnen TNT) waren der Auftakt zu einem wilden atomaren Wettrüsten zwischen den USA, der damaligen UdSSR und ihren jeweiligen Verbündeten im Kalten Krieg. Alle Länder, die über Atomwaffen verfügen, haben seitdem Tests durchgeführt, um ihr Arsenal an **Atombomben** (Spaltbomben) und **Wasserstoffbomben** (Fusionsbomben) zu testen. Seit 1945 wurden mehr als 2050 Atomtests von nur acht Nationen durchgeführt: USA, Sowjetunion, Großbritannien, Frankreich, China, Indien, Pakistan und Nordkorea. Diese Tests – die unter Wasser, unter der Erde oder in der Atmosphäre durchgeführt werden – sind nicht ungefährlich. Der radioaktive Niederschlag dieser Explosionen hat bis heute Auswirkungen auf die Bevölkerung (Krebs, Missbildungen, Fehlgeburten usw.) und die Umwelt in der näheren Umgebung.

Im Jahr 1996 wurde von den Vereinten Nationen ein Vertrag über das umfassende Verbot von Kernwaffentests (CTBT) ins Leben gerufen. Fünf Atommächte haben den Vertrag unterzeichnet, aber nicht ratifiziert: USA, China, Ägypten, Iran und Israel. Nordkorea, Indien und Pakistan haben den Vertrag weder unterzeichnet noch ratifiziert. •

Schwarze Löcher

AUFBAU

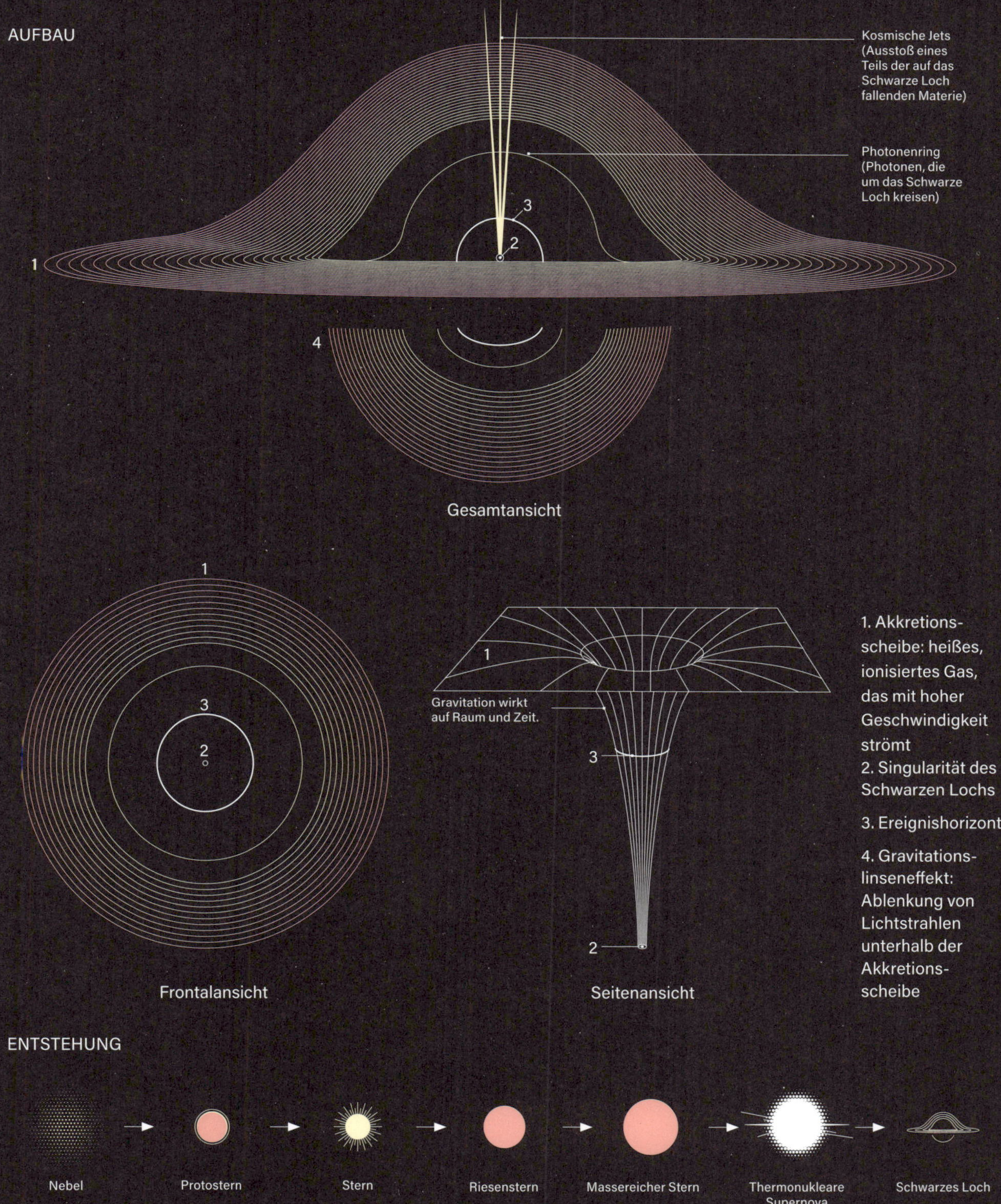

1. Akkretionsscheibe: heißes, ionisiertes Gas, das mit hoher Geschwindigkeit strömt
2. Singularität des Schwarzen Lochs
3. Ereignishorizont
4. Gravitationslinseneffekt: Ablenkung von Lichtstrahlen unterhalb der Akkretionsscheibe

ENTSTEHUNG

Nebel → Protostern → Stern → Riesenstern → Massereicher Stern → Thermonukleare Supernova → Schwarzes Loch

SCHWARZE LÖCHER SIND SUPERMASSEREICHE Himmelsobjekte, die durch einen totalen Gravitationskollaps entstehen, zum Beispiel nach einer thermonuklearen **Supernova**, der kataklystischen Explosion eines **massereichen Sterns**, der mindestens achtmal so schwer ist wie unsere Sonne. Unter dem Einfluss der Schwerkraft stürzt er immer weiter in sich zusammen, bis sich seine Masse an einem Punkt, der **»Singularität«**, konzentriert, an dem die physikalischen Gesetze der Allgemeinen Relativitätstheorie nicht mehr gelten und die Schwerkraft unendlich wird. Der kugelförmige Rand des Schwarzen Lochs, der sogenannte **Ereignishorizont**, ist nur im Negativ sichtbar, wo das Licht in einem sehr hellen Sektor mit vielen Sternen verschwindet. Die **Akkretionsscheibe** ist der Bereich, in dem Materie das Schwarze Loch umkreist, bevor sie spiralförmig in ihm verschwindet. Man unterscheidet zwischen stellaren Schwarzen Löchern, die durch den Kollaps eines massereichen Sterns entstehen, und supermassereichen Schwarzen Löchern, die sich im Zentrum von Galaxien befinden und mehrere Millionen bis Milliarden Sonnenmassen besitzen. Sobald ein Schwarzes Loch ein Teilchen oder Licht einfängt, können diese nicht mehr entkommen. ●

Fossilien

1. Stromatolith

3,5 Mrd. Jahre, Pilbara (Australien), enthält Spuren von organischen Stoffen

2. Versteinerter Wald von Lesbos

18 Mio. Jahre, Lesbos (Griechenland), versteinertes Holz

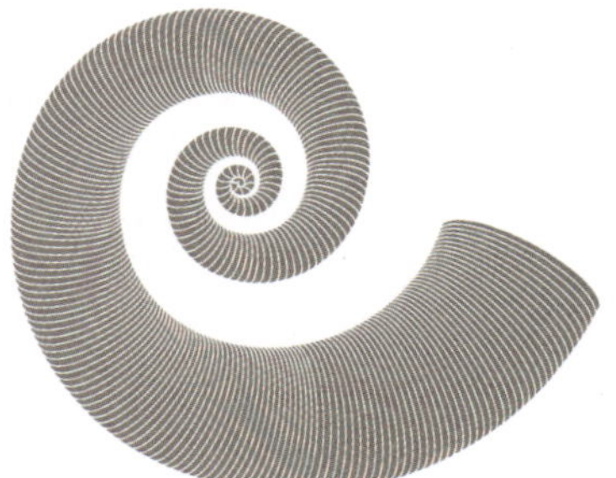

3. Ammonit

250 Mio. Jahre, —, Schneckenfossil

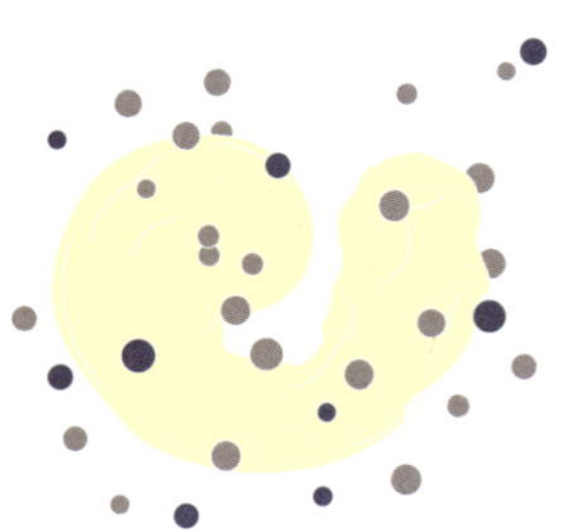

4. Foraminifere

540 Mio. Jahre, Meeresboden, Mikrofossilien

5. Asteriacit

250 Mio. Jahre, Europa, Spurenfossil

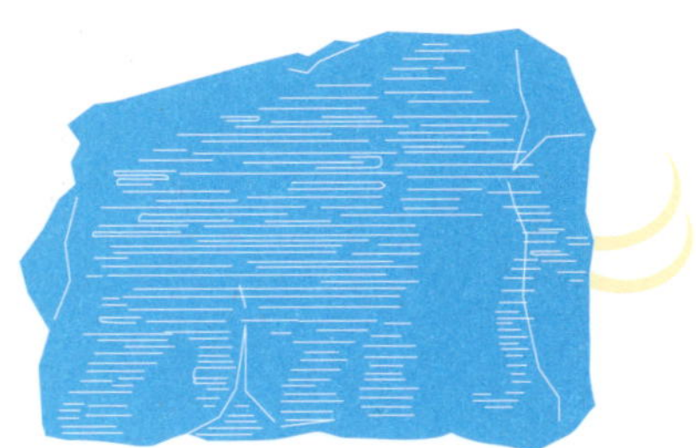

6. Jarkow-Mammut

20 380 Jahre, Taimyhalbinsel (Sibirien), »perfektes Fossil«, konserviert in Eis

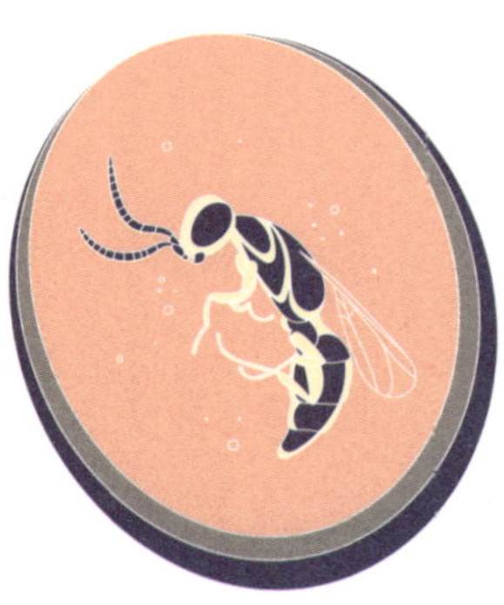

7. Goldwespe

99 Mio. Jahre, Myanmar, fossiles Insekt, in Bernstein eingeschlossen

8. *Gingko biloba*

Zeitgenössisch, gemäßigte Klimazonen, »lebendes Fossil«

9. Nautilus

Zeitgenössisch, Pazifischer Ozean, »lebendes Fossil«

DIE FESTEN ÜBERRESTE eines lebenden Organismus (Tier oder Pflanze), deren Weichteile sich nach dem Absterben zersetzen und die rasch von mehreren Sedimentschichten überdeckt werden, verwandeln sich im Lauf der Zeit durch den Prozess der Fossilisation in Gestein. **Stromatolithe** sind die ältesten bekannten Fossilien und damit Spuren der ersten Lebensformen (**1**). Wälder wurden versteinert, nachdem Vulkanasche und Schlammlawinen niedergegangen waren (**2**). Das einhäuptige Gehäuse der **Ammoniten** ist charakteristisch für diese Kopffüßer aus dem Devon (**3**). **Foraminiferen** werden nach ihrer Größe benannt. Sie kommen vor allem im Meeresboden vor (**4**). Wenn es sich um einen Abdruck oder eine alte Aktivitätsspur eines Lebewesens handelt, spricht man von **Spurenfossilien** (**5**). Manchmal werden mit »Fossilien« auch die Überreste früherer Lebensformen im Allgemeinen bezeichnet. Der Begriff **»perfektes Fossil«** (**6**, **7**) bezieht sich auf Organismen, die in einem Material wie Eis oder Bernstein außergewöhnlich gut erhalten sind. Der Begriff **»lebendes Fossil«** bezieht sich auf noch lebende Arten, die sich gegenüber ihren fernen Vorfahren nicht oder nur wenig verändert haben, wie z. B. der ***Gingko biloba*** (**8**) oder der **Nautilus**, von dem Fossilien aus dem Kambrium gefunden wurden (**9**). •

Radiokarbonmethode

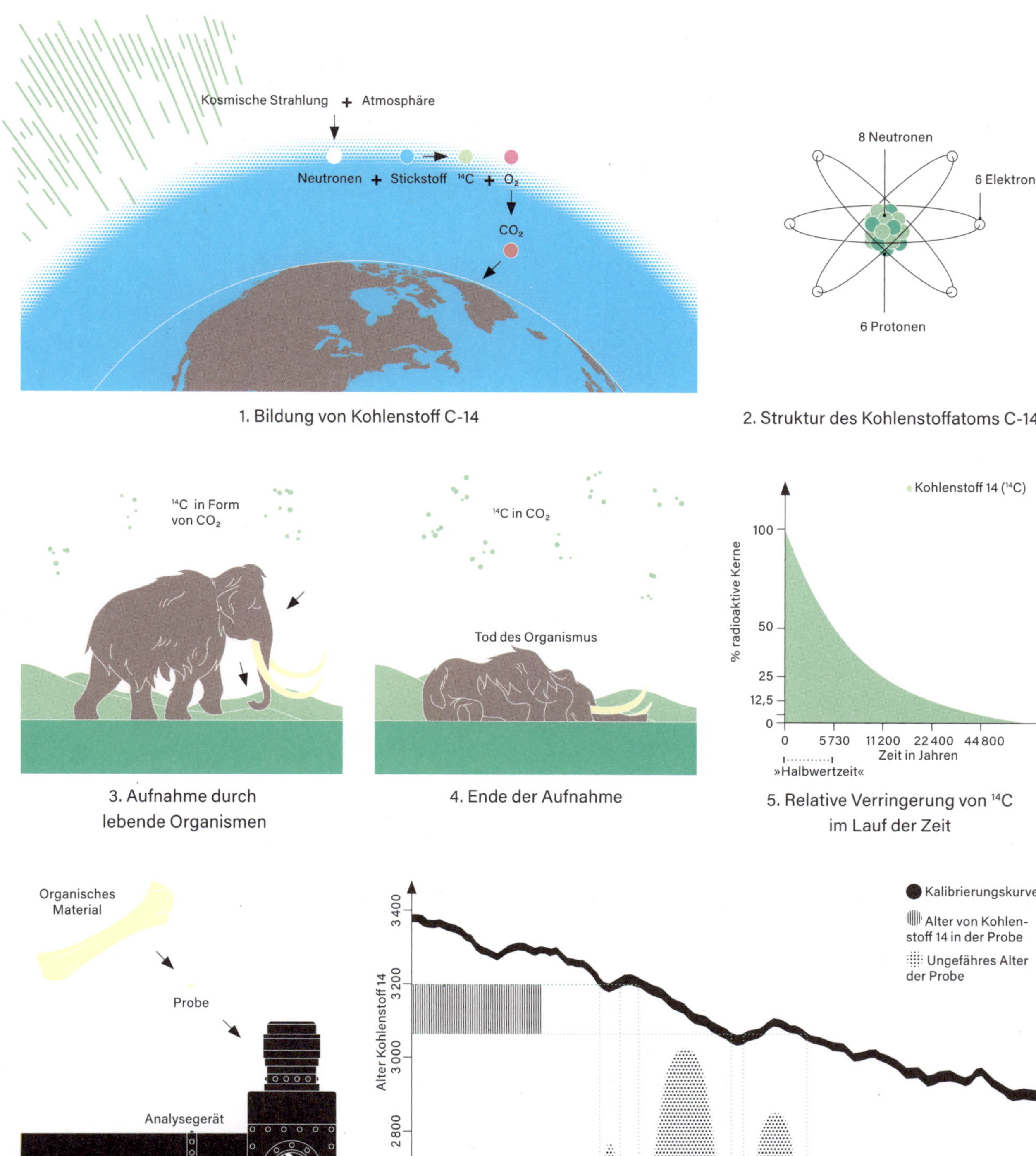

1. Bildung von Kohlenstoff C-14

2. Struktur des Kohlenstoffatoms C-14

3. Aufnahme durch lebende Organismen

4. Ende der Aufnahme

5. Relative Verringerung von ^{14}C im Lauf der Zeit

6. Analyse der Probe

7. Kalibrier- und Datierungskurve

DEM AMERIKANISCHEN PHYSIKER Willard Frank Libby gelang im Jahr 1949 als Erstem, Holz aus einem ägyptischen Grab zu datieren. Er hatte gerade die sogenannte Radiokarbonmethode entdeckt. In den oberen Schichten der **Atmosphäre** (**1**) entsteht das natürliche radioaktive Kohlenwasserstoffisotop C-14 (**2**). Organismen nehmen es im Lauf ihres Lebens auf (**3**). Nach ihrem **Tod** (**4**) bleiben in der organischen Materie drei nützliche Elemente zurück: Kohlenstoff 12, Kohlenstoff 13 und Kohlenstoff 14. Während der Gehalt an Kohlenstoff 12 und Kohlenstoff 13 stabil bleibt, **halbiert** sich der **Gehalt an Kohlenstoff 14** alle **5730 Jahr** – eine Zeitspanne, die auch als **»Halbwertzeit«** bezeichnet wird – bis der Gehalt auf Null sinkt (**5**). Dieses Phänomen ermöglicht die Datierung von organischen Proben. Mithilfe von **Analysegeräten** (**6**) messen die Forscher die Radioaktivität der Probe. Anschließend korrigieren sie das Ergebnis mithilfe einer **Kalibrier- und Datierungskurve** (**7**). Die Technik, für die Libby 1960 den Nobelpreis für Chemie erhielt, hat jedoch ihre Grenzen: Sie kann nur auf Proben angewendet werden, die weniger als 50 000 Jahre alt sind, und sie funktioniert nur für Dinge, die einmal gelebt haben. Es ist also nicht möglich, mineralisches Material mit dieser Methode zu datieren. ●

Geschichte der Roboter

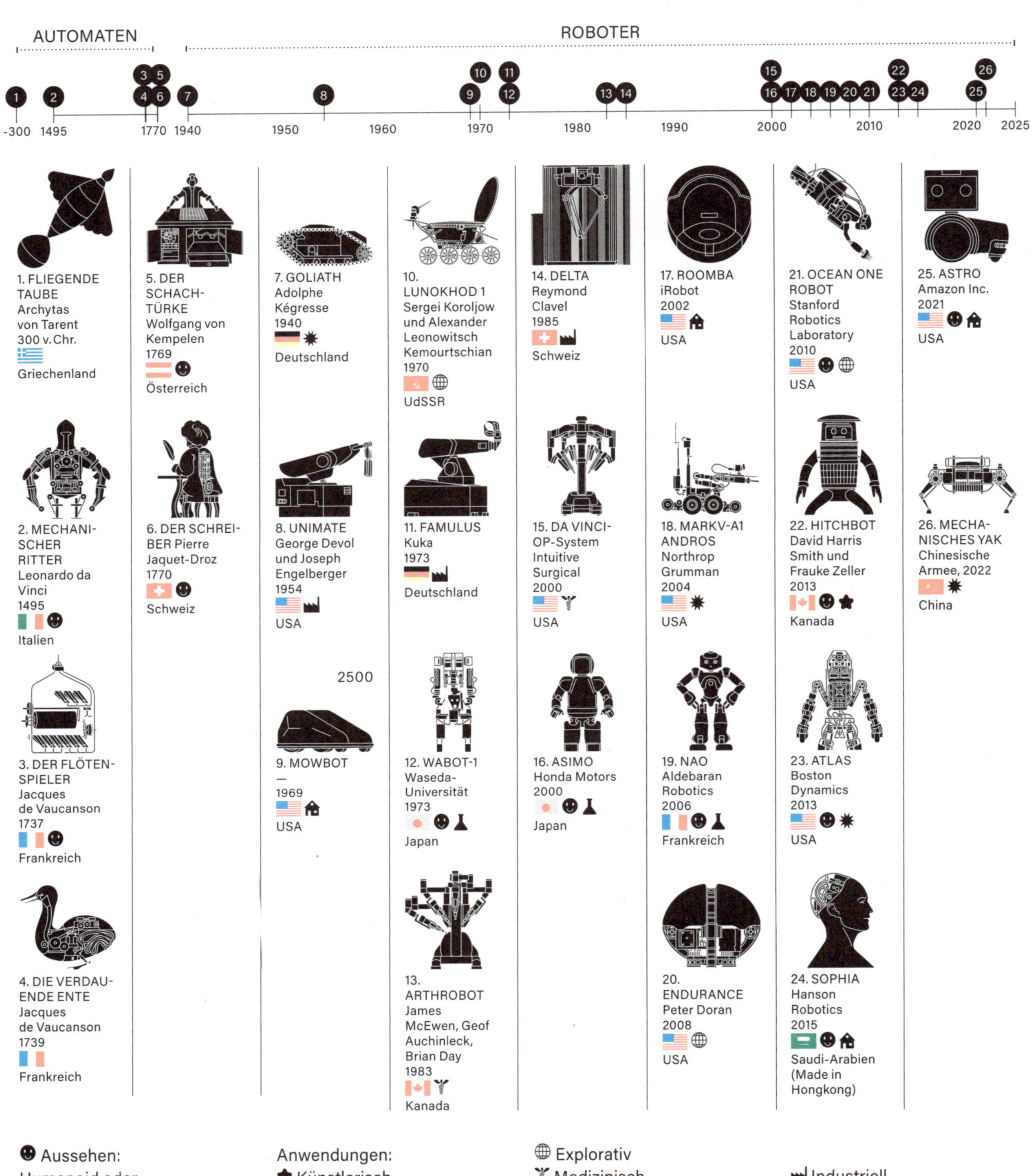

UM ALS »ROBOTER« BEZEICHNET zu werden, muss eine Maschine in der Lage sein, Aufgaben automatisch auszuführen und auf ihre Umgebung zu reagieren. Seit der Antike und über Jahrhunderte hinweg wurden solche Objekte ausschließlich mechanisch konstruiert und programmiert: Sie wurden Automaten genannt. Seit der zweiten Hälfte des 20. Jahrhunderts ermöglicht die Verbindung von Informatik und Elektronik es, ein Objekt so zu programmieren, dass es unabhängig von menschlicher Steuerung agiert. Ob im **künstlerischen**, **häuslichen**, **explorativen**, **medizinischen**, **militärischen**, **industriellen** oder **wissenschaftlichen** Bereich, der **Roboter** kann die menschliche Handlung ersetzen. Dank Künstlicher Intelligenz können Objekte nun auch eigenständig reagieren, indem sie die kognitiven Fähigkeiten des Menschen nachahmen. »Ich versuche, jeden Tag zu einer bereichernden Erfahrung zu machen, bei der ich immer etwas Neues lerne«, antwortet **Sophia** (**24**) lächelnd auf die Frage eines Journalisten nach ihrem Tagesablauf. Der Roboter ist lernfähig, kann nicken, mit den Augen rollen und Grimassen schneiden. Dieser als **Fembot** bezeichnete weibliche **Humanoid**, der älteren Menschen Gesellschaft leisten soll, wird als einer der intelligentesten seiner Art angesehen. ●

Tal des Unheimlichen

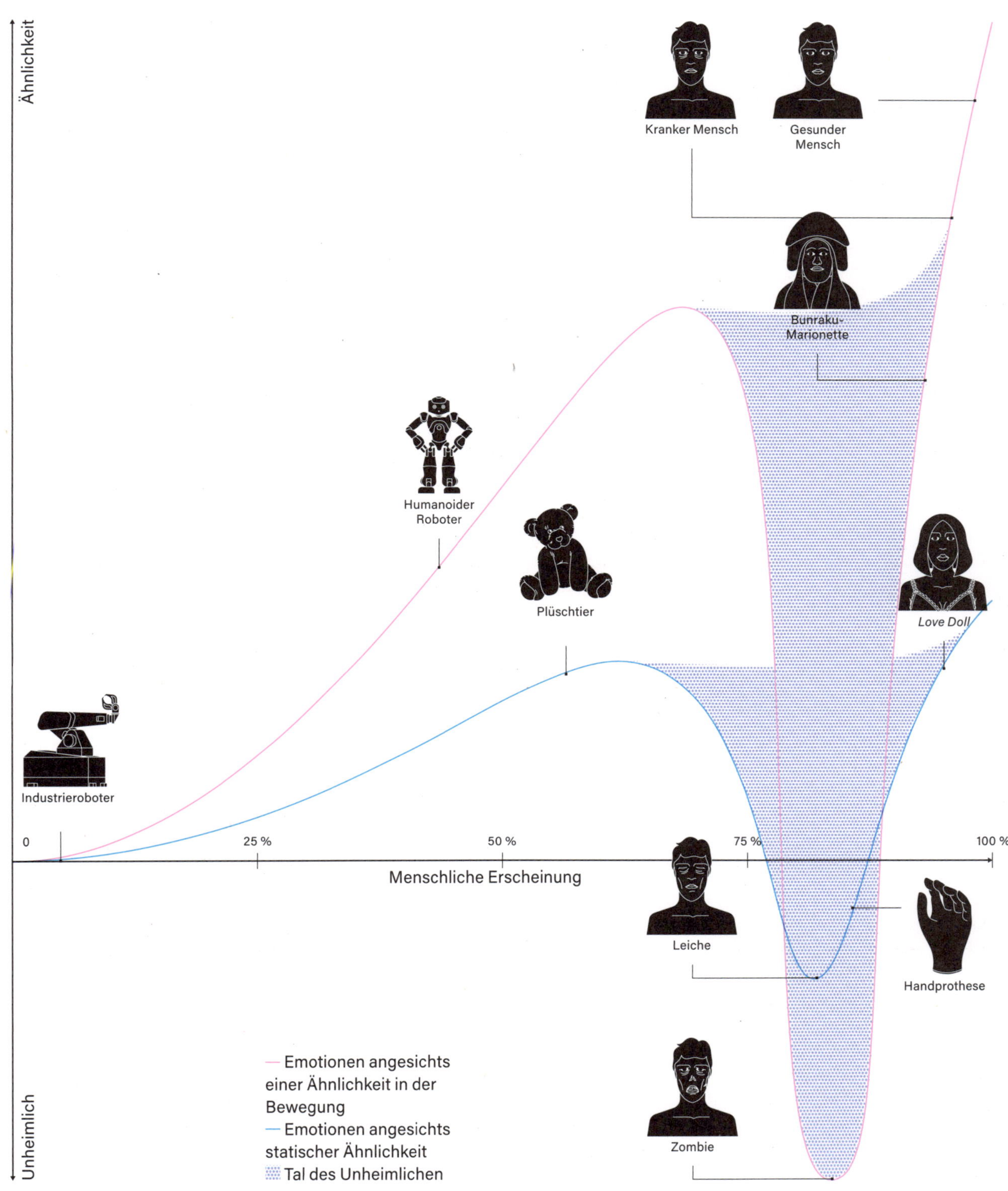

LOVE DOLLS, AUFBLASBARE PUPPEN oder Puppen aus Silikon, die besonders in Japan – wo sie erfunden wurden – beliebt sind, erfüllen die körperlichen Wünsche ihrer Besitzer. Abgesehen von ethisch-moralischen Erwägungen können sie Menschen aber auch beunruhigen. Die Angst vor **sich bewegenden** Objekten oder **statischen** Figuren wie Puppen wurde im Jahr 1970 vom japanischen Robotiker Masahiro Mori konzeptualisiert. Je größer die **Ähnlichkeit** zwischen einem Objekt (humanoidem Roboter, Love Doll usw.) und einem **Menschen** ist, desto mehr Ablehnung ruft es hervor. Ähnlichkeiten verunsichern, Unterschiede machen Angst. Zu diesen Unterschieden gehören nach Masahiro Mori die Bewegung **humanoider Objekte** – deren Gestik oft langsamer ist als die des Menschen – oder bei statischen Objekten morphologische Merkmale wie zu glatte Haut, ausdruckslose Gesichtszüge oder ein blasser Teint. Im Gegensatz dazu löst das Aussehen eines **Industrieroboters** kein Unbehagen aus. Die **Kurve der positiven und negativen Emotionen**, die Objekte in Abhängigkeit von ihrer anthropomorphen Ähnlichkeit hervorrufen, kann in einem Schema dargestellt werden, um den Bereich des Unbehagens zu bestimmen, der als »Uncanny Valley« (**Tal des Unheimlichen**) oder »Akzeptanzlücke« bezeichnet wird. ●

Grenzen der Erde

DIE »PLANETAREN GRENZEN« sind ein im Jahr 2009 von einem internationalen Team von Wissenschaftlern und Wissenschaftlerinnen definiertes Rahmenwerk von neun **Belastbarkeitsgrenzen**, die die Menschheit nicht **überschreiten** darf, will sie ihre Entwicklung in sicheren und funktionierenden Ökosystemen, die aktuell noch ihr Überleben sichern, nicht gefährden. Für jede der von den 26 Forscherinnen und Forschern benannten »Grenzen der Erde« wurde ein Kipppunkt definiert. Werden diese Werte überschritten, lassen sich Umweltveränderungen, deren katastrophale Folgen die Biosphäre dauerhaft destabilisieren könnten, nicht mehr verhindern oder vorhersagen. Im Jahr 2022 wurden fünf dieser neun planetaren Schwellenwerte bereits überschritten: Sie betreffen den **Klimawandel**, **biogeochemische Kreisläufe** (Stickstoff und Phosphor), **Landnutzungsänderungen**, die **Einbringung neuartiger Substanzen** (etwa Mikroplastik, Atommüll, Pestizide) und den **Verlust an biologischer Vielfalt**. Die Forscher gehen insbesondere davon aus, dass unser Planet in einen »neuen Zustand«, der wahrscheinlich weit weniger lebensfreundlich ist, übergehen könnte, wenn die Grenzwerte für die globale Erwärmung und der Verlust an Biodiversität weiterhin in großem Umfang überschritten werden. •

Grenzen des Menschen

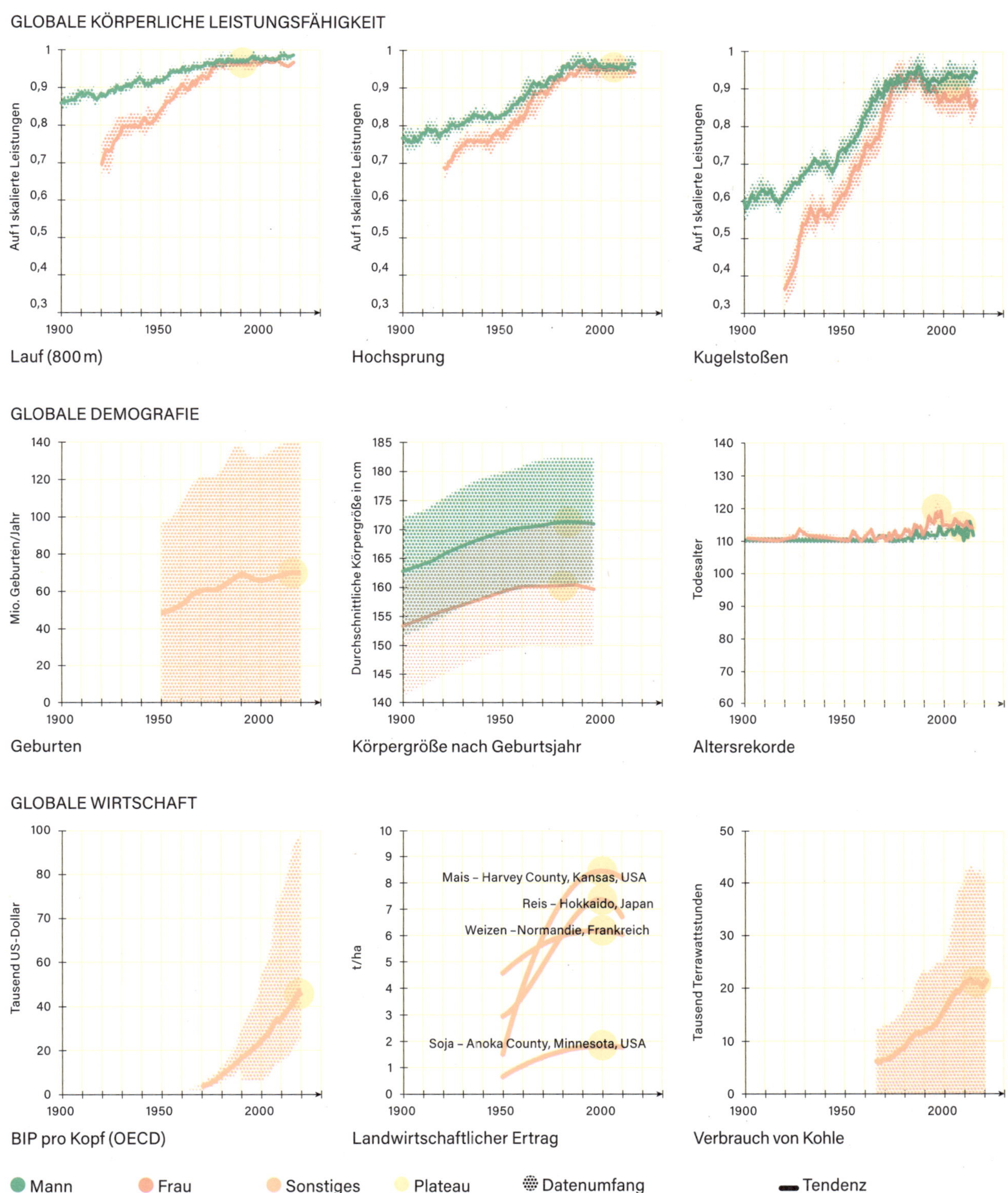

IM JAHR 2012 stellte der französische Physiologieprofessor Jean-François Toussaint die Frage: »Kann sich der Mensch an sich selbst anpassen?« Die weltweiten durchschnittlichen Wachstumskurven des Menschen zeigen einen starken Anstieg in den ersten Lebensjahren, dann ein **Plateau** im Erwachsenenalter und schließlich einen Rückgang im Alter. Diese Kurve nennt er das »individuelle Potenzial«. Das »Artenpotenzial« ist die Summe aller individuellen Potenziale. In Untersuchungsbereichen wie der **Demografie** (Geburtenrate, Lebenserwartung usw.), der individuellen **körperlichen Leistungsfähigkeit** (insbesondere Sportrekorde) oder auch der **Wirtschaft** zeigen bestimmte Werte vergleichbare **Tendenzen**: ein starkes anfängliches Wachstum, gefolgt von exponenziellem Wachstum bis zu einem Plateau, dann eine sogenannte »asymptotische« Phase. Die Projektion in die Zukunft wirft Fragen auf. Werden wir in der Lage sein, die 800 m in weniger als 1:30 Minuten zu laufen? W erden wir irgendwann 200 Jahre alt? Wird das durchschnittliche BIP in den OECD-Ländern auf 80 000 US-Dollar pro Kopf steigen? Zumal die menschlichen Aktivitäten, die Flora und Fauna in allen Ökosystemen nachhaltig verändert haben, bereits heute an die Grenzen der Erde stoßen (→ Bildtafel 104). •

Tiefseetauchen

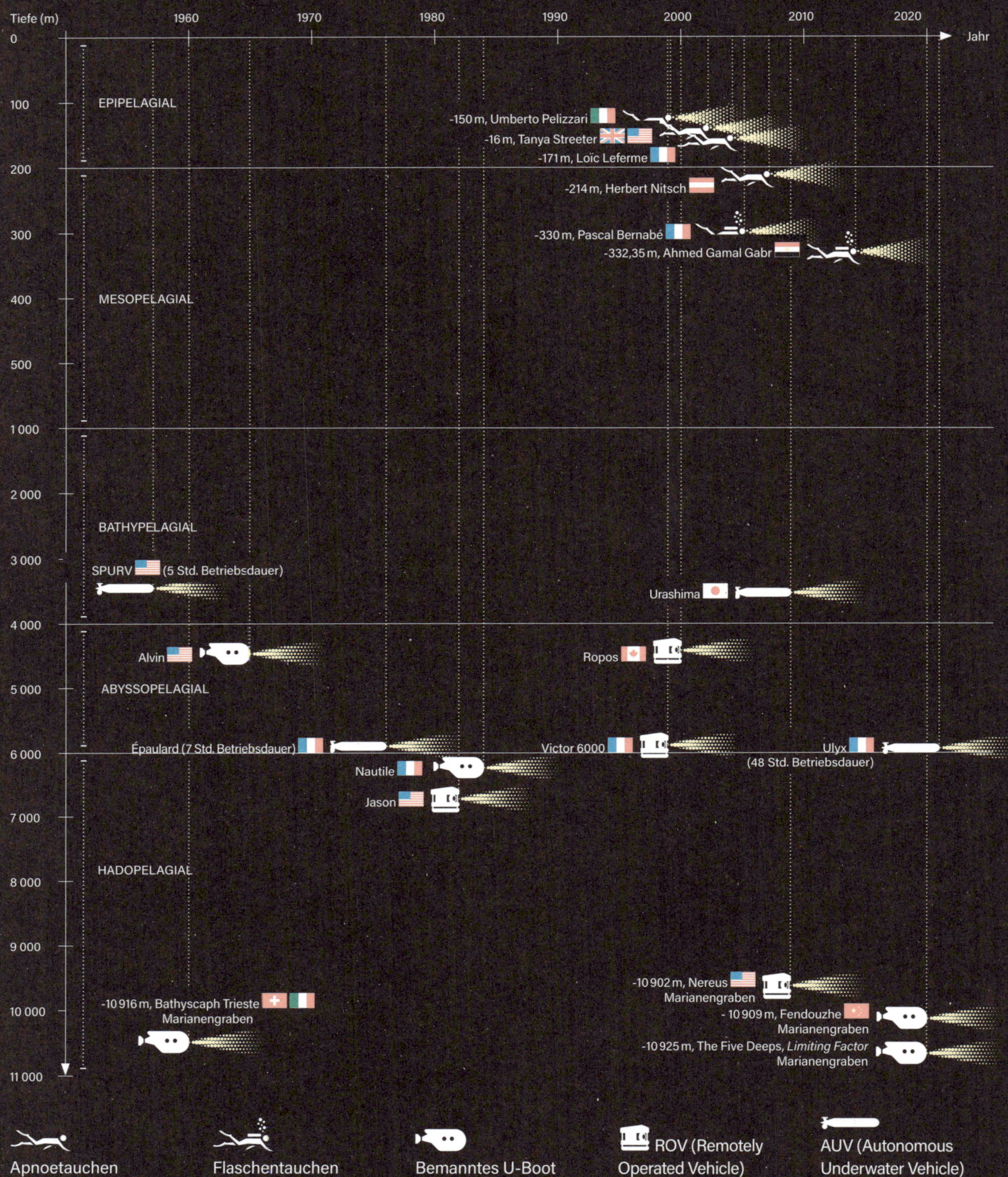

DIE TIEFSEE IST DAS AM WENIGSTEN erforschte Gebiet der Erde, da es schwieriger ist, mit einem Gerät in der Tiefsee zu kommunizieren als mit einem Rover auf dem Mars. Dennoch reichen die ersten Aufzeichnungen über Tauchaktivitäten mindestens 7000 Jahre zurück. Seither haben zahlreiche technische Fortschritte die Grenzen der erreichbaren Tiefen erweitert: die Erfindung des **Flaschentauchens** im Jahr 1839 durch James Elliot und Alexander McAvity, der **bemannten U-Boote** durch die französische Marine im Jahr 1863, der autonomen Tauchgeräte durch Jacques-Yves Cousteau im Jahr 1943, der **AUVs** durch Stan Murphy und Bob Francois im Jahr 1957 und der **ROVs** durch Robert Ballard im Jahr 1985. Man unterscheidet zwischen der »technischen« Erforschung, bei der es darum geht, die materielle Leistungsfähigkeit von Geräten zu demonstrieren, und der wissenschaftlichen Erforschung, bei der zahlreiche Daten zur Beschreibung der Tiefseeumgebung gesammelt werden. Letztere macht große Fortschritte, vor allem dank der ROVs, die ferngesteuerte menschliche Eingriffe wie Probenentnahmen oder visuelle Beobachtungen ermöglichen. Unabhängig vom technischen Fortschritt hat sich das **Apnoetauchen**, bei dem der Druck auf den Körper mit zunehmender Tiefe enorm steigt, zu einem Extremsport entwickelt. ●

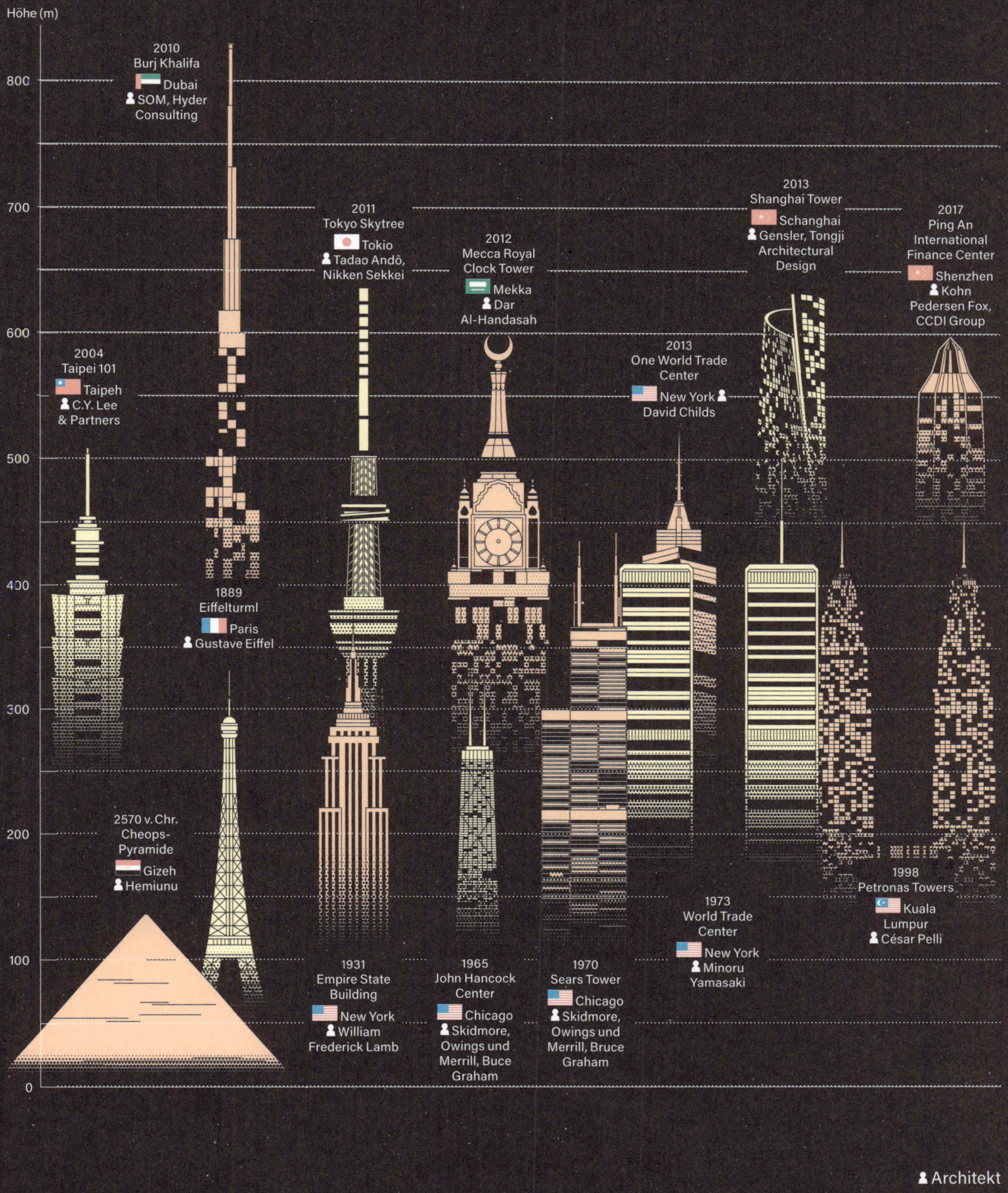

Höhe (m)

800
700
600
500
400
300
200
100
0

2010
Burj Khalifa
Dubai
SOM, Hyder Consulting

2004
Taipei 101
Taipeh
C.Y. Lee & Partners

1889
Eiffelturm
Paris
Gustave Eiffel

2011
Tokyo Skytree
Tokio
Tadao Andō, Nikken Sekkei

2012
Mecca Royal Clock Tower
Mekka
Dar Al-Handasah

2013
One World Trade Center
New York
David Childs

2013
Shanghai Tower
Schanghai
Gensler, Tongji Architectural Design

2017
Ping An International Finance Center
Shenzhen
Kohn Pedersen Fox, CCDI Group

2570 v. Chr.
Cheops-Pyramide
Gizeh
Hemiunu

1931
Empire State Building
New York
William Frederick Lamb

1965
John Hancock Center
Chicago
Skidmore, Owings und Merrill, Buce Graham

1970
Sears Tower
Chicago
Skidmore, Owings und Merrill, Bruce Graham

1973
World Trade Center
New York
Minoru Yamasaki

1998
Petronas Towers
Kuala Lumpur
César Pelli

Architekt

IN GIZEH überragte die **Cheops-Pyramide** (→ Bildtafel Nr. 23) mit ihren 137 m – die Differenz zu den ursprünglichen 146 m sind der Erosion zum Opfer gefallen – mehr als 4400 Jahre lang die Welt, bevor der **Eiffelturm** im Jahr 1889 die Menschheit der Sonne um weitere 163 m näher brachte. Die ersten modernen Wolkenkratzer wurden nach dem Großen Brand von Chicago im Jahr 1871 in den USA gebaut und waren etwa 100 m hoch. Seitdem wurde ein Projekt nach dem anderen realisiert, und dank immer besserer Techniken und Materialien, insbesondere in Bezug auf die Windbeständigkeit, wurden ständig neue Rekorde aufgestellt. Es gibt drei Haupttypen von Wolkenkratzern: Das **World Trade Center** in New York zum Beispiel bestand aus einem zentralen Kern, auf den ein äußeres Stahlskelett gesetzt wurde. Das **John Hancock Center** in Chicago hat ein äußeres Skelett, das diagonal gebaut wurde. Die Verbindung mehrerer schlanker Türme auf einer gemeinsamen Basis wie beim **Sears Tower**, ebenfalls in Chicago, sorgt für mehr Stabilität am Boden. In Saudi-Arabien soll der **Jeddah Tower** mit einer geplanten Höhe von über 1000 m und dreieckigem Grundriss den jetzigen Rekord des **Burj Khalifa** in Dubai aus dem Jahr 2010 um 172 m übertreffen. ●

Big Data

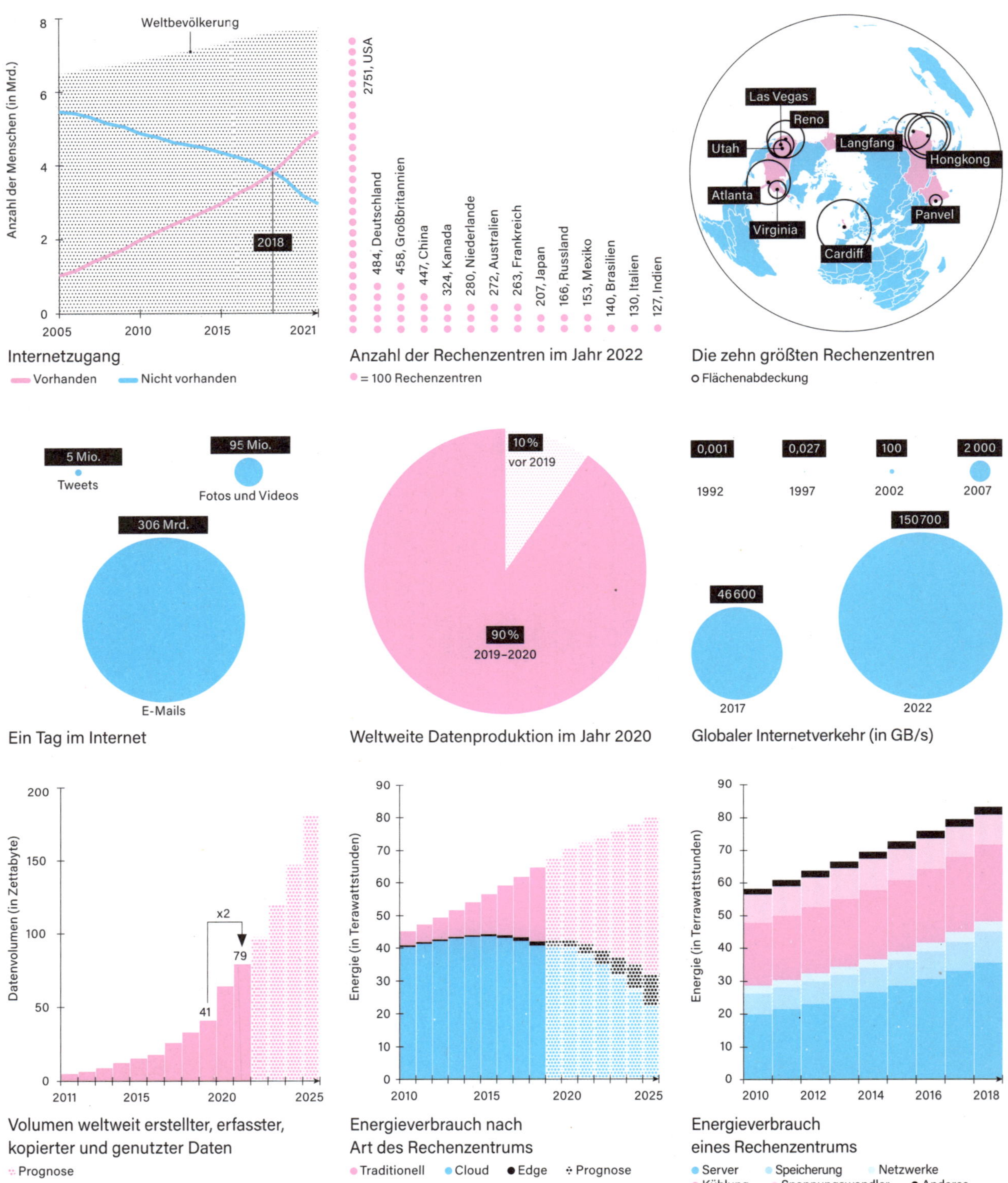

SOZIALE NETZWERKE und Medien, Open Data, das Web, private und öffentliche, kommerzielle und wissenschaftliche Datenbanken haben im Jahr 2021 nicht weniger als 79 Zettabytes (79 Bio. Gigabytes) an **Daten im Internet** durch 12 Mrd. vernetzte Objekte auf der ganzen Welt generiert. Das ist doppelt so viel wie im Jahr 2019, aber nur halb so viel wie für 2025 prognostiziert. Der Begriff »Big Data« bezeichnet die Erzeugung von Daten unterschiedlicher und komplexer Art, die in großen Mengen und in immer größerem **Umfang** anfallen und für deren Analyse und Sortierung Technologien mit immer leistungsfähigeren **Rechenkapazitäten** erforderlich sind. Die Speicherung dieser Daten erfolgt in Rechenzentren, riesigen, gesicherten Gebäudestrukturen, deren Fläche oft Hun derttausende von Quadratmetern umfasst. Diese Infrastruktur verbraucht viel **Energie** – zwischen 2 und 4 % des weltweiten Stromverbrauchs – und sind für CO_2-Emissionen verantwortlich, die mit denen des Flugverkehrs vergleichbar sind.

Big Data ist eine der großen Herausforderungen für die Informationstechnologie in den kommenden Jahren und ein Forschungsschwerpunkt in diesem Bereich. Die fortschreitende Entwicklung der Künstlichen Intelligenz ermöglicht es bereits heute, große Datenmengen zu untersuchen und zu verarbeiten. ●

Intelligenz des Tintenfischs

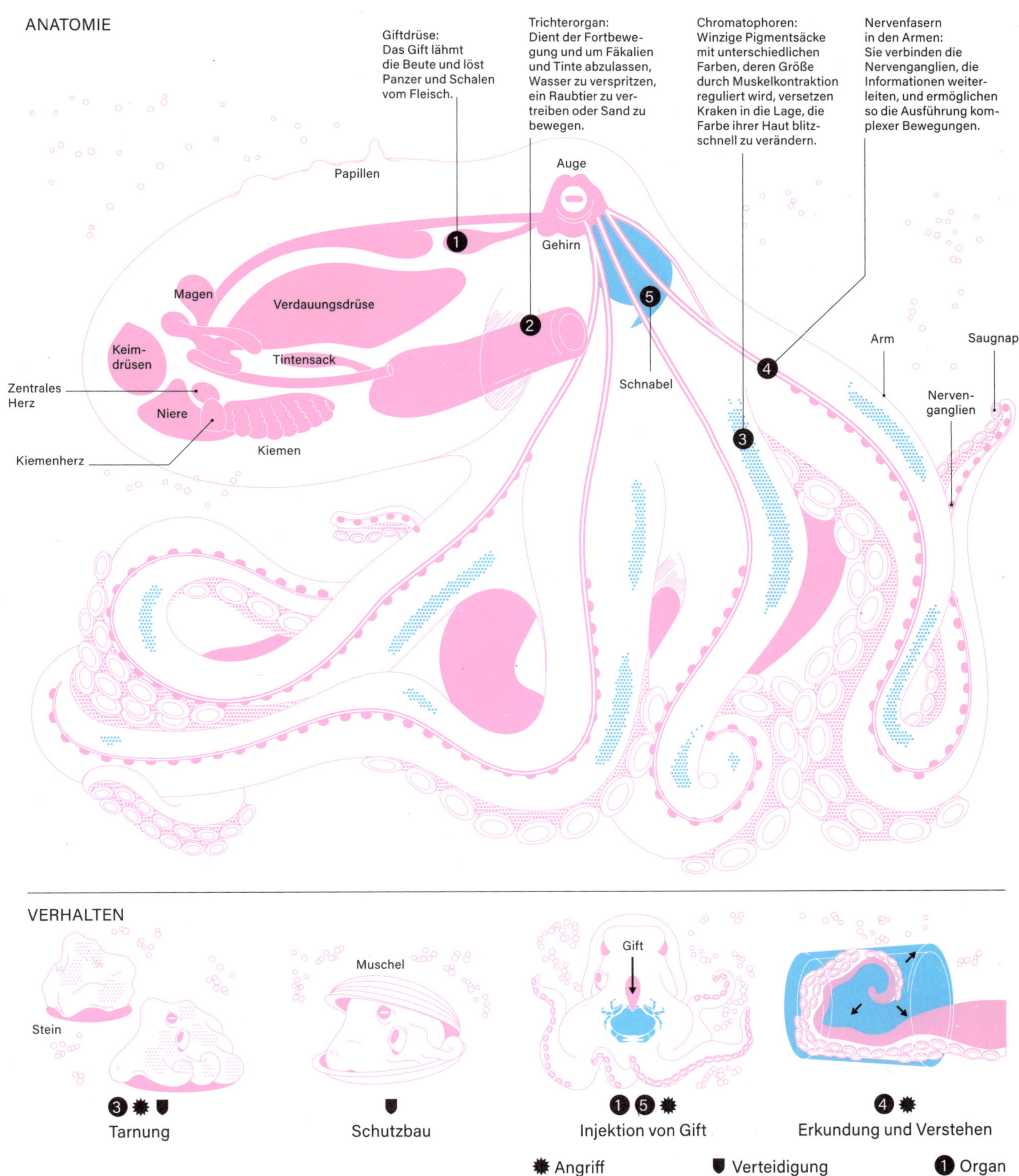

»DIESE TIERE SIND EBENSO GESPENSTISCH wie monströs«, schrieb Victor Hugo in *Die Arbeiter des Meeres* über die Weichtiere, die mit ihren acht **Saugnapfarmen** und ihrem **Rückstoßantrieb** den Meeresboden abtasten. Tintenfische, auch Kraken genannt, werden wegen ihrer Fähigkeit unbemerkt zu entkommen, oft als »Könige der Flucht« bezeichnet. Seit Jahrhunderten beflügeln sie die Fantasie der Menschen und faszinieren Seefahrer wie Wissenschaftler. Sie sind geschickt und intelligent, aber auch gefürchtete Räuber, die durch ihren **Schnabel Gift** injizieren. Neben ihren zwei (oder drei) **Herzen** sind ihre auf ihr Zentralhirn und ihre Arme verteilten 500 Mio. Neuronen zweifellos der größte Trumpf dieser Kopffüßer! Damit beobachten sie und lernen, **geben Informationen weiter** und speichern sie vor allem ab. So können Tintenfische je nach **Angriffs-** oder **Verteidigungssituation** den Deckel eines Glases abschrauben und den Inhalt **erforschen**, sich in einer Muschel **verstecken** oder **sich tarnen**, indem sie Pigmentierung verändern und dabei ihre Umgebung nachahmen ... Der australische Wissenschaftsphilosoph Peter Godfrey-Smith formuliert es so: »Wahrscheinlich werden wir der Erfahrung, einem intelligenten Alien zu begegnen, nie näher kommen.« •

Fruchtfolge

1. BODENVERBESSERUNG

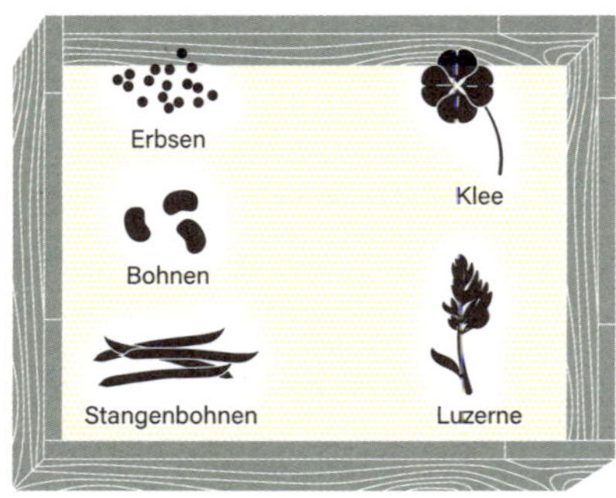

Hülsenfrüchte, Grünland

Phase des Aufbaus einer Ackerfläche, erhöht ihre Fruchtbarkeit

2. ANSRPUCHSVOLLE KULTUR

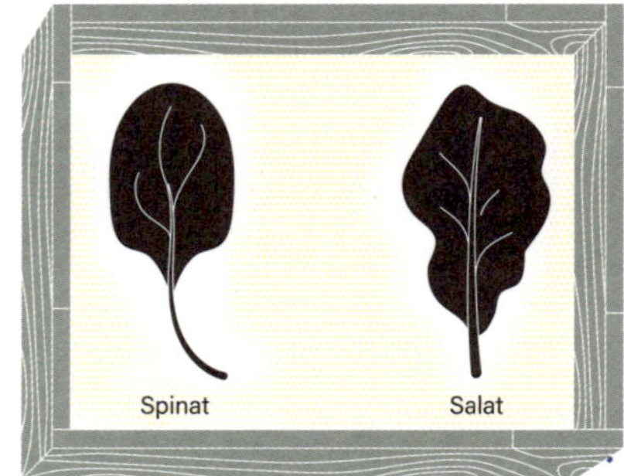

Blattgemüse

Hoher Bedarf an Stickstoff und organischen Stoffen

3. ANSPRUCHSLOSERE KULTUREN

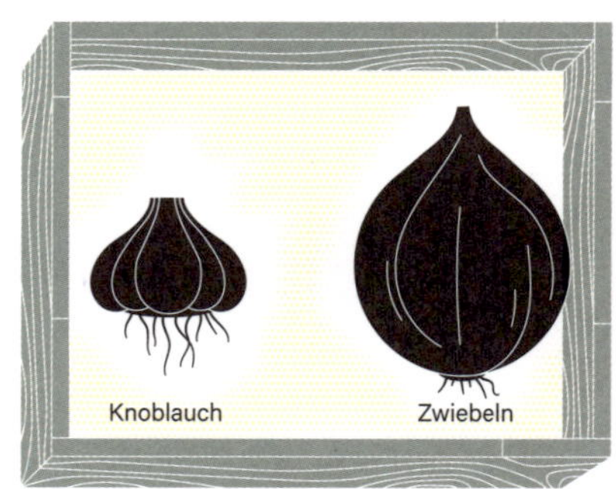

Knollengemüse

Veränderung des Wurzelsystems und des Nährstoffbedarfs

4. SCHWACHZEHRENDE KULTUREN

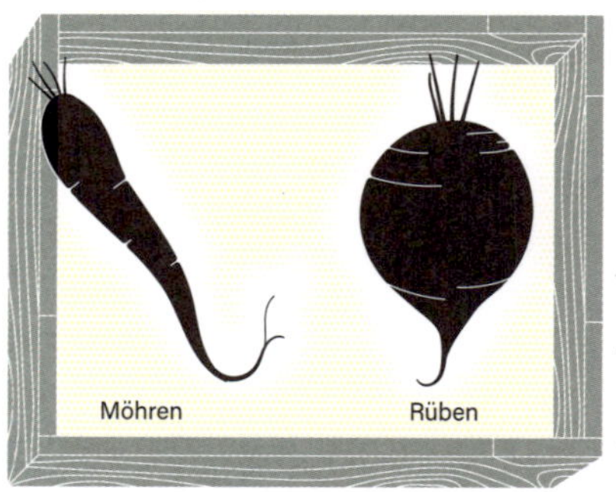

Wurzelgemüse

Veränderung des Wurzelsystems und des Nährstoffbedarfs

5. NÄHRSTOFFINTENSIVE KULTUREN

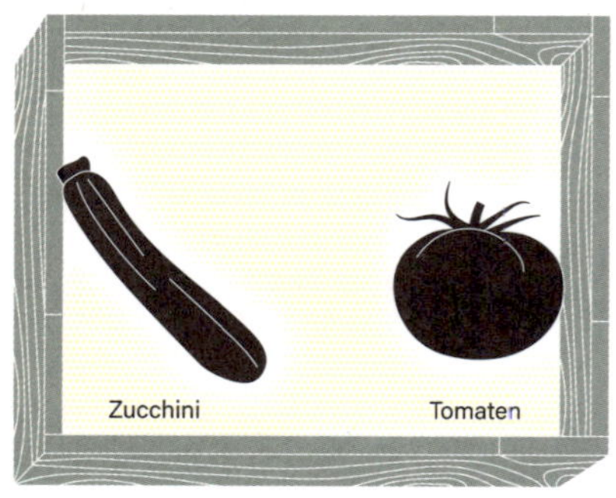

Fruchtgemüse

Hohe Zufuhr von Kompost

6. REINIGENDE KULTUR

Hackfrüchte

Begrenzt die Entwicklung von Konkurrenzpflanzen

DAS PRINZIP DER FRUCHTFOLGE besteht darin, verschiedene Nutzpflanzen in regelmäßigen Zyklen auf derselben Anbaufläche anzubauen. Diese Praxis bestand seit dem Mittelalter bis ins 20. Jahrhundert. Als die Mechanisierung mit dem Aufkommen von Erntemaschinen und dem Einsatz von Chemikalien wie Düngemitteln und Pestiziden begann, wurde sie zugunsten von Monokulturen aufgegeben. Da die Fruchtfolge die Struktur und die biologische Aktivität des Bodens verbessert und Unkräuter unter Kontrolle hält, wurde sie in den letzten Jahrzehnten im Rahmen der nachhaltigen Landwirtschaft wieder eingeführt.

Je nach Bodenbeschaffenheit und Bedarf sind verschiedene Fruchtfolgen und Zykluslängen möglich. Im Gemüsegarten kann ein sechsjähriger Zyklus gewählt werden, der mit einer **Bodenverbesserungskultur** beginnt, die den Boden anreichert und **fruchtbarer** macht, um dann in den folgenden zwei Jahren **stickstoffbedürftige** und weniger stickstoffbedürftige Kulturen wie Zwiebelgemüse anzubauen. Danach werden abwechselnd **schwachzehrende** und **nährstoffbedürftige** Kulturen angebaut und der Zyklus endet mit einer **reinigenden** Kultur, die das Unkraut beseitigt. ●

Wurzelsysteme

PFAHLWURZEL

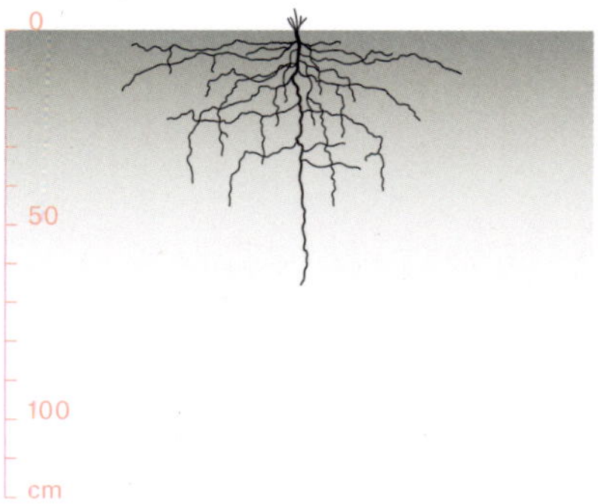

Kümmel

HERZWURZEL

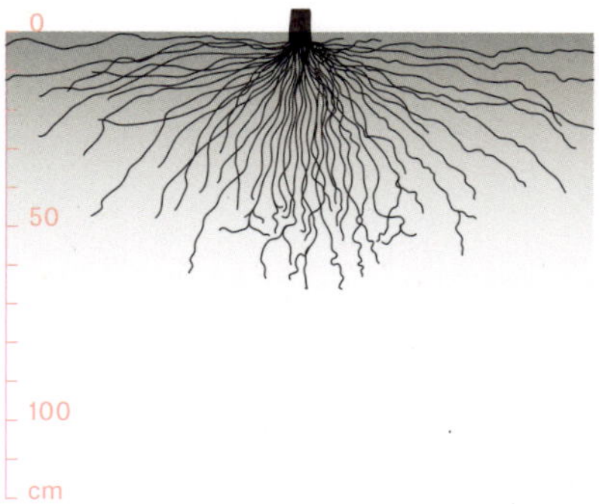

Lauch

FLACHWURZEL

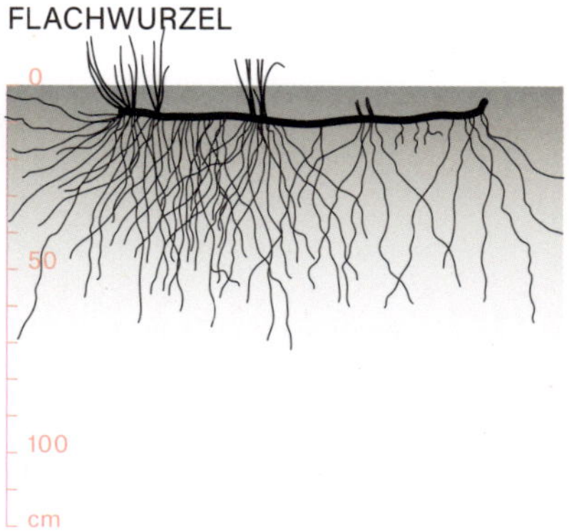

Kalmus

PFAHLWURZEL KNOLLE

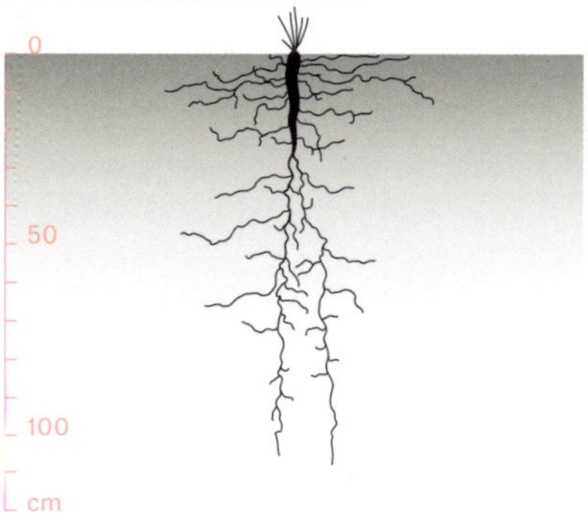

Möhre

HERZWURZEL KNOLLE

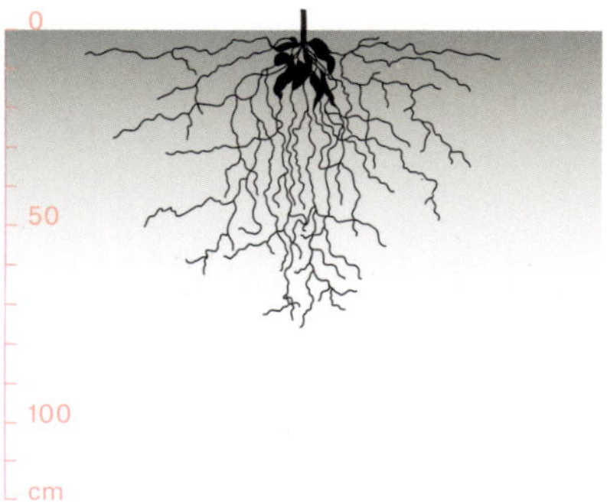

Süßkartoffel

ADVENTIVWURZEL

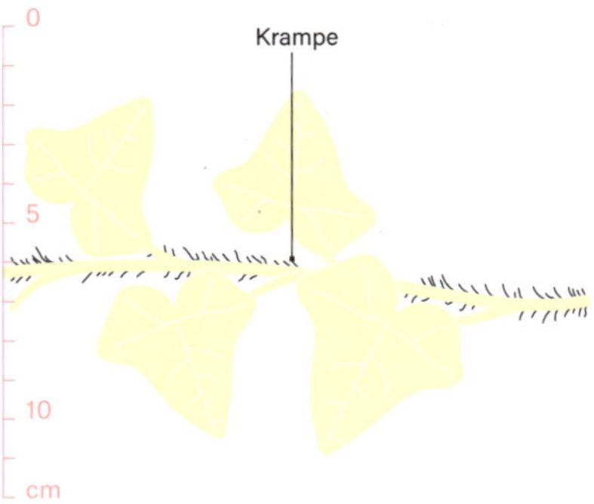

Krampe

Kletterefeu

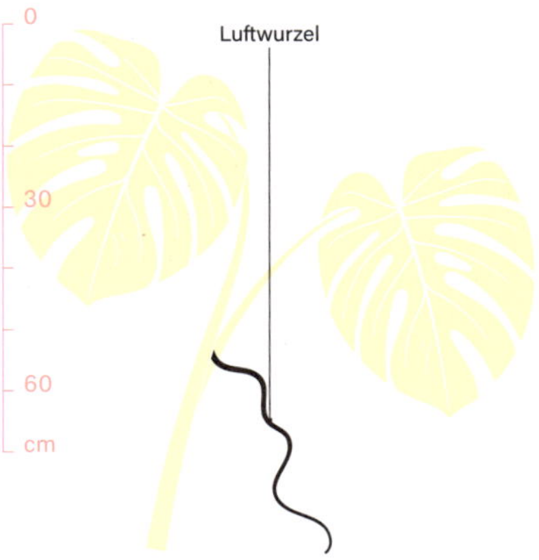

Luftwurzel

Monstera

Strebewurzel

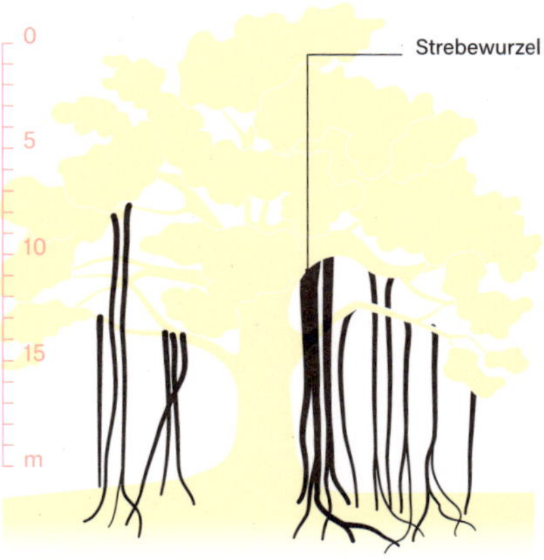

Banyanbaum

WURZELN SIND WICHTIGE ORGANE, mit denen Pflanzen sich im Boden verankern und lebenswichtige Nährstoffe sowie Wasser aufnehmen. Bei vielen Arten gehen die Wurzeln mit Pilzen eine Symbiose ein, die als »Mykorrhiza« bezeichnet wird (→ Bildtafel Nr. 67) und bei der die Pflanze dem Pilz den von ihr produzierten Zucker liefert, während der Pilz der Pflanze Wasser und Mineralien zuführt. Es gibt eine Vielzahl von **Wurzelsystemen**, die meist von der Art, aber auch von der Bodenbeschaffenheit abhängen. Man unterscheidet **Pfahlwurzeln**, die sich um eine senkrecht im Boden stehende Hauptwurzel organisieren, **Herzwurzeln**, die alle von einem Punkt ausgehen, und **Flachwurzeln**, die sich horizontal entwickeln. Die dickeren **Knollenwurzeln** können auch Pfahl- oder Herzwurzeln sein. Wenn sie am Stamm wachsen, werden sie **Adventivwurzeln** genannt: Beim Efeu bilden sie dann regelrechte **Krampen**, mit denen er sich an der Unterlage festhält. Sie können aber auch oberirdisch, also an der Luft wachsen (→ Bildtafel Nr. 95), oder als Strebe- oder Stützwurzeln den Baum stützen bzw. festigen. ●

Klimamigration

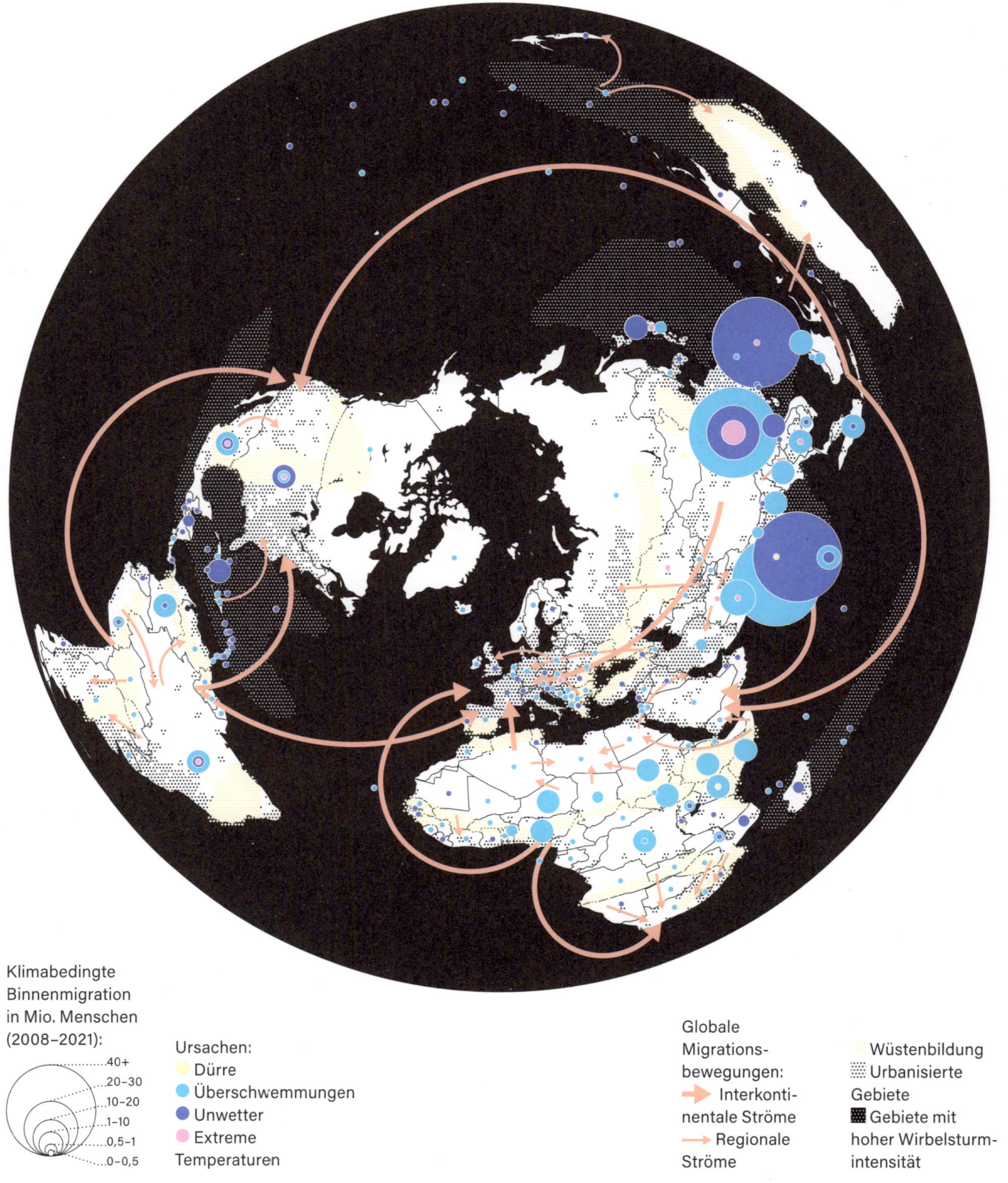

200 MIO. KLIMAFLÜCHTLINGE im Jahr 2050: Diese Prognose stellte Norman Myers, Forscher an der Universität Oxford, im Jahr 1995 auf. Dieser Zahl stehen 305 Mio. **Binnenflüchtlinge** gegenüber, also Migrationen innerhalb der Landesgrenzen, die zwischen 2008 und 2021 durch extreme Umweltereignisse verursacht wurden (laut dem Zentrum für die Überwachung von Binnenmigration IDMC der Vereinten Nationen). Diese Katastrophen können **Überschwemmungen**, **Unwetter**, **extreme Temperaturen** oder **Dürreperioden** sein, die manchmal indirekt mit menschlichen Aktivitäten und der globalen Klimaerwärmung in Verbindung stehen. Die belgische Geografin Bernadette Mérenne-Schoumaker erklärte: »Klimabedingte Migration ist nur ein Teil der umweltbedingten Migration, also der Vertreibung von Menschen aufgrund von Umweltveränderungen, die auch geophysikalische Ereignisse wie Erdbeben, Vulkanausbrüche oder Bodenerosion umfassen.« Da diese Art von Migration in den nächsten Jahrzehnten zunehmen wird, fordern internationale Organisationen, die sich mit dieser Problematik befassen, die Anerkennung des Rechtsstatus von Umweltflüchtlingen. ●

Verhalten von Massen

PSYCHOLOGIE – Experiment zur kollektiven Aufmerksamkeit (Milgram et al., 1969)

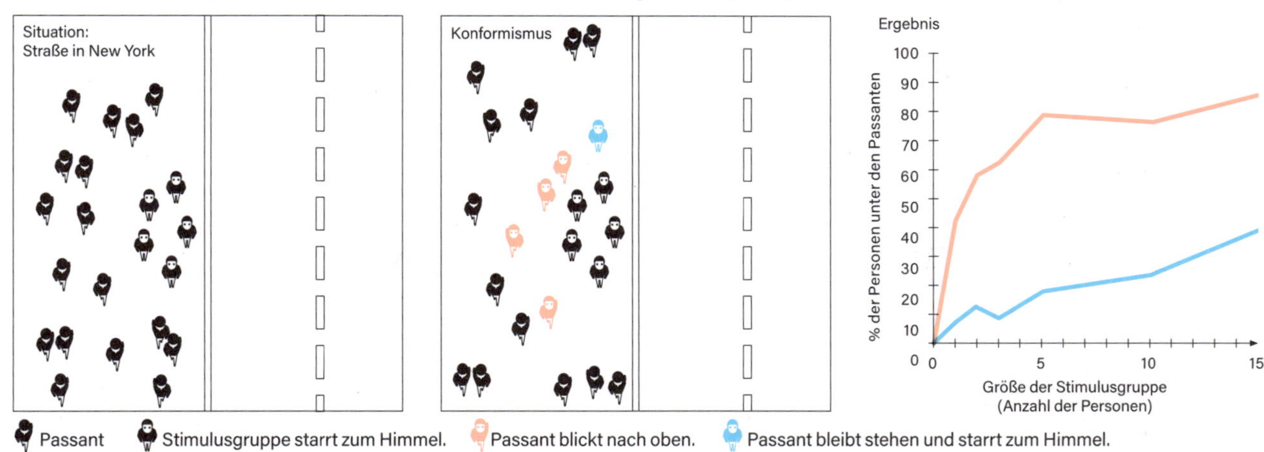

ETHOLOGIE – Experiment zu Wanderameisenströmen (Couzin, Franks, 2003)

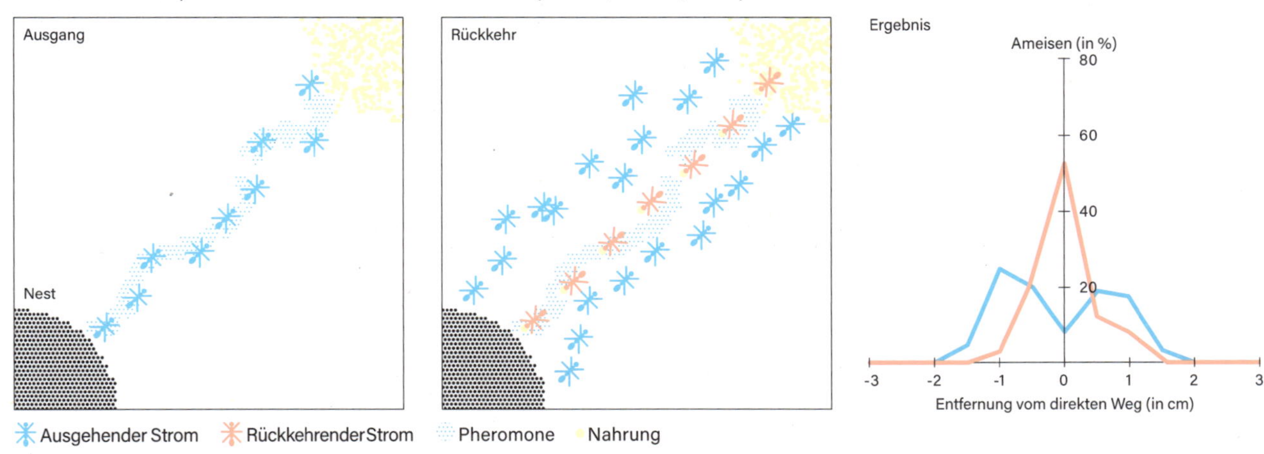

PHYSIK – Experiment zum Faster-is-Slower-Effekt (Garcimartín *et al.*, 2014, nach Helbing et al., 2000)

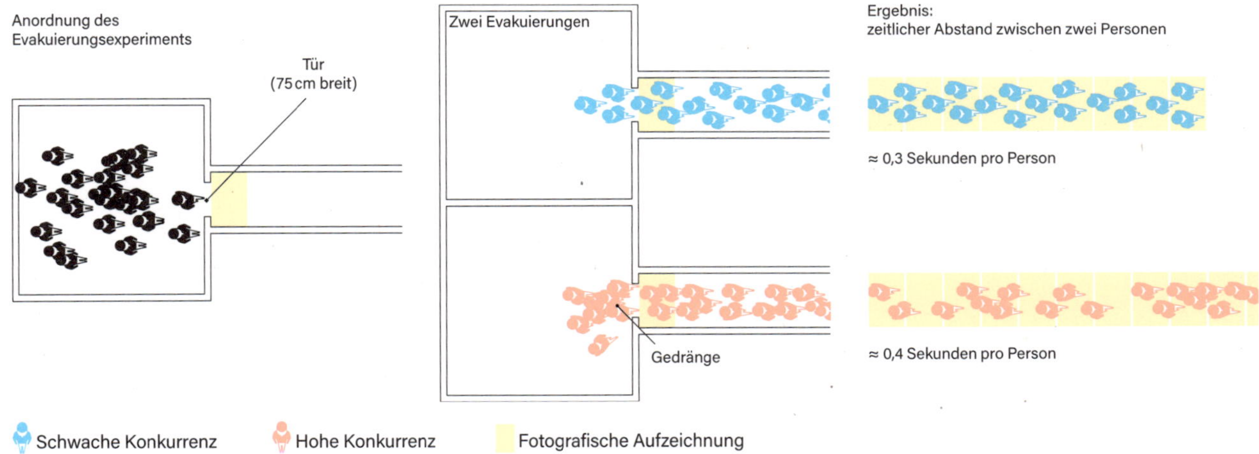

KOMPLEXE SYSTEME wie Menschenmengen basieren auf dem Prinzip der Selbstorganisation. Fischschwärme oder Ameisenstaaten folgen ähnlichen Prinzipien: Ein Individuum, das andere mit sich zieht oder einem Hindernis ausweicht, verändert die Struktur der Gruppe. Experimente gibt es in verschiedenen Bereichen: In der **Psychologie** zeigte Stanley Milgram, dass, wenn eine sogenannte »Stimulusgruppe« von fünf Personen in den Himmel starrt, zu erwarten ist, dass vier Passanten aufblicken und eine Person stehen bleibt und ebenfalls in den Himmel starrt. Dieser Ansteckungseffekt nimmt mit der Größe der Stimulusgruppe zu. **Ethologen** beobachteten die Bewegungen von Wanderameisen (*Eciton burchelli*) und stellten eine räumliche Verteilung der Ein- und Ausgangsströme fest: Ameisen, die mit Futter beladen zurückkehren, nehmen den kürzesten Weg. In der **Physik** wird der Faster-is-Slower-Effekt, der mit »schneller geht es langsamer« übersetzt werden kann, verwendet, um die Auswirkungen zweier Taktiken bei der Evakuierung einer Gruppe durch eine enge Tür zu bewerten. Eine hohe Konkurrenzfähigkeit verlängert die Evakuierungszeit. Das **Gedränge**, das durch die unkontrollierte Bewegung einer Menschenmenge entsteht, kann schnell tödlich werden wie bei dem Unglück in Mekka im Jahr 2015, bei dem 160 Pilger und Pilgerinnen starben. ●

Biogeologische Entwicklung der Erde

VOM URSPRUNG BIS HEUTE

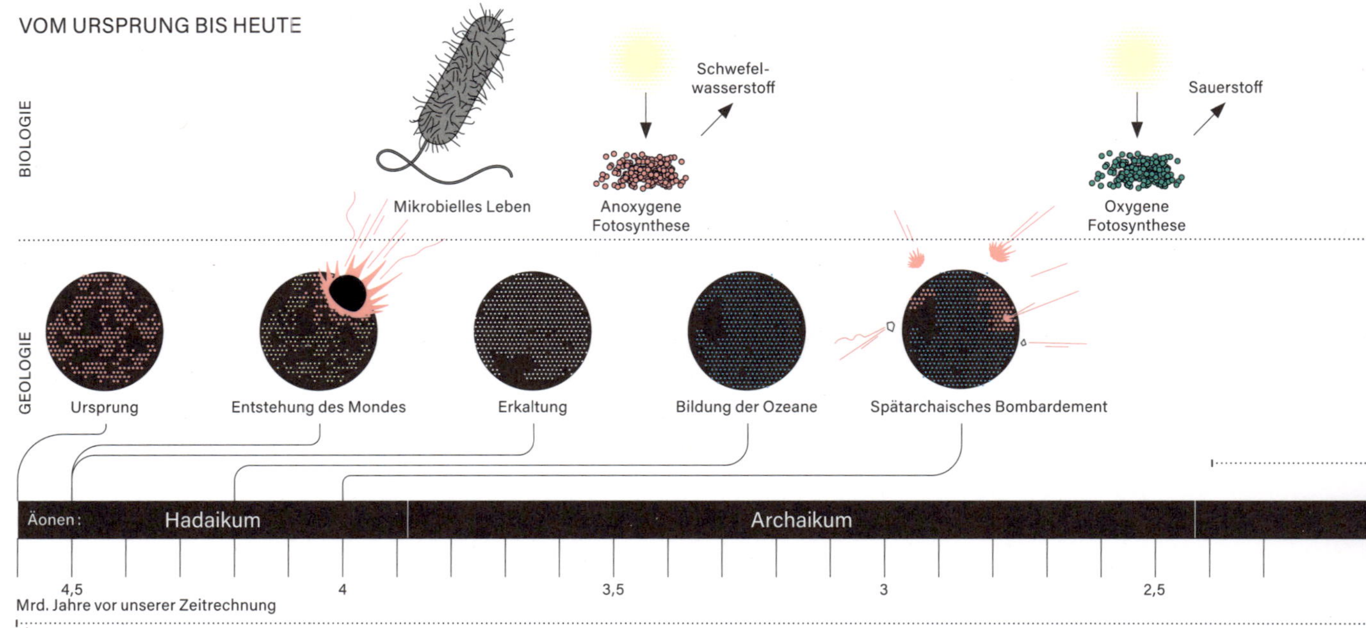

EXPLOSION DES LEBENS

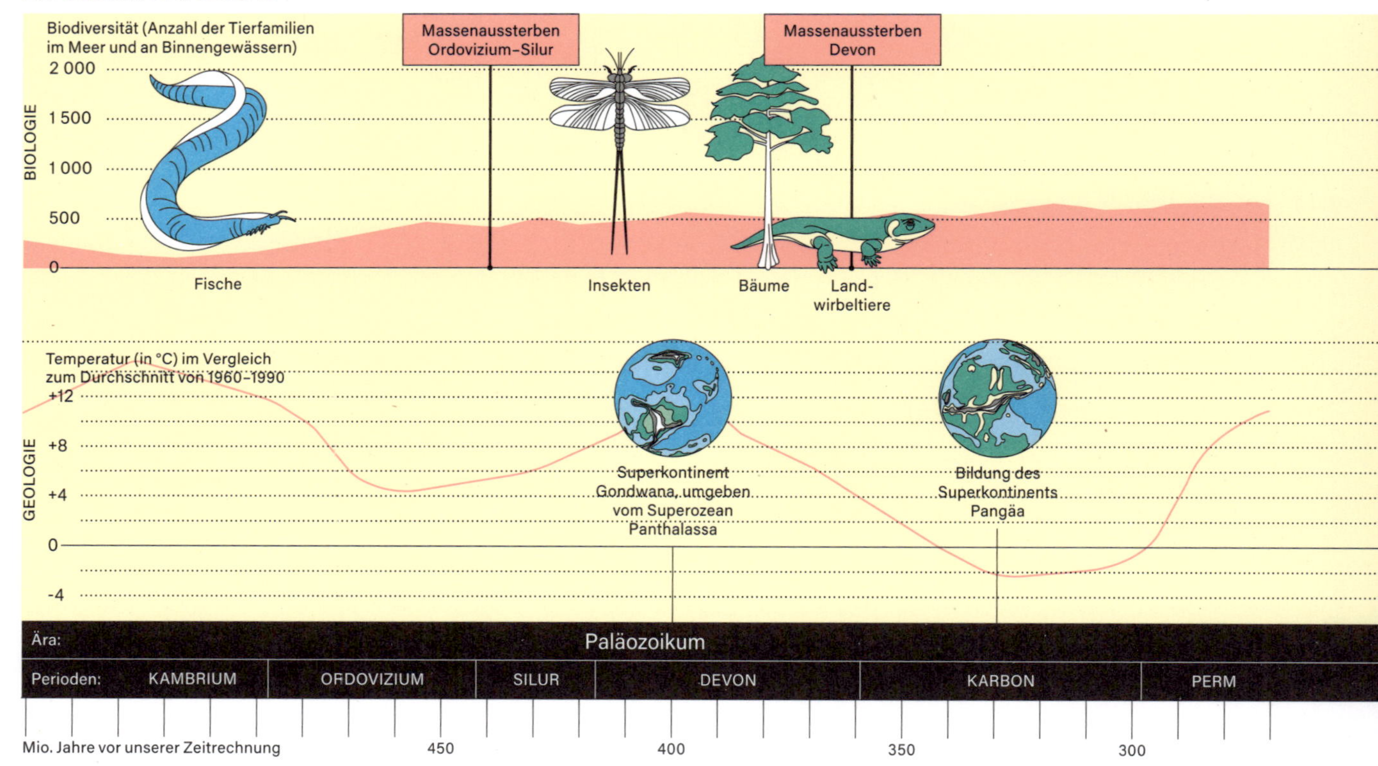

DER PLANET ERDE entstand vor 4,6 Mrd. Jahren, als die Sonne noch ein junger Stern war und nur 70 % ihrer heutigen Leuchtkraft besaß. Die Erde hat viele Veränderungen durchgemacht, bevor sie zu dem wurde, was sie heute ist: ein blauer Planet, der Leben beherbergt. Man unterscheidet vier große Perioden (Äonen) der Erdgeschichte. Im **Hadaikum** wurde die Erde von einem Protoplaneten getroffen, wodurch sich ihre Achse neigte und der **Mond entstand**, der für unser stabiles Klima und das Phänomen der Gezeiten verantwortlich ist. Während des gesamten **Archaikums** und des **Proterozoikums** veränderten sich die Gaszusammensetzung und die Temperatur der Atmosphäre und später auch der Ozeane durch den Wechsel von **Eiszeiten** und Warmzeiten. Durch die Plattentektonik entstand der Superkontinent **Rodinia**, der vor etwa 750 Mio. Jahren in mehrere Teile auseinanderdriftete. Die ersten drei Äonen werden als **Präkambrium** bezeichnet. Das jüngste Zeitalter, das **Phanerozoikum** – was so viel wie »Lebensspur« bedeutet – begann mit der **kambrischen Explosion**, die eine Vielzahl an Organismen hervorbrachte. Von da an diversifizierten sich die Lebewesen trotz mehrerer **Massenaussterben** rasch und bildeten immer komplexere ökologische Netzwerke.

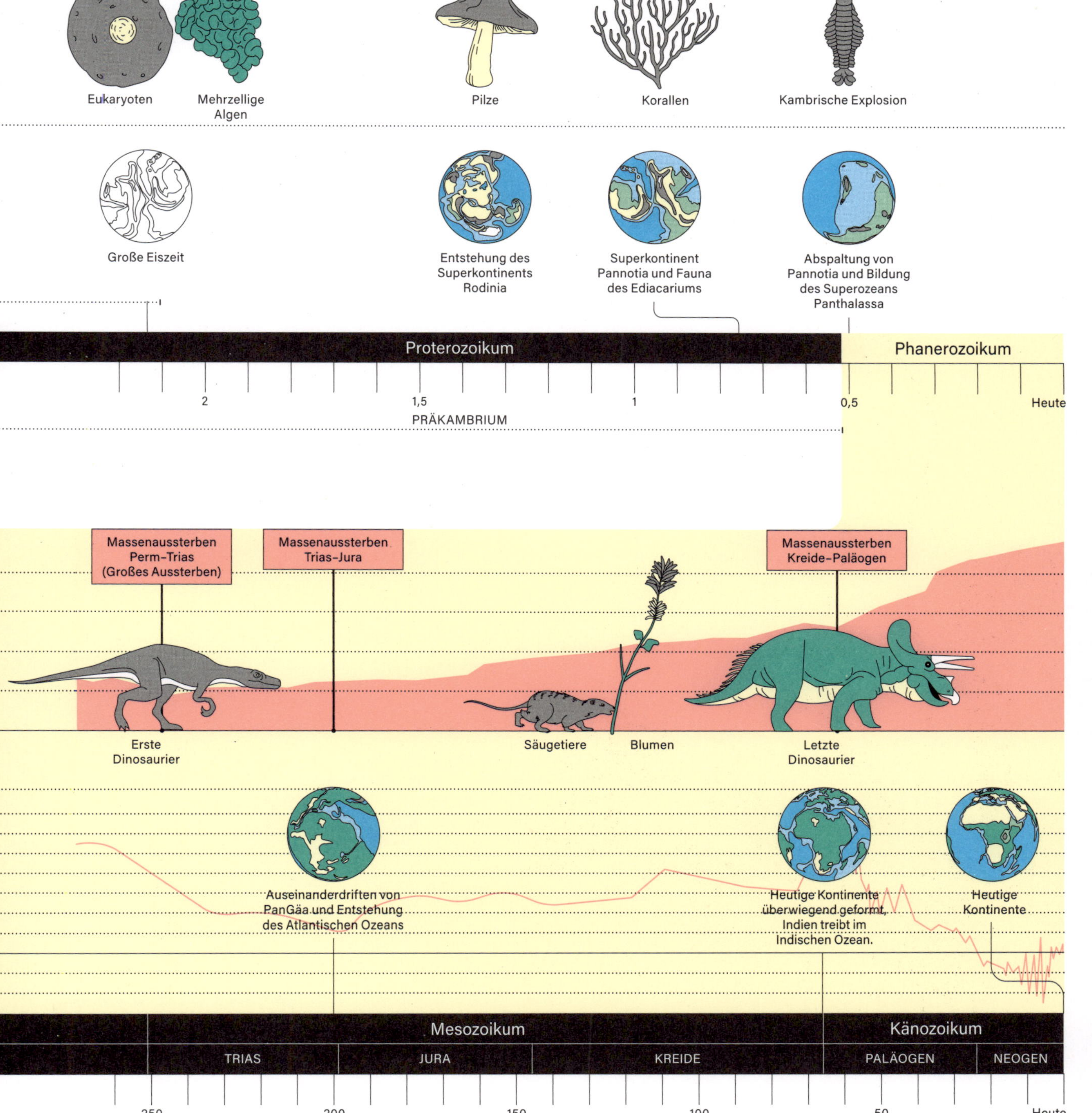

»Ich spreche von Steinen, die [...] vom Anfang des Planeten stammen, manchmal von einem anderen Stern. Dann tragen sie die Krümmung des Raums in sich wie das Wundmal ihres schrecklichen Falls. Sie stammen aus der Zeit vor dem Menschen; und der Mensch, als er kam, hat ihnen nicht den Stempel seiner Kunst oder seiner Industrie aufgedrückt [...]. Sie verewigen nur ihre eigene Erinnerung.

Ich spreche von Steinen, die älter sind als das Leben und auch nach ihm auf den erkalteten Planeten verbleiben, wenn es dort überhaupt Leben gab. Ich spreche von den Steinen, die nicht einmal auf den Tod warten müssen und die nichts anderes zu tun haben, als den Sand, den Regen oder die Brandung, den Sturm und die Zeit über ihre Oberfläche gleiten zu lassen.«

Roger Caillois, *Pierres*, 1966 ●

Nr. 115

Venusfliegenfalle

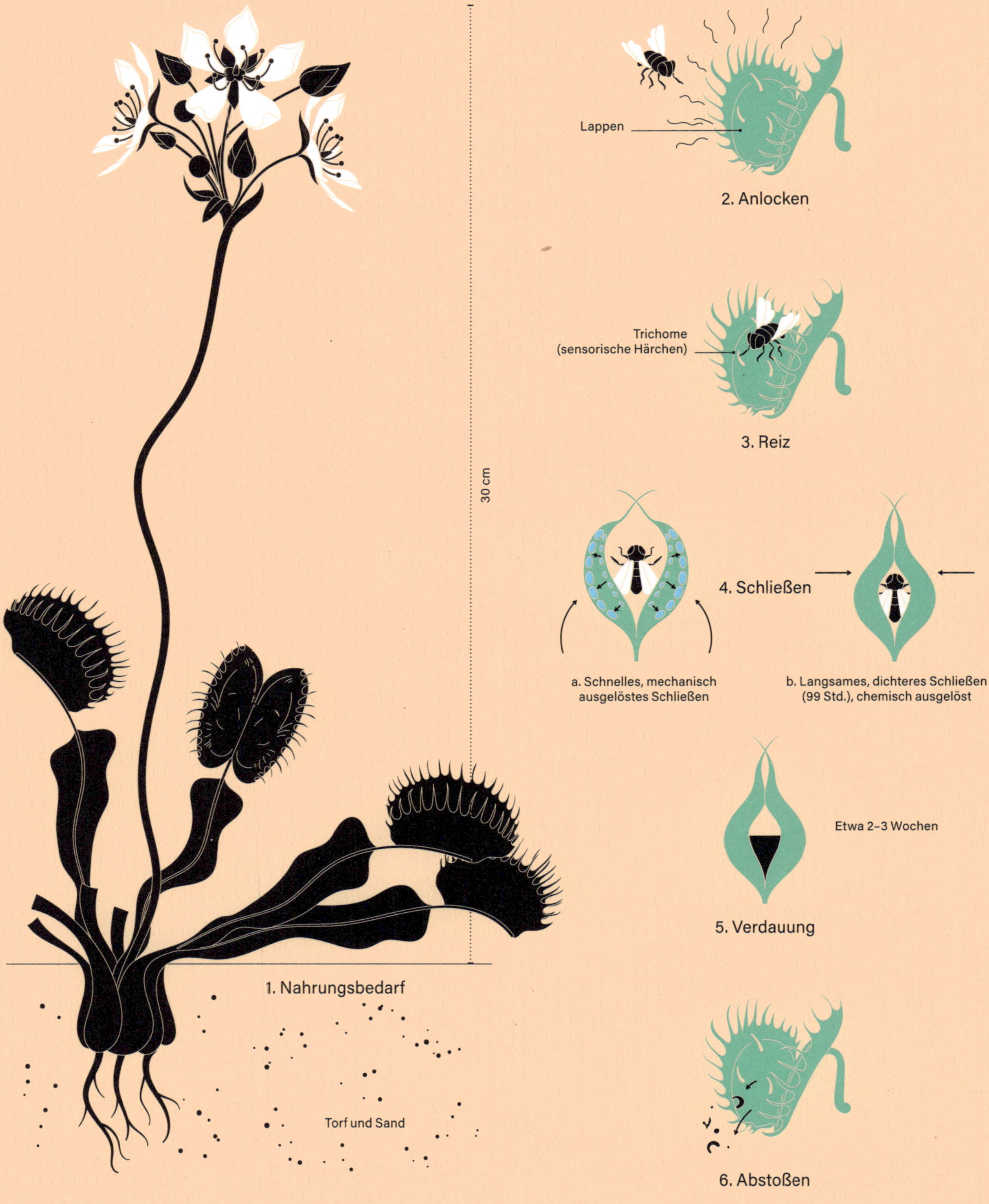

TROTZ IHRER GERINGEN GRÖSSE von durchschnittlich 25 cm bezeichnete Charles Darwin die Venusfliegenfalle als »eine der wunderbarsten Pflanzen der Welt«, da ihre Blätter wie Kiefer mit scharfen Zähnen aussehen und über einen beeindruckenden Schließmechanismus verfügen. Ihre Faszination hält sich hartnäckig, denn sie ist die am häufigsten angebaute fleischfressende Pflanze der Welt. Die in der Natur vom Aussterben bedrohte Pflanze wächst in Nordamerika auf sandigen Böden mit wenig organischem Material oder in Torfmooren – Feuchtgebieten, in denen die Vegetation die Wasseroberfläche bedeckt, bis sie eine Art Wasserboden bildet. *Dionaea muscipula* benötigt Insekten zur Nahrungsergänzung (**1**) und lockt sie mit dem Duft ihres kohlenhydratreichen Nektars an, der von Drüsen am Rand der Lappen abgesondert wird (**2**). Die Falle schnappt erst zu, wenn die Trichome, sehr empfindliche Härchen auf der Lappeninnenseite, für etwa 20 Sekunden berührt werden (**3**). Das gefangene Insekt wehrt und bewegt sich, weshalb die Venusfliegenfalle die Schlinge enger zieht (**4**). Die Pflanze sondert nun eine Verdauungssäure ab, um die benötigten Nährstoffe zu lösen und aufzunehmen (**5**). Die vollständige Verdauung kann zwischen 14 und 21 Tage dauern. Danach öffnen sich die Lappen wieder und stoßen das Außenskelett des Insekts ab (**6**). ●

Mumien

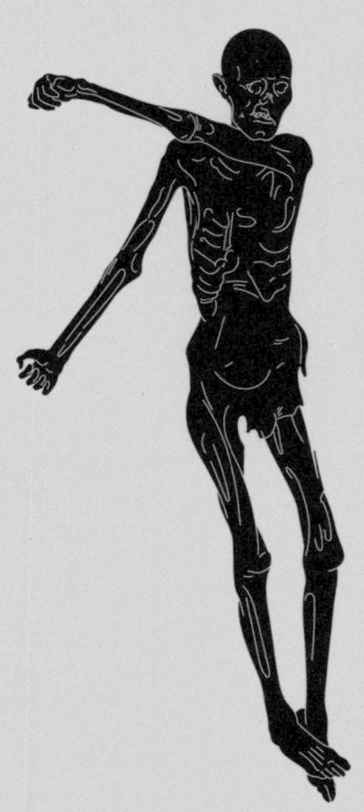
1. Ötzi
1991 | 3300 v. Chr.
Ötztaler Alpen, Österreich/Italien

2. Rosalia Lombardo
1920 | 1920
Palermo, Italien

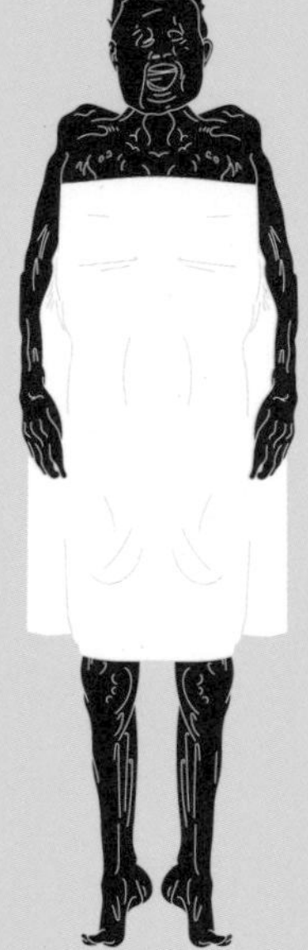
3. Xin Zhui
1972 | 163 v. Chr.
Hunan, China

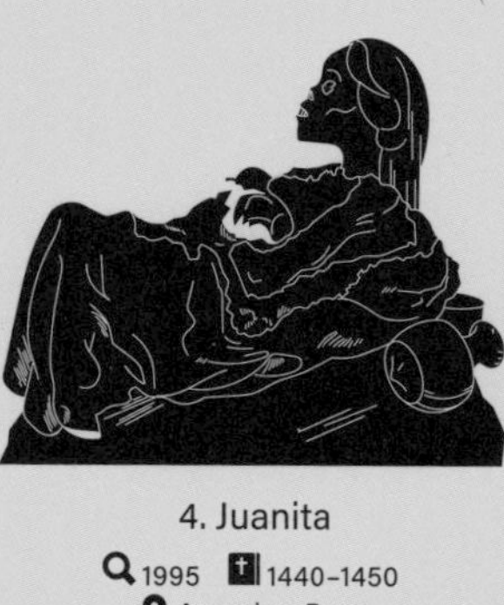
4. Juanita
1995 | 1440–1450
Arequipa, Peru

5. Pompeji
17. Jahrhundert | 79 v. Chr.
Pompeji, Italien

6. Tollund-Mann
1950 | 375–210 v. Chr.
Tollund, Dänemark

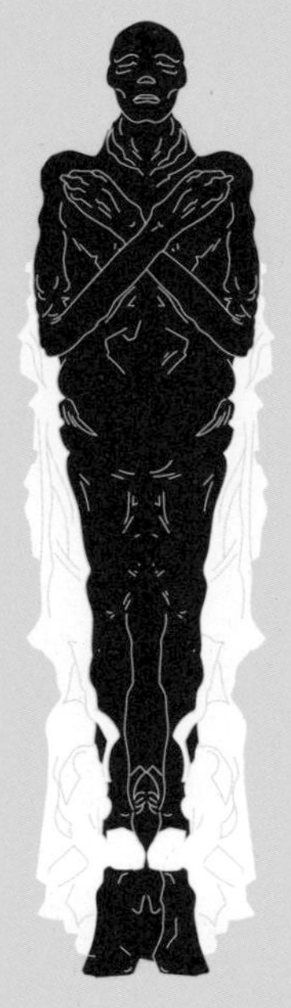
7. Sethos I.
1817 | 1279 v. Chr.
Tal der Könige, Ägypten

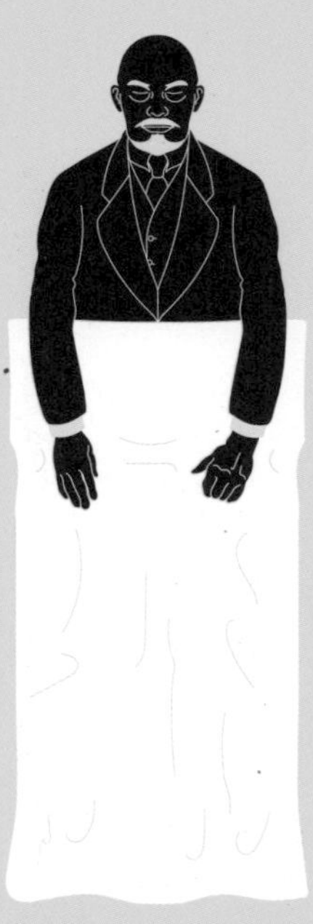
8. Lenin
1924 | 1924
Moskau, Russland

9. Spirit-Cave-Mumie
1940 | 7400 v. Chr.
Nevada, USA

MUMIEN BERGEN FASZINIERENDE GEHEIMNISSE, die die Zeiten auf natürliche Weise oder durch Einbalsamierung überdauert haben. **1. Ötzi** wurde vor 5300 Jahren durch einen Pfeilschuss in den Kopf getötet. **2. Rosalia** war keine zwei Jahre alt, als sie an einer Lungenentzündung starb und vom berühmten Alfredo Salafia einbalsamiert wurde. **3. Xin Zhui** oder »Marquise von Dai«, die reiche Frau eines Hauptmanns, starb im Alter von 50 Jahren und wurde im Jahr 1971 in einem mit Lehm versiegelten Grab gefunden. Ihr Erhaltungszustand gilt als bemerkenswert. **4.** Das Inkamädchen **Juanita**, das auf dem Gipfel des Vulkans Ampato geopfert worden war, fand man nach der durch den Ausbruch des benachbarten Vulkans Sabancaya verursachten Eisschmelze. **5.** In der antiken Stadt **Pompeji** wurden beim Ausbruch des Vesuvs Tausende Menschen von Asche und Lava bedeckt und förmlich gebacken. Zurück blieben Hohlräume, die später mit Gips ausgegossen wurden. **6.** Der Körper dieses Erhängten blieb im Moor von **Tollund** auf natürliche Weise erhalten. **7. Sethos I.** wurde mumifiziert, als die ägyptische Balsamierungskunst auf ihrem Höhepunkt war. **8. Lenin** liegt in einem feuchten Mausoleum bei niedrigen Temperaturen und wird von Wissenschaftlern überwacht. **9.** Die **Mumie aus der Spirit Cave** ist die älteste Mumie und wurde in Nordamerika gefunden. •

Nr. 117

Permafrost

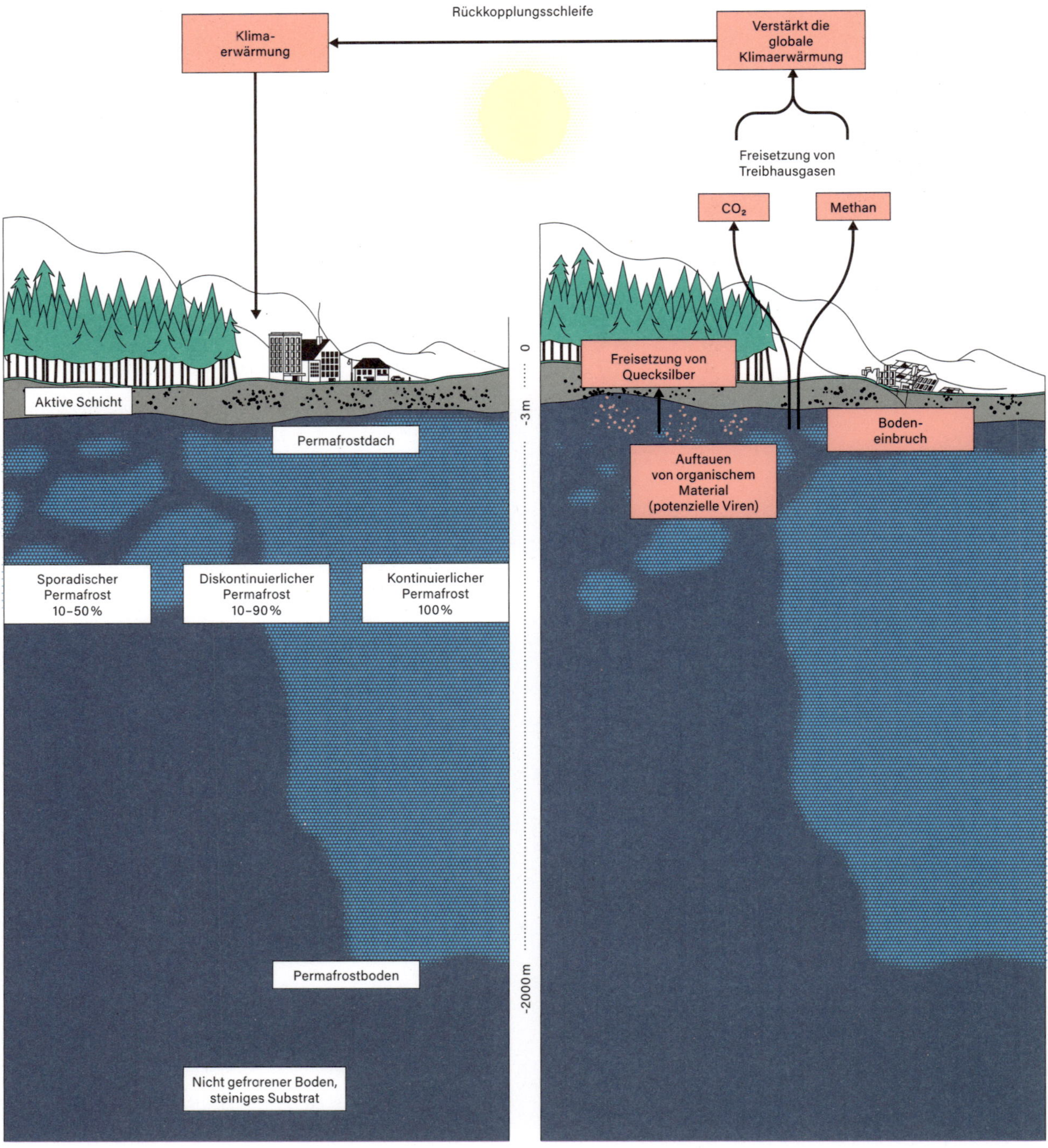

MAN SPRICHT VON PERMAFROST in den Böden, in denen die Temperatur mindestens zwei Jahre lang nicht über 0 °C steigt. Permafrost macht knapp 20 % der Landfläche aus. Polarer Permafrost ist der Permafrost in den nördlichen Breitengraden – in Grönland, Alaska, Kanada und hauptsächlich im sibirischen Teil Russlands. Als alpiner Permafrost wird der Permafrost unter einigen der höchsten Erhebungen der Erde bezeichnet. Dieser gefrorene Boden kann sich bis in eine **Tiefe von 2000 m** erstrecken. Die oberste Schicht, die sogenannte aktive Schicht, taut jeden Sommer in einer Dicke von 10 cm–3 m auf. Unter 10 m taut der Permafrostboden nicht auf, sondern unterliegt Schwankungen in der Temperatur und im Zustand – **sporadisch**, **diskontinuierlich** oder **kontinuierlich**. 90 % der Permafrostböden könnten bis zum Jahr 2100 durch die **globale Klimaerwärmung** auftauen. Der Klimawandel wird durch das Auftauen von Permafrostböden noch verstärkt, da dadurch **Treibhausgase** freigesetzt werden, was eine **Rückkopplungsschleife** auslöst. Außerdem weichen die einst harten Böden immer weiter auf, bis sie an manchen Stellen sogar einbrechen. Eine weitere Gefahr ist die Freisetzung von giftigen Substanzen wie **Quecksilber** oder bisher im Eis gefangenen Viren, wodurch sich Epidemien ausbreiten könnten. ●

Eiskristalle

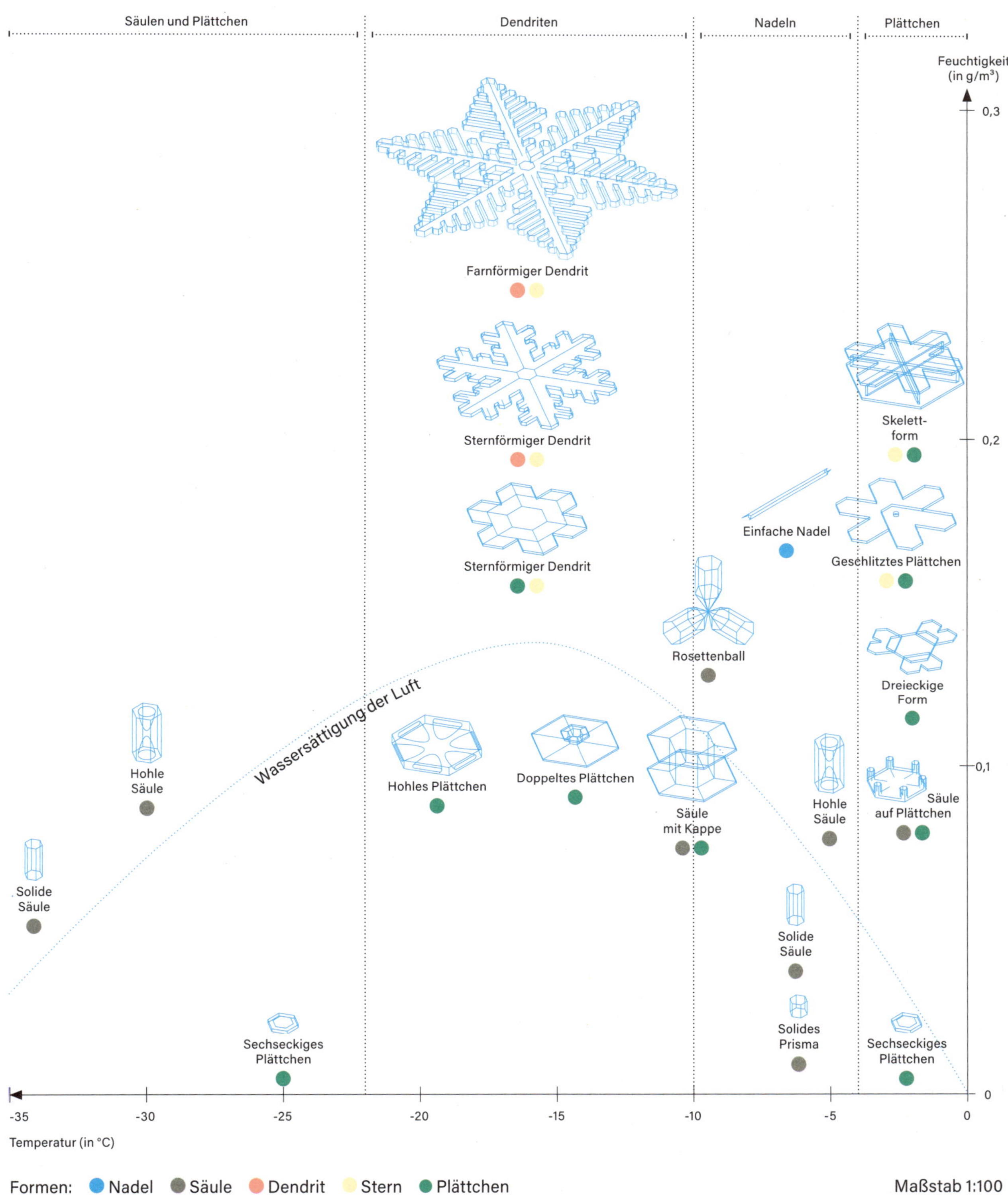

Formen: Nadel Säule Dendrit Stern Plättchen

Maßstab 1:100

»SCHNEEBLUMEN« nannte der amerikanische Fotograf Wilson Bentley die Schneeflocken, die er zeitlebens fotografierte. Nach seiner ersten Aufnahme eines Eiskristalls, die er im Jahr 1885 mithilfe eines Mikroskops in einer Fotokammer machte, entstanden mehr als 5000 Aufnahmen, die beweisen, dass »keine Schneeflocke der anderen gleicht«. In den 1930er-Jahren gelang es dem japanischen Physiker Ukichiro Nakaya mit seinen Forschungen zu Kunstschnee, den Weg vom Eiskristall zur Schneeflocke erstmals unter kontrollierten Laborbedingungen nachzuvollziehen und die außergewöhnlichen **Formen** zu verstehen. Die Kristalle verändern sich je nach den Wetterbedingungen, in denen sie entstehen und denen sie ausgesetzt sind. In hohen Wolken wird ihre ursprüngliche Form und Größe durch die **Temperatur**, den **Wassergehalt** und die **Wassersättigung der Luft** bestimmt: 0 bis -4 °C für dünne, **sechseckige Plättchen**; -4 bis -6 °C für **Nadeln**; -6 bis -10 °C für hohle **Säulen**; -10 bis -12 °C für Kristalle mit sechs langen Spitzen; -12 bis -16 °C für fadenförmige **Dendriten**. Die Schneeflocke, ein Aggregat, also eine Ansammlung oder Häufung dieser Kristalle, wird dann durch Wind, Temperaturschwankungen, Sonneneinstrahlung oder Regen geformt. ●

Sperrgebiete

1. Area 51
USA

2. Inseln Heard und McDonald
Australische Antarktis

3. Surtsey
Island

4. Insel North Sentinel
Indien

5. Tepuis
Venezuela

6. Poveglia
Italien

7. Insel Queimada Grande
Brasilien

EINIGE ORTE AUF DER ERDE sind nur sehr schwer oder gar nicht zugänglich. **1.** Die **Area 51** in der Wüste von Nevada birgt ein mysteriöses Sperrgebiet, das im Jahr 2013 vom US-Militär offiziell anerkannt wurde, dessen Aktivitäten aber geheim bleiben. **2.** Im 19. Jh. entdeckten Robbenjäger diesen unbewohnten vulkanischen **Archipel**, der heute aus ökologischen Gründen nicht mehr betreten werden darf. **3.** Die **Insel Surtsey**, die zwischen 1963 und 1967 durch einen Vulkanausbruch entstand, wird von ausgewählten Wissenschaftlern erforscht. **4.** Die indische Insel **North Sentinel** ist die Heimat eines der letzten isoliert lebenden Jäger- und Sammlerstämme und darf seit dem Jahr 2010 nicht mehr betreten werden. **5.** Die Tafelberge der **Tepuis** sind stellenweise so schwer zugänglich, dass sie noch nie von Menschen betreten wurden. **6. Poveglia** trägt die schmerzhafte Erinnerung an die Pestepidemie im 16. Jahrhundert. In dem heute für Touristen gesperrten Landstrich vor der Küste Venedigs wurden die Kranken unter Quarantäne gestellt. 160 000 Menschen sollen hier begraben sein. **7.** Da hier fast nur Schlangen leben, die zu den giftigsten der Welt gehören, gilt die brasilianische Insel **Queimada Grande** als einer der gefährlichsten Orte für den Menschen. Sie darf nur von Wissenschaftlern betreten werden. •

Satellitennavigation

1. FUNKTIONSPRINZIP

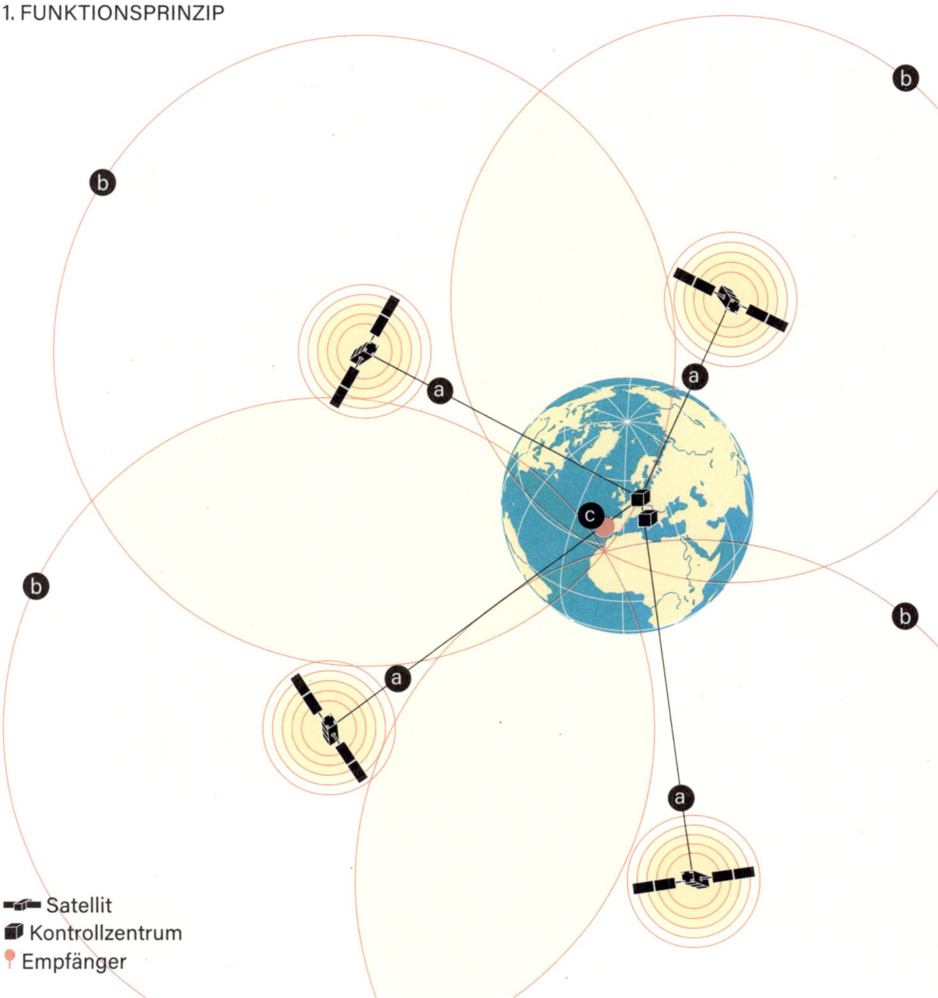

a. Bodensteuerung von Satelliten: Kontrolle und genaue Berechnung ihrer Position im Weltraum

b. Ständige Aussendung von Signalen mit Lichtgeschwindigkeit (299 792 458 m/s), Inhalt der Signale: Startzeit des Signals und Position des Satelliten

c. Empfang der Signale durch einen Navigationschip (z. B. Mobiltelefon): Identifizierung der zu empfangenden Satelliten, Messung der Entfernung des Empfängers zu mindestens vier Satelliten, Synchronisierung des Empfängers mit der Konstellation und anschließende Berechnung der Position des Nutzers durch Trilateration

Satellit
Kontrollzentrum
Empfänger

2. AKTIVE SATELLITENKONSTELLATIONEN (2022)

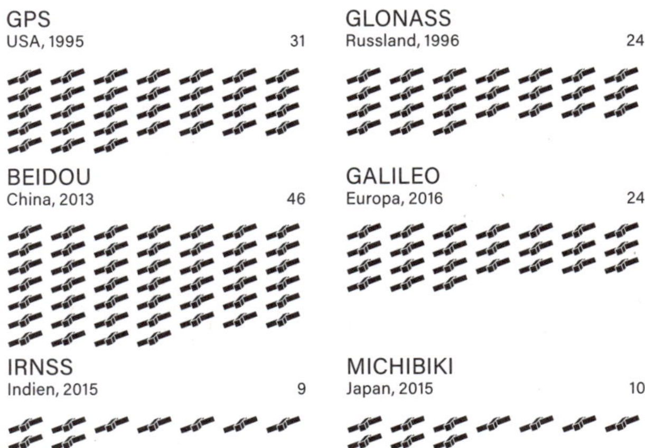

3. UMLAUFBAHNEN DER GALILEO-KONSTELLATION

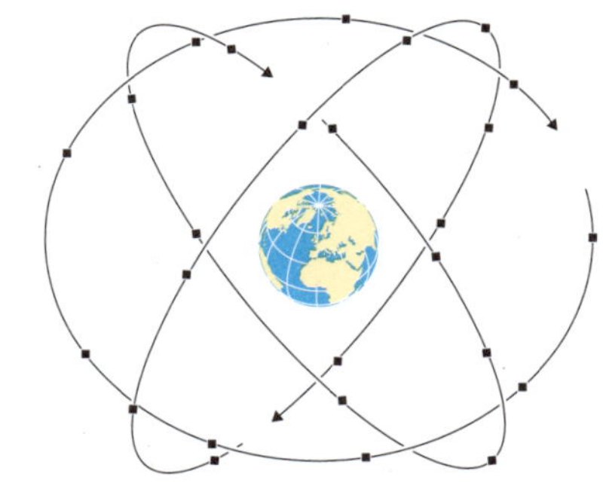

▪ Satelliten (24 + 6 in Reserve)

MITHILFE VON SIGNALEN AUS DEM WELTRAUM, die von einer **Konstellation von Navigationssatelliten** ausgesendet werden, kann man heute seine genaue Position innerhalb von Zehntelsekunden bestimmen. Seit dem Jahr 1973 nutzt das US-Verteidigungsministerium ein System aus 24 Satelliten, das NAVSTAR GPS. Das Global Positioning System (**GPS**) basiert auf dem Prinzip der **Trilateration**, einer geometrischen Methode, mit der die Position eines Punkts durch Messung seiner Entfernung zu drei anderen Punkten im Raum bestimmt werden kann (**1**). Mindestens vier Satelliten, von denen jeder eine **Atomuhr** (→ Bildtafel Nr. 87) an Bord hat, sind erforderlich, um die genaue Position des **Empfängers** auf der Erde (Fahrzeug oder Gerät mit Navigationschip) zu synchronisieren und zu bestimmen, je nach System mit einer Genauigkeit von 1–10 m. Angesichts der strategischen Bedeutung eines solchen Systems haben die großen Weltraummächte eigene **Konstellationen** aufgebaut, um im Konfliktfall von benachbarten Satellitensystemen unabhängig zu sein (**2**). So hat die Europäische Union das **Galileo-System** entwickelt (**3**). ●

Botschaften an außerirdische Zivilisationen

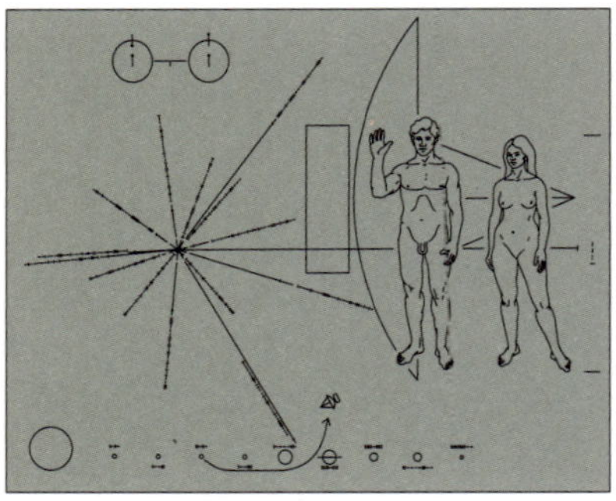

1. Pioneer-Plakette

Eric Burgess, Carl Sagan und Linda Salzman Sagan
Raumsonden Pioneer 10 und 11
Interstellarer Raum
1972 und 1973 → 2057 und 2027

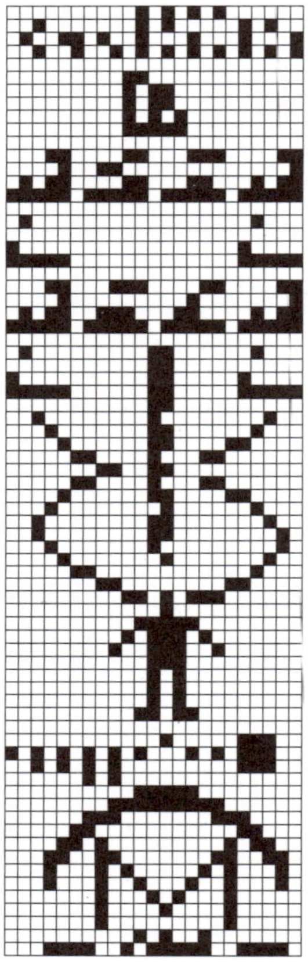

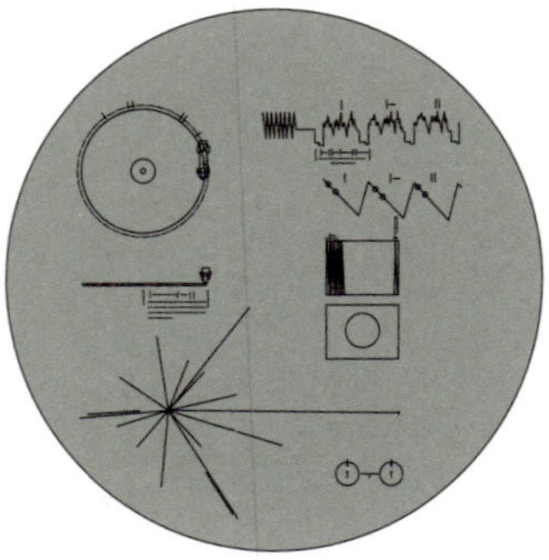

3. Voyager Golden Record

NASA, Jet Propulsion Laboratory
Raumsonden Voyager 1 und 2
Interstellarer Raum
1977 →

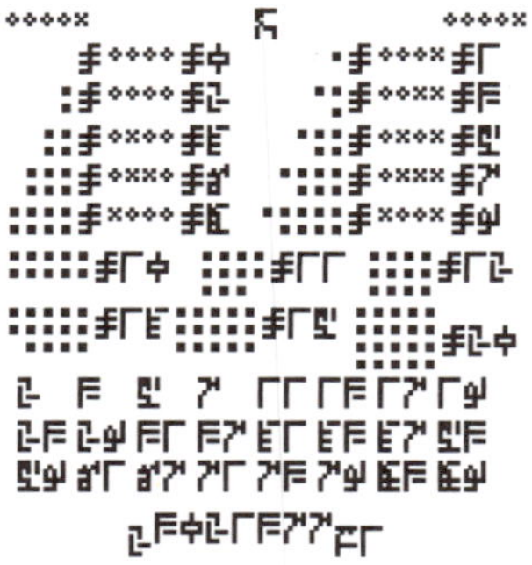

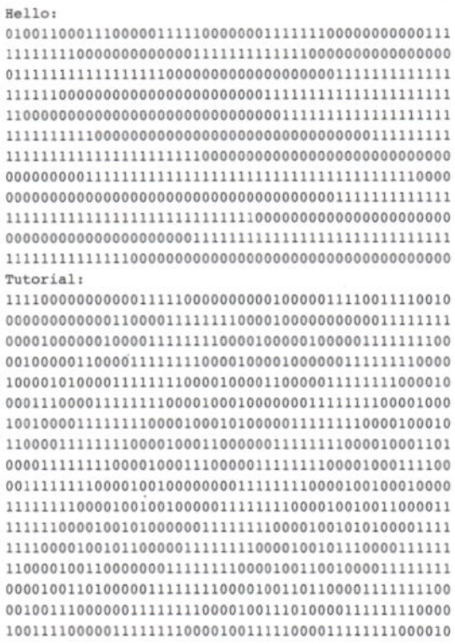

6. Sonar Calling GJ273b

IEEC METI
Antenne EISCAT (Svalbard)
Luytens Stern (GJ 273), Sternbild Kleiner Hund
2017–2018 → 2030

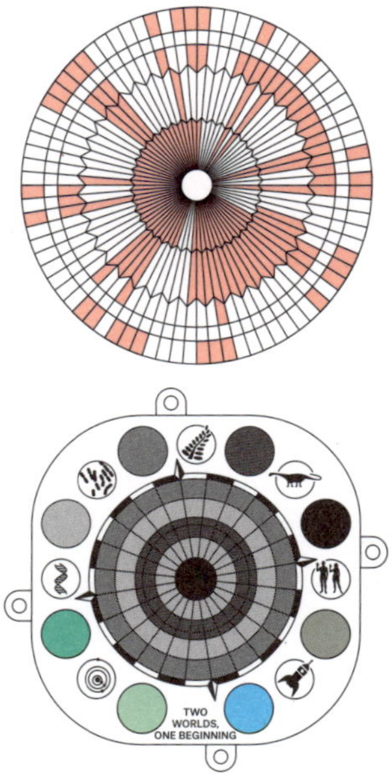

4. Cosmic Call 1 und 2

Yvan Dutil und Stephane Dumas
Team Encounter
Yevpatoria-Radioteleskop (Ukraine)
Sternbilder Cygnus, Pfeil, Schwan, Kassiopeia, Orion, Krebs, Andromeda und Großer Bär
1999 und 2003 → zwischen 2036 und 2069

7. Mastcam-Z-Fallschirm

NASA
Rover Perseverance
Mars
2020 → 2021

2. Arecibo-Botschaft

Frank Drake, Carl Sagan (SETI)
Radioteleskop Arecibo (Puerto Rico)
Messier M13 (Herkuleshaufen)
1974 → 27074

5. DVD »Vision of Mars«

Planetary Society
Raumsonde Phoenix Lander
Mars
2007 → 2008

Absender
Transmitter
Ziel
Datum der Absendung → Datum der Ankunft am geplanten Zielort

BOTSCHAFTEN AN POTENZIELLE außerirdische Zivilisationen – oder zukünftige Generationen – werden von verschiedenen Weltraumbeobachtungs- und -forschungsorganisationen ausgesendet. **1.** Die Metallplatte zeigt einen Mann, eine Frau, zwei Zustände des Wasserstoffatoms, die Position der Erde im Verhältnis zu den Pulsaren und das Sonnensystem. **2.** Die Funkbotschaft beinhaltet die Zahlen von 1 bis 10, die Atome, aus denen das Leben besteht, die Struktur der DNA sowie eine Skizze des Menschen und des Sonnensystems. **3.** Aufnahmen von Wind, Donner, Tier- und Säuglingsschreien, literarische Texte, Musik und Fotografien sind auf eine goldene Platte gebrannt und mit einer Anweisung zum Abspielen versehen. **4.** Die Funkbotschaften bestehen aus Grafiken, Symbolen und Pixeln, die mathematische und chemische Formeln sowie Fragen ausdrücken. **5.** Die Mini-DVD aus Glas enthält Botschaften, die die Geschichte des Roten Planeten erzählen. **6.** METI und Sonar Calling senden eine Nachricht, die Grüße, mathematische Formeln, 33 Musikstücke und eine Vereinfachung von Nachricht 4 enthält. **7.** Die Muster des Fallschirms kodieren seine Ausrichtung. Das Kalibrierungsmuster des Rovers zeigt DNA, Mikroben, einen Farn, einen Dinosaurier, einen Mann und eine Frau, eine Rakete und das Sonnensystem. •

Fermi-Paradoxon

1. AUSSERIRDISCHE ZIVILISATIONEN EXISTIEREN NICHT

Argument A
Weil die Umwelt, die sie für ihre Entwicklung brauchen, selten ist

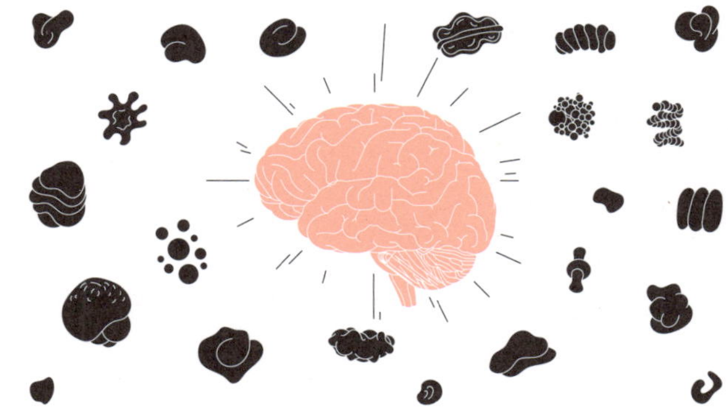

Argument B
Weil Intelligenz selten ist

2. AUSSERIRDISCHE ZIVILISATIONEN EXISTIEREN, ABER WIR HABEN NOCH NICHT MIT IHNEN KOMMUNIZIERT

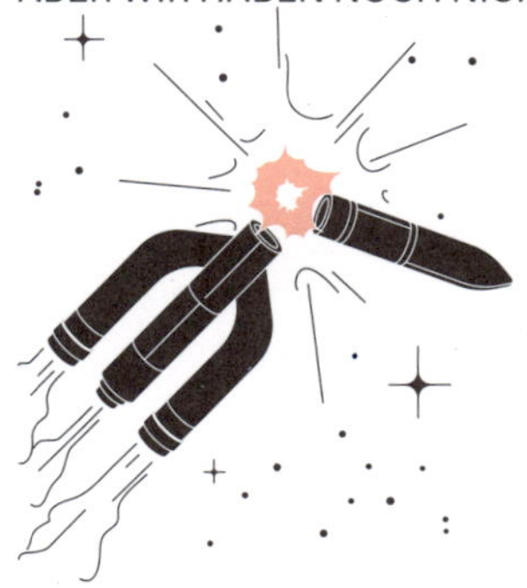

Argument A
Weil interstellare Reisen schwierig sind

Argument B
Weil wir ihre Signale nicht wahrnehmen

Argument C
Weil sie es nicht wollen

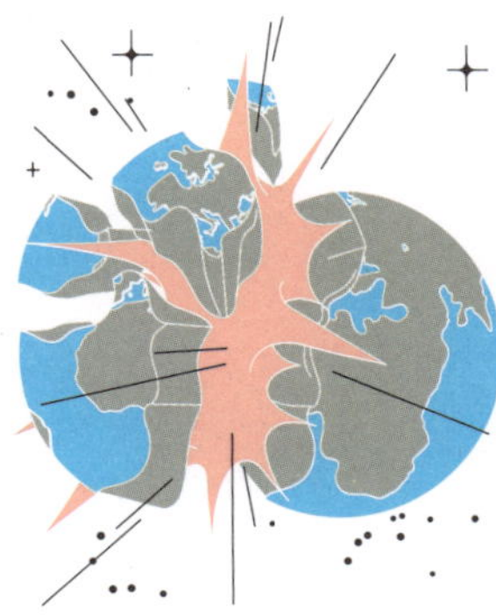

Argument D
Weil sie verschwanden, bevor sie sich entwickeln konnten

3. AUSSERIRDISCHE ZIVILISATIONEN EXISTIEREN UND BESUCHEN UNS

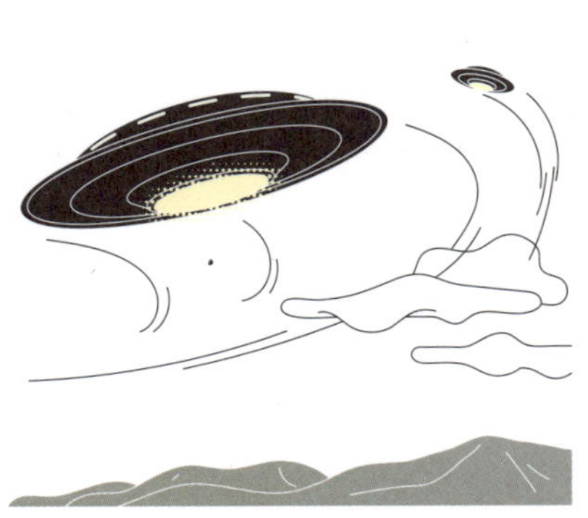

Argument A
Weil Ufos dies beweisen

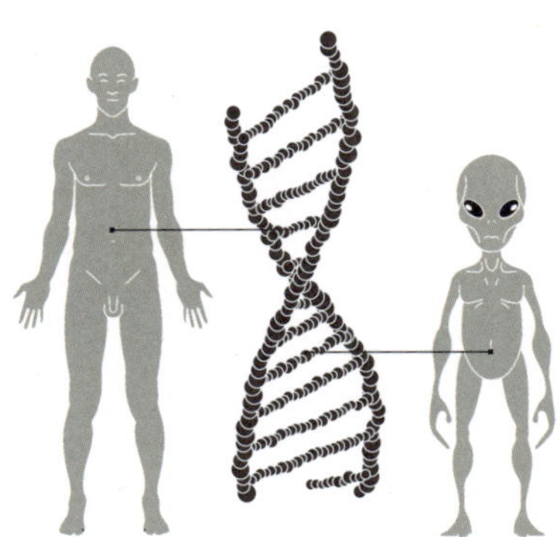

Argument B
Weil das Leben auf der Erde außerirdischen Ursprungs ist (Panspermie-Theorie)

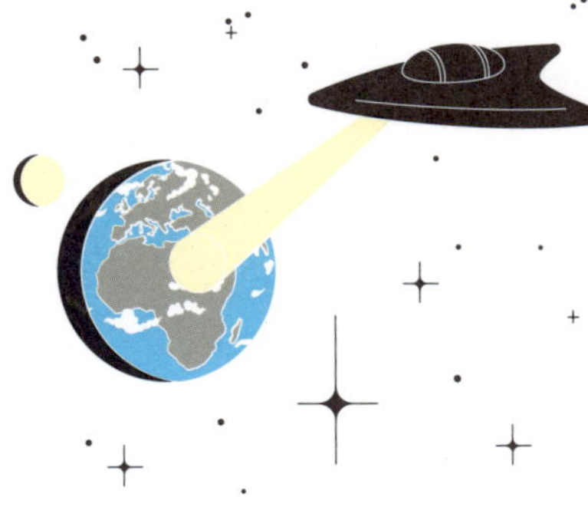

Argument C
Weil sie uns aus dem Weltall beobachten (Zoo-Hypothese)

»ABER WO SIND SIE?« Diese Frage nach außerirdischem Leben stellte der italienische Physiknobelpreisträger Enrico Fermi im Jahr 1950. Das Fermi-Paradoxon geht davon aus, dass nach dem Prinzip der Durchschnittlichkeit unseres Planeten und angesichts der Anzahl der Sterne in unserer Galaxie und der Anzahl der Galaxien im Universum andere Zivilisationen existieren müssten, wir sie aber nicht sehen können. Seither wurden drei Szenarien zur Beantwortung von Fermis Frage vorgeschlagen: Außerirdische Zivilisationen existie ren nicht (**1**). Sie existieren, haben aber keinen Kontakt zu uns aufgenommen (**2**). Sie existieren und besuchen uns, ohne gesehen zu werden (**3**). Für diese Szenarien wurden Thesen entwickelt, die an Science Fiction erinnern, wie die Panspermie-Theorie, nach der unsere Zivilisation von Außerirdischen selbst auf die Erde gebracht wurde. Die Hypothese, dass es Leben oder sogar Zivilisationen außerhalb unseres Planeten gibt, existiert seit der Antike. Im Jahr 1877 gaben die Marskanäle – gerade Linien, die der Astronom Giovanni Schiaparelli auf der Marsoberfläche beobachtet hatte – dem populären Mythos von der Existenz einer Zivilisation auf dem Roten Planeten neue Nahrung. Verbesserte Beobachtungsmöglichkeiten zeigen aber, dass es sich in Wahrheit um geologische Formationen handelt. ●

Nr. 123

Tanz der Leuchtkäfer

ANATOMIE (Art *Photinus*)

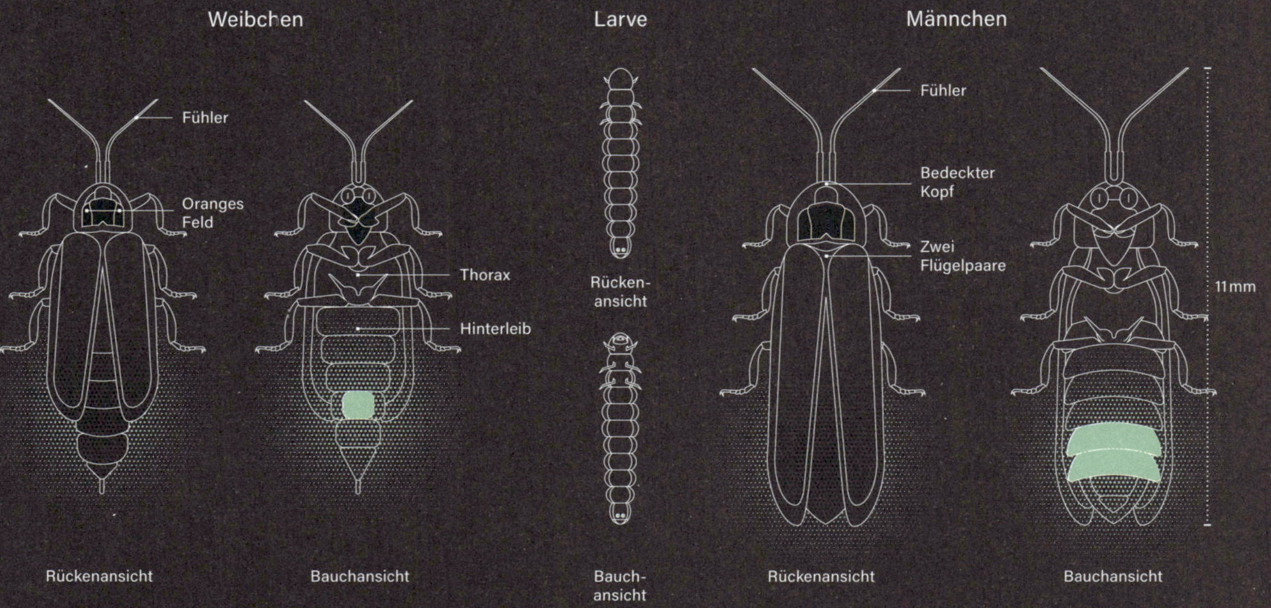

Bioluminiszentes Organ

Mechanismus der Synchronisation (Balzverhalten)

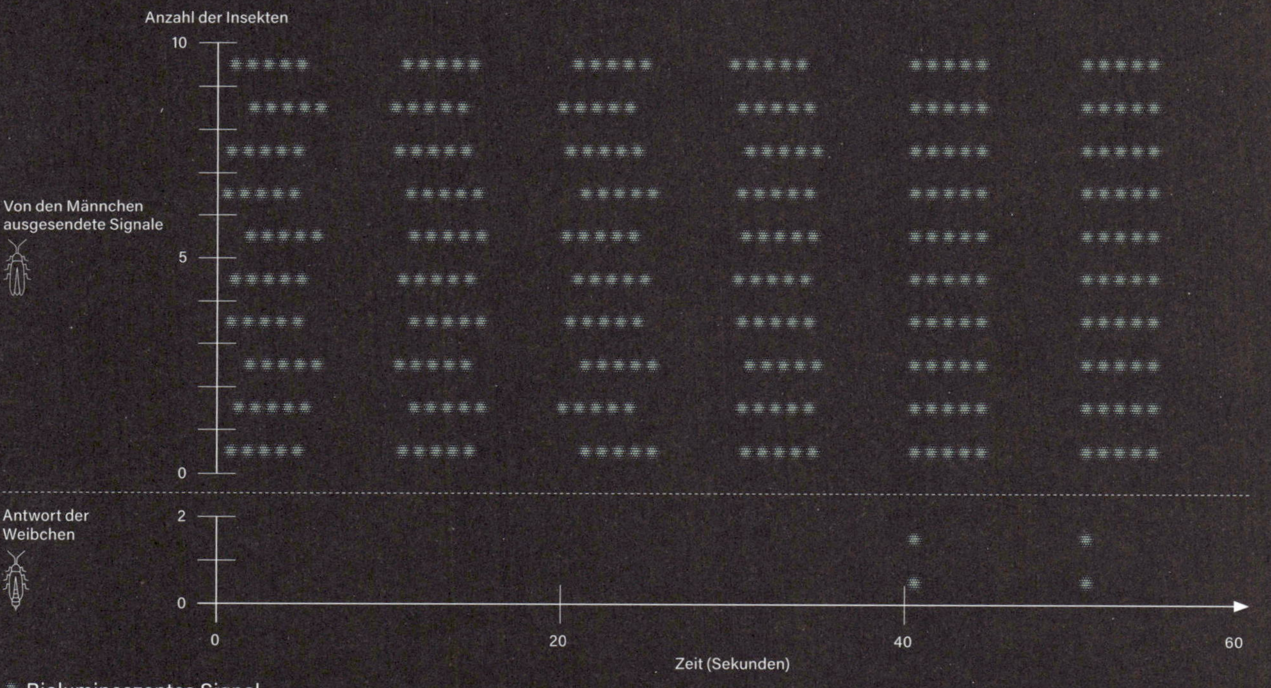

Bioluminiszentes Signal

WENN ES DUNKEL WIRD, erzeugen Leuchtkäfer, auch Glühwürmchen genannt, mithilfe eines **biolumineszenten Organs** an ihrem Hinterleib Licht. Eine chemische Reaktion ermöglicht die Emission von Photonen, die ein grünlich-gelbes Lichtsignal erzeugen, damit Männchen und Weibchen zur Fortpflanzung zusammenkommen können. Ein Forscherteam aus Belgien, Deutschland und Kolumbien untersuchte das **Balzverhalten dieser Insekten**, indem sie die Regelmäßigkeit der von den Männchen ausgesandten Lichtblitze und die Art der bei den Weibchen induzierten Reaktion untersuchten. Im Labor sendet eine Gruppe von acht bis zehn »Männchen« – im Experiment sind es Leuchtdioden – eine Reihe von schwachen Lichtblitzen aus, die von ein bis zwei echten Weibchen empfangen werden. Diese antworten mit zwei intensiven Lichtblitzen, die mit den Signalen der Labor-Männchen zeitlich abgestimmt sind. In der Natur soll diese Antwort den Männchen ermöglichen, ihre Partnerin im Dunkeln mithilfe ihrer großen Augenpaare zu lokalisieren. Dieses Experiment belegt die Existenz eines kollektiven Kommunikationsprinzips, das als »Synchronisationsantwort« bezeichnet wird. Ein solches organisiertes Paarungsverhalten könnte auch bei anderen Arten wie etwa Grillen – durch Gesang – oder Krebsen – durch Tanz – zu beobachten sein. ●

Urknall

Nr. 124

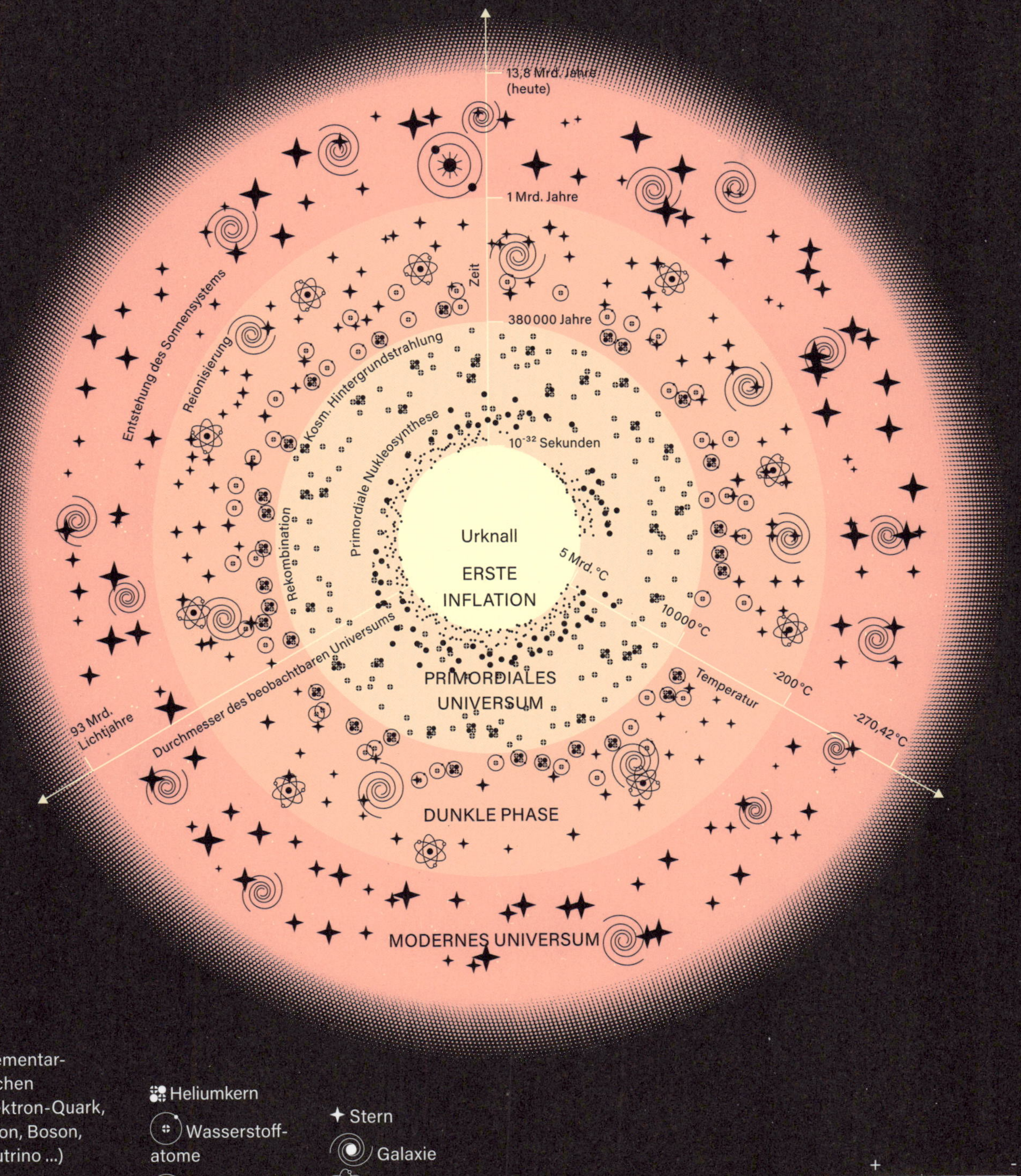

. Elementarteilchen (Elektron-Quark, Gluon, Boson, Neutrino ...)

Proton

Neutron

Heliumkern

Wasserstoffatome

Heliumatome

Stern

Galaxie

Andere Atome

\+ – Temperatur

DIE US-AMERIKANISCHEN ASTRONOMEN Arno Allan Penzias und Robert Woodrow Wilson arbeiteten im Jahr 1964 gerade an einer neuartigen astronomischen Antenne, als sie bei ihren Messungen ein »Hintergrundrauschen« entdeckten. Zuerst dachten sie, dass ein Teil ihres Instruments defekt sei, doch dann erkannten sie, dass es sich um eine thermische Strahlung handelte, die zu einer Zeit ausgestrahlt worden war, als das Universum klein, heiß (etwa 2700 °C) und dicht war. Diese **kosmische Hintergrundstrahlung**, auch »fossile Strahlung« genannt, ist das älteste elektromagnetische »Bild« des Universums. Sie unterstützt das Modell eines sich ausdehnenden Universums, das allgemein als **»Urknall«** bezeichnet wird. Das Bild einer Explosion ist jedoch falsch: Wir wissen, dass das Universum in Wirklichkeit vor 13,8 Milliarden Jahren aus einer schnellen Expansion hervorgegangen ist. Während der **anfänglichen Inflationsphase** sorgte die hohe Energie für die Entstehung von Teilchen, die miteinander interagierten, indem sie aufeinanderprallten. Dann bildeten sich in der **primordialen Nukleosynthese** Helium-, Wasserstoff- und Lithiumkerne. Mit der **Rekombination** kühlte das Universum ausreichend ab, um die Entstehung von Atomen, Sternen und Galaxien zu ermöglichen: Das **moderne Universum** war geboren. ●

Bildtafeln

Register wissenschaftlicher Disziplinen

Anthropologie

Erforschung menschlicher Gesellschaften unter kulturellen, sozialen und religiösen, psychologischen oder geografischen Gesichtspunkten

Astronomie

Beobachtungsgestützte Wissenschaft der Himmelskörper, um ihren Ursprung, ihre Entwicklung und ihre physikalischen und chemischen Eigenschaften zu verstehen

Botanik

Wissenschaft aller Pflanzen in natürlicher oder kultivierter Umgebung

Geologie

Wissenschaft über Ursprung und Beschaffenheit der Gesteine und Böden, die die Erdkruste bilden

Klimatologie

Erforschung des Klimas und des Zustands der Atmosphäre über lange Zeiträume

Kognitionswissenschaft
Interdisziplinäre Wissenschaft zur Verarbeitung von Information im Rahmen von Wahrnehmungs-, Denk- und Entscheidungsprozessen

Physik
Wissenschaft, die darauf abzielt, die Gesamtheit der Naturphänomene nach raumzeitlichen Gesetzen zu modellieren

Physiologie
Wissenschaft der Funktionen und Eigenschaften von Organen und Geweben lebender Organismen

Technologie
Entwicklung und Erforschung von Werkzeugen und Techniken von den ersten Feuersteinen bis zum Computer

Zoologie
Wissenschaft und Forschung an Tierarten in ihrer natürlichen Umgebung oder im Labor

Wissenschaftliche Mitarbeiter und Berater

Abdelaziz, Youssef
Mathematiker und Epistemologe [→ Bildtafel Nr. 21]

Appert-Rolland, Cécile
Forschungsdirektorin am CNRS, [→ Bildtafel Nr. 113]

Assié, Marlène
Forschungsbeauftragte am CNRS [→ Bildtafel Nr. 34]

Ayet, Alex
CNRS-Forscher für Ozeanographie und Meteorologie [→ Bildtafel Nr. 96]

Bardintzeff, Jacques-Marie
Vulkanologe an der Universität Paris-Saclay [→ Bildtafel Nr. 52]

Belzung, Catherine
Professorin der Neurowissenschaften an der Universität Tours [→ Bildtafel Nr. 16]

Biémont, Émile
Ehren-Forschungsdirektor des FRS-FNRS und Mitglied der Königlichen Akademie von Belgien [→ Bildtafeln Nr. 26 und 57]

Birlouez, Éric
Agraringenieur, spezialisiert auf Geschichte und Ernährungssoziologie [→ Bildtafel Nr. 9]

Biver, Nicolas
Forschungsbeauftragter am CNRS, LESIA (Laboratoire d'Études Spatiales et d'Instrumentation en Astrophysique), Observatorium Paris – PSL [→ Bildtafel Nr. 77]

Boisgard, Raphaël
Abteilungsleiter des SGOF (Service de Gestion Opérationnelle des Filières) beim CEA in Saclay [→ Bildtafel Nr. 45]

Bonnal, Christophe
Forscher am CNES [→ Bildtafel Nr. 12]

Boutaud, Aurélien
Unabhängiger Berater und Forscher, Doktor der Erd- und Umweltwissenschaften [→ Bildtafel Nr. 104]

Bouzeghoub, Mokrane
Spezialist für Datenmanagement, emeritierter Professor an der Universität von Versailles, ehemaliger wissenschaftlicher Direktor des INS2I am CNRS [→ Bildtafel Nr. 108]

Bovet, Dalila
Ethologin [→ Bildtafel Nr. 14]

Buyl, Pierre de
Physiker und Wissenschaftler am Königlichen Meteorologischen Institut von Belgien [→ Bildtafel Nr. 48]

Cadiou, Hervé
Dozentin an der Universität Straßburg/ International Space University Adjunct Faculty [→ Bildtafel Nr. 83]

Causse-Védrines, Romain
Populärwissenschaftler, Ingenieurassistent des CNRS als Molekularbiologe [→ Bildtafel Nr. 10]

Chambon, Olivier
Arzt, Psychiater und Psychotherapeut [→ Bildtafel Nr. 71]

Chopin, Olivier
Lehrbeauftragter an der Universität Sciences Po und assoziierter Forscher am EHESS [→ Bildtafel Nr. 84]

Combes, Françoise
Professorin am Collège de France, Astrophysikerin am Observatorium von Paris [→ Bildtafeln Nr. 29, 46 und 99]

Couzi, Laurent
Leiterin der Abteilung Wissen im Bereich Naturschutz der LPO (Ligue pour la Protection des Oiseaux) [→ Bildtafeln Nr. 1 und 27]

Curt, Thomas
Forschungsleiter am Inrae in Aix-en-Provence, Team RECOVER [→ Bildtafel Nr. 4]

Darrouzet, Éric
Wissenschaftlicher Dozent an der Universität Tours [→ Bildtafel Nr. 22]

Debarre, Thomas
Siebenfacher französischer Go-Meister (bis 2022) [→ Bildtafel Nr. 20]

Descamps, Pascal
Astronom in der Abteilung für astronomische Berechnungen und Informationen des Instituts für Himmelsmechanik und Ephemeridenrechnung des Observatoriums von Paris [→ Bildtafel Nr. 82]

Djian, Cassandre
Hals-Nasen-Ohrenärztin [→ Bildtafel Nr. 50]

Domine, Florent
Forschungsleiter am CNRS, Takuvik International Laboratory, Laval University, Québec [→ Bildtafel Nr. 117]

Durand, Bernard
Ehemaliger Leiter der Abteilung Geologie-Geochemie am IFPEN (Institut Français du Pétrole et des Énergies Nouvelles) [→ Bildtafel Nr. 11]

Ferrari, Chiara
Astronomin am Observatorium der Côte d'Azur und Direktorin von SKA-France [→ Bildtafel Nr. 43]

Fournier, Meriem
Mitarbeiter am Inrae [→ Bildtafel Nr. 67]

Gaie-Levrel, François
Arzt [→ Bildtafel Nr. 44]

Gallet, Yves
CNRS-Forschungsdirektor am Institut de Physique du Globe in Paris [→ Bildtafel Nr. 97]

Gillet-Chaulet, Fabien
Forscher am Institut für Umweltgeowissenschaften [→ Bildtafel Nr. 90]

Gronfier, Claude
PhD HDR, neuro-biologischer Forscher am CRNL (Centre de Recherche en Neurosciences de Lyon) [→ Bildtafel Nr. 72]

Hibert, Marcel
Emeritierter Professor an der Fakultät für Pharmazie in Straßburg [→ Bildtafel Nr. 94]

Jacquemin, Bénédicte
Forschungsbeauftragter am Irset (Institut de Recherche en Santé, Environnement et Travail) [→ Bildtafel Nr. 44]

Jacquet, Emmanuel
Dozent am Nationalen Naturkundemuseum in Paris [→ Bildtafel Nr. 3]

Jaubert, Jean-Noël
Ehemaliger Forschungsdozent [→ Bildtafel Nr. 25]

Jeanneau, Louise
Wissenschaftliche Beraterin am CNRS [→ Bildtafel Nr. 42]

Jeanson, Matthieu
Dozent für Geografie an der Universität Mayotte [→ Bildtafel Nr. 93]

Jost, Jean-Pierre
Biologe [→ Bildtafel Nr. 61]

Kriaa, Quentin
Doktorand 2020–2023 des IRPHE-Labors, Universität Aix-Marseille [→ Bildtafel Nr. 39]

Landragin, Frédéric
Forschungsleiter am CNRS, Laboratoire Lattice [→ Bildtafel Nr. 121]

Le Gall, Line
Professorin am Nationalen Naturkundemuseum in Paris [→ Bildtafel Nr. 92]

Lourau, Julie
Doktorin Sozialanthropologie und Ethnologie an der EHESS [→ Bildtafel Nr. 33]

Ludes, Bertrand
Direktor des Instituts für Gerichtsmedizin in Paris [→ Bildtafel Nr. 2]

Mabillot, Vincent
Lehrbeauftragter an der Universität Lyon 2 und Mitglied des Labors MARGE (EA 3712) [→ Bildtafel Nr. 15]

Malherbe, Jean-Marie
Dozent und promovierter Astronom am Pariser Observatorium, Abteilung Meudon [→ Bildtafel Nr. 51]

Maréchal, Jean
Verantwortlicher des Programms Navigation und Ortung am CNES [→ Bildtafel Nr. 120]

Mérenne-Schoumaker, Bernadette
Doktorin der Geografie, emeritierte Professorin an der Universität Lüttich [→ Bildtafel Nr. 112]

Merlin, Francesca
IHPST, CNRS & Universität Paris 1-Panthéon-Sorbonne [→ Bildtafel Nr. 47]

Meyer, Julien
Forschungsbeauftragter am CNRS, Gipsa-lab [→ Bildtafel Nr. 17]

Michelot-Antalik, Alice
Dozentin an der Universität Lothringen, Labor für Agronomie und Umwelt Nancy-Colmar [→ Bildtafel Nr. 78]

Milinkovitch, Michel C.
Professor, Labor für natürliche und künstliche Evolution, Abteilung für Genetik und Evolution an der Universität Genf [→ Bildtafel Nr. 65]

Monnier, Franck
Ingenieur und Forschungsmitarbeiter am CNRS, UMR7041 [→ Bildtafel Nr. 23]

Morel, Camille
Dozentin, promovierte Forscherin am IESD (Institut d'études de stratégie et de défense) der Universität Jean-Moulin-Lyon III [→ Bildtafel Nr. 68]

Nectoux, Didier
Konservator des Musée de Minéralogie Mines Paris – PSL [→ Bildtafel Nr. 59]

Oberlin, Christine
Forschungsingenieurin (IR) am CNRS, Leiterin der Plattform »Datierung« der UMR 5138 ArAr (Archäologie und Archäometrie) [→ Bildtafel Nr. 101]

Opderbecke, Jan
Leiter der Abteilung Unterwassersysteme, Direktion der französischen ozeanografischen Flotte – Ifremer [→ Bildtafel Nr. 106]

Pagani, Laurent
Forschungsdirektor am CNRS [→ Bildtafel Nr. 76]

Peduzzi, Pascal
Direktor UNEP/GRID-Genf beim Umweltprogramm der Vereinten Nationen und Professor an der naturwissenschaftlichen Fakultät der Universität Genf [→ Bildtafel Nr. 64]

Perga, Marie-Élodie
Doktorin der Ökologie und Professorin für Limnologie an der Universität Lausanne und Gastprofessorin am Institut für Dynamiken der Erdoberfläche [→ Bildtafel Nr. 19]

Petit, Régis
Spezialist für Systemmodellierung und ehemaliger Informatikingenieur bei EDF [→ Bildtafel Nr. 32]

Piccoli, Raymond
Direktor des Blitzforschungslabors [→ Bildtafel Nr. 69]

Poncet, Lisa
Doktorin, Forscherin in der Ethologie der Kopffüßer, EthoS-Labor der Universität Caen-Normandie [→ Bildtafel Nr. 109]

Quiamzade, Alain
Lehr- und Forschungsbeauftragter an der Fakultät für Psychologie und Erziehungswissenschaften der Universität Genf [→ Bildtafel Nr. 38]

Rosset, Émilie
Tierärztin, spezialisiert auf Tierreproduktion, Dozentin an der Tierärztlichen Hochschule Lyon (VetAgro Sup Lyon) [→ Bildtafel Nr. 28]

Rouhan, Germinal
Dozent am ISYEB (Institut de Systématique, Évolution, Biodiversité) und wissenschaftlicher Leiter des Herbariums am Nationalen Naturkundemuseum in Paris [→ Bildtafel Nr. 7]

Selosse, Marc-André
Professor des Nationalen Naturkundemuseums in Paris [→ Bildtafel Nr. 35]

Sénépart, Ingrid
Doktorin der Frühgeschichte in der Abteilung für Archäologie des Geschichtsmuseums von Marseille, UMR 5608 am CNRS [→ Bildtafel Nr. 6]

Toussaint, Jean-François
Professor für Physiologie an der Universität Paris-Cité, und Direktor des IRMES (Institut de Recherche Médicale et d'Épidémiologie du Sport) [→ Bildtafel Nr. 105]

Tréguer, Paul
Ozeanograf an der UBO (Université de Bretagne occidentale), Brest [→ Bildtafel Nr. 91]

Vaillant, Pascal
Lehr- und Forschungsbeauftragter für Informatik und Sprachwissenschaften an der Universität Paris-Nord [→ Bildtafel Nr. 56]

Vial, Hélène
Professorin für Latein an der Universität Clermont-Auvergne und Ovid-Spezialistin [→ Bildtafel Nr. 37]

Voix, Raphaël
Anthropologe, Forschungsbeauftragter am CNRS, Centre d'études de l'Asie du Sud et de l'Himalaya [→ Bildtafel Nr. 8]

Wackenheim, Quentin
Malakologe im Labor für physische Geografie, CNRS/P1/UPEC [→ Bildtafel Nr. 5]

Ausgewählte Bibliografie

Veröffentlichungen

Bergmann/Helb/Baumann
Die Stimmen der Vögel Europas, Aula-Verlag, Wiebelsheim 2008

Biro, Dora, et al.
»Chimpanzee mothers at Bossou, Guinea carry the mummified remains of their dead infants«, *Current Biology*, 2010

Blaser, Nicole, et al.
»Gravity anomalies without geomagnetic disturbances interfere with pigeon homing – a GPS tracking study«, *J Exp Biol*, 2014

Bulinge, Franck und Boutin, Eric
»Le renseignement comme objet de recherche en SHS : le rôle central des SIC«, *Communication et organisation*, 2018

Charbonnel, A.
Compas magnétique, PDF-Präsentation, ENSM (École Nationale Supérieure Maritime), Le Havre, 2016

Clausius, Rudolf
»Über verschiedene, für die Anwendung bequeme Formen der Hauptgleichungen der mechanischen Wärmetheorie«, *Annalen der Physik und Chemie*, Band 125, hrsg. von J. C. Poggendorff, Leipzig 1865

Couzin, Iain D., und Franks, N. R.
»Self-organized lane formation and optimized traffic flow in army ants«, *Proceedings of the Royal Society B: Biological Sciences*, 2003

Dagois-Bohy, Simon
»Le chant des dunes, mouvements collectifs dans un écoulement granulaire«, Acoustique [physics. class-ph]. Doktorarbeit, Universität Paris-Diderot (Paris-VII), 2010

Environment Agency Austria & Borderstep Institute,
Energy-efficient Cloud Computing Technologies and Policies for an Eco-friendly Cloud Market, Generaldirektor für Kommunikationsnetzwerke, Inhalt und Technologie, Europäische Kommission, 2020

Falchi, Fabio, et al.
»The new world atlas of artificial night sky brightness«, *Science Advances*, 2016

Faust, Lynn
»Life History and Updated Range Extension of Photinus scintillans (Coleoptera: Lampyridae) with New Ohio Records and Regional Observations for Several Firefly Species«, *Ohio Biological Survey, Notes 9: 16–34*, 2019

Faust, Lynn
»Natural History and Flash Repertoire of the Synchronous Firefly Photinus carolinus (Coleoptera: Lampyridae) in the Great Smoky Mountains National Park«, *Florida Entomologist*, 93(2): 208–217, 2010

Fournier, Meriem, und Moulia, Bruno
»Sensibilité et communication des arbres : entre faits scientifiques et gentil conte de fée«, *Forêt nature, Forêt wallonne*, 2018

Garcimartín, Ángel, et al.
»Experimental evidence of the ›Faster Is Slower‹ effect«, *Transportation Research Procedia*, 2014

Goldenberg, Shifra, und Wittemyer, George
»Elephant behavior toward the dead: A review and insights from field observations«, *Primates*, Smithsonian Conservation Biology Institute, San Diego Zoo Institute for Conservation Research, 2019

Gounelle, Matthieu
Une belle histoire des météorites, Flammarion, 2017

Hall, Edward T.
The Hidden Dimension, The Bodley Head, 1969

Hehner, Barbara
Blissymbols for Use, Blissymbols Communication Institute, 1980

Helbing, Dirk, et coll.
»Simulating Dynamic Features of Escape Panic«, *Nature*, 2000

Kelman, Herbert C.
»Compliance, identification, and internalization three processes of attitude change«, *Journal of Conflict Resolution*, 2(1), 51–60, 1958

Kikuchi, Katsuhiro, et al. (Arbeitsgruppe für neue Klassifikationen von Eiskristallen)
A global classification of snow crystals, ice crystals, and solid precipitation based on observations from middle latitudes to polar regions, 2013

Lichtenegger, Erwin, und Kutschera, Lore
Wurzelatlas mitteleuropäischer Waldbäume und Sträucher, Stocker Verlag, 2002

Landragin, Frédéric
Comment écrire à un alien? Quand science-fiction et sciences se rejoignent, conférence lors de la journée d'étude »Prospectives graphiques« in Zusammenarbeit mit Le Signe, Centre national du graphisme in Chaumont, 2020

Libbrecht, Kenneth
Field Guide to Snowflakes, Voyageur Press, 2016

Mangin, Alain
Représentation du système karstique, Abbildung, 1975 (Zeichnung: Rouch)

Marck, Adrien, et al.
»Are We Reaching the Limits of Homo sapiens?«, *Frontiers in Physiology*, 2017

Martin, Alexis
Petit Guide illustré des crottes de mammifères, Club CPN von Sittelles, 1999

Marzluff, John
Awareness of Death and Personal Mortality: Responses to Death in Corvid Birds, Konferenz der Reihe CARTA, University of California Television, 2017

Meyer, Julien
Description typologique et intelligibilité des langues sifflées, approche linguistique et bio-acoustique, Laboratorium der Sprachdynamik, Institut des Sciences de l'Homme, 2005

Milgram, Stanley, et al.
»Note on the Drawing Power of Crowds of Different Size«, *Journal of Personality and Social Psychology*, 1969

Milgram, Stanley
Conformity and Independence, Alexandria (VA), Alexander Street, Video, 1975

Monnier, Franck
L'Univers fascinant des pyramides d'Égypte, Éditions Faton, 2021

Mori, Masahiro
»The Uncanny Valley Phenomenon«, *Energy*, 1970

Moussaïd, Mehdi
»Étude expérimentale et modélisation des déplacements collectifs de piétons«, Doktorarbeit, Universität Toulouse-3, 2010

Nakagaki, Toshiyuki, et al.
»Maze-solving by an amoeboid organism«, *Nature*, Nr. 407, 2000

Ogg, James
»Geomagnetic Polarity Time Scale«, *Geologic Time Scale 2020*, Elsevier BV., 2020

Ramírez-Ávila, Gonzalo Marcelo, et al.
»Firefly courtship as the basis of the synchronization-response principle«, *Europhysics Letters*, 2011

Riley, Wiliam B., et al.
»A comprehensive review and call for studies on firefly larvae«, *PeerJ.*, 2021

Saigusa, Tetsu, et coll.
»Amoebae anticipate periodic events«, Phys. Rev. Lett., 2008

Scotese, Christopher R.
»PALEOMAP PaleoAtlas for GPlates and the PaleoDataPlotter Program«, *PALEOMAP Project, http://www.earthbyte.org/paleomap-paleoatlas-for-gplates/,* 2016

Scotese, Christopher R., et al.
»Phanerozoic paleotemperatures: The earth's changing climate during the last 540 million years«, *Earth-Science Reviews*, 2021

Tierpark Beauval
Le Figuier étrangleur, Teil »La série des plantes tropicales«, Video, 2021

Toussaint, Jean-François.
L'homme peut-il s'adapter à lui-même?, éditions Quæ, 2012

Urrea, LuisFer
Faster is slower in pedestrian evacuation, Granular Lab, Universität Navarra, Video, 2015

Vogel, David, und Dussutour, Audrey
»Direct transfer of learned behaviour via cell fusion in non-neural organisms«, *Proceedings of the Royal Society - Biological Sciences, London*, 2016

Walcott, Charles
»Magnetic orientation in homing pigeons«, *IEEE Transactions on Magnetics*, 1980

Zannoni, Nora, et al.
»Identifying volatile organic compounds used for olfactory navigation by homing pigeons«, *Scientific Reports*, Nr. 10, 2020

Internetseiten

acces.ens-lyon.fr/acces/thematiques/limites/data/lunap1.pdf

aggbusiness.com

agroecologiavenezuela.blogspot.com

andra.fr

bcs.fltr.ucl.ac.be

besancon-ville-du-temps.fr

clis-bure.fr

cnes.fr

criminocorpus.org

data.apps.fao.org

esa.int

fr.wikipedia.org/wiki/Essai_nucléaire

globalfiredata.org

grottesdefrance.org

inserm.fr

iom.int

lloydslistintelligence.com

ma-chasse.com

mico.eco

nasa.gov

naturalearthdata.com

ncei.noaa.gov

odv.awi.de

openstreetmap.org

ornithopter.de

ourworldindata.org

police-scientifique.com

pontdugard.fr/fr/EPCC

regispetit.com

siaap.fr

skao.int

telegeography.com

theconversation.com/la-chimie-de-lamour-111649

unodc.org

vims.edu

whc.unesco.org

worldwildlife.org

Camille Juzeau ist Autorin und Regisseurin von Dokumentar- und Spielfilmen, Radio- und Podcasts und schreibt für Verlage und die Presse. Die meisten ihrer Werke beschäftigen sich auf einfühlsame Weise mit der Beziehung zwischen den Menschen und der Natur.

Morgane Rébulard und **Colin Caradec**, Gründer des Grafik- und Verlagsdesignstudios »The Shelf Company« sind in den Bereichen Verlagswesen, Kunst und Wissenschaft tätig. Die didaktische Dimension ihres Schaffens zeugt von ihrer Vorliebe für die Darstellung von Daten und Systemen. Sie haben sich auf die Vermittlung von Wissen spezialisiert.

Sie danken vor allem:

dem gesamten wissenschaftlichen Team, Violaine Avez, Youssef Abdelaziz, Stéphanie Balme, Loraine Capelier, Andrée und Marcel Caradec, Manuel Charuau, Idir Davaine, Erick Demeyer, Pierre Fahys, Janik Gouriou, Maroussia Jannelle, Thibaut Juzeau, Étienne Klein, Antoine Marchand, Marie Maroilleau, Paula Saint-Hillier, Victoria Scoffier, Chloé Tavitian und Pierrick Varin.

Text
Camille Juzeau
in Zusammenarbeit mit Chloé Dubois

Recherche und wissenschaftliche Koordination
Suzanne Labourie, Sophie Vo, Chloé Dubois

Redaktion
Marion Pipart, Frédéric Gomariz

**Künstlerische Leitung,
grafische Gestaltung und Layout**
The Shelf Company
(Morgane Rébulard und Colin Caradec
mit Violaine Avez)

Für den DK Verlag:
Verlagsleitung Monika Schlitzer
Programmleitung Heike Faßbender
Redaktionsleitung Dr. Kerstin Schlieker
Herstellungsleitung Dorothee Whittaker
Herstellungskoordination Katharina Schäfer
Herstellung Sabine Hüttenkofer

Titel der französischen Originalausgabe:
Phénomènes

Übersetzung Annette Ostlaender
Lektorat Susanne Böse

Printed in Malaysia for Imago

ISBN 978-3-8310-4983-7

www.dk-verlag.de